普通高等院校材料工程专业"十四五"规划教材
普通高等院校化学工程专业"十四五"规划教材

纳米复合水凝胶

（第2版）

主　编　焦体峰
副主编　秦志辉　张乐欣

中国建材工业出版社
北　京

图书在版编目（CIP）数据

纳米复合水凝胶 / 焦体峰主编；秦志辉，张乐欣副主编 . —2 版. —北京：中国建材工业出版社，2024.1

普通高等院校材料工程专业"十四五"规划教材 普通高等院校化学工程专业"十四五"规划教材

ISBN 978-7-5160-3834-5

Ⅰ.①纳… Ⅱ.①焦… ②秦… ③张… Ⅲ.①纳米材料－复合材料－水凝胶－高等学校－教材 Ⅳ.①TQ436

中国国家版本馆 CIP 数据核字（2023）第 187990 号

内 容 提 要

本书按照复合材料类型并结合前沿研究成果，系统总结了不同复合水凝胶的制备方法、特性、研究现状、研究进展及应用。本书主要包括如石墨烯复合水凝胶、碳纳米管复合水凝胶、MXene 复合水凝胶、金属纳米颗粒复合水凝胶、无机纳米颗粒复合水凝胶、纳米纤维复合水凝胶等常用的复合水凝胶体系，为读者全面了解复合水凝胶提供指导。

本书理论联系实际，可作为化学工程、材料工程、生物医学工程、环境工程等专业的教学参考书，也可供高校相关领域科研人员使用。

纳米复合水凝胶（第 2 版）
NAMI FUHE SHUININGJIAO（DIER BAN）
主　编　焦体峰
副主编　秦志辉　张乐欣

出版发行：中国建材工业出版社
地　　址：北京市海淀区三里河路 11 号
邮　　编：100831
经　　销：全国各地新华书店
印　　刷：北京雁林吉兆印刷有限公司
开　　本：787mm×1092mm　1/16
印　　张：9.5
字　　数：230 千字
版　　次：2024 年 1 月第 2 版
印　　次：2024 年 1 月第 1 次
定　　价：58.00 元

本社网址：www.jccbs.com，微信公众号：zgjcgycbs
请选用正版图书，采购、销售盗版图书属违法行为
版权专有，盗版必究。本社法律顾问：北京天驰君泰律师事务所，张杰律师
举报信箱：zhangjie@tiantailaw.com　举报电话：（010）57811389
本书如有印装质量问题，由我社市场营销部负责调换，联系电话：（010）57811386

第 2 版前言

党的二十大是在全党全国各族人民迈上全面建设社会主义现代化国家新征程、向第二个百年奋斗目标进军的关键时刻召开的一次十分重要的大会。这次大会的主题是高举中国特色社会主义伟大旗帜，全面贯彻习近平新时代中国特色社会主义思想，弘扬伟大建党精神，自信自强、守正创新，踔厉奋发、勇毅前行，为全面建设社会主义现代化国家、全面推进中华民族伟大复兴而团结奋斗。

党的二十大科学谋划了未来 5 年乃至更长时期党和国家事业发展的目标任务和大政方针，进一步指明了党和国家事业的前进方向。为深入学习宣传贯彻党的二十大精神，充分认识科教兴国战略、人才强国战略和创新驱动发展战略，我们将本书内容与党的二十大精神相结合，推动党的二十大精神进教材、进课堂、进头脑，努力实现青年学子为中华民族伟大复兴而团结奋斗的目标。

因此，我们对本书的思政小结部分进行了修订。此部分修订工作是由本书编写团队与燕山大学环境与化学工程学院研究生王冉共同完成。

由于时间紧促，水平有限，本书存在的疏漏或不妥之处，敬请读者批评指正。

编者

2023 年 10 月

第1版前言

复合水凝胶材料作为一种新型的功能材料已广泛应用于生物医药、化学化工、环境工程等各个领域。近年来,国内外学者在复合水凝胶的开发和应用等方面做了大量工作,但其研究仍处于初级阶段。引入不同的纳米复合组分可以有效地提高水凝胶的性能和功能,得到不同类型的复合水凝胶。这些复合水凝胶不仅展现出独特的微结构和优异的力学性能,同时还具有独特的光学、电学和磁学性能。

本书以水凝胶为基础,根据纳米材料的类型,介绍了不同纳米材料的制备方法和特性,并系统阐述了将这些纳米材料引入水凝胶基质所制备的复合水凝胶的设计方法、结构特点和应用领域。在本书中,根据纳米材料的类型,通过总结前沿研究进展和发展趋势,分别介绍了石墨烯复合水凝胶、碳纳米管复合水凝胶、MXene复合水凝胶、金属纳米颗粒复合水凝胶、无机纳米颗粒复合水凝胶、纳米纤维复合水凝胶等常用的复合水凝胶体系。本书旨在系统地介绍复合水凝胶材料。通过对本书的学习,相关领域的学生和科研工作者能够基本掌握复合水凝胶材料的基本设计原理及制备方法,并学会根据不同的实际应用领域,选择和制备合适的复合水凝胶材料,能够运用科学原理及科学方法,提出复合水凝胶的研发方案并实施,为不同领域的科研人员就实际问题提供解决思路。

本书由燕山大学环境与化学工程学院焦体峰教授担任主编,秦志辉副教授、张乐欣副教授担任副主编。焦体峰策划全书的内容,进行统稿、校对,并编写本书的第1章、第2章;秦志辉编写第3章、第4章、第5章;张乐欣编写第6章、第7章、第8章。在编写过程中,燕山大学环境与化学工程学院研究生王冉、王小铭、王新亮、金鑫等也对文稿做了辛苦的整理工作,在此一并致谢。

由于时间紧促、水平有限,本书存在的疏漏或不妥之处,敬请读者批评指正。

编者
2022年8月

目　录

1 绪论 ·· 1
　1.1 水凝胶概述 ·· 1
　1.2 纳米材料的概念及背景 ·· 3
　1.3 复合水凝胶的分类及研究进展 ··· 5
　1.4 思政小结 ··· 9
　1.5 课后习题 ·· 10
　1.6 参考文献 ·· 10

2 纳米复合水凝胶的制备方法、结构特点及应用 ·· 14
　2.1 纳米复合水凝胶的制备方法 ··· 14
　2.2 纳米复合水凝胶的结构特点 ··· 16
　2.3 纳米复合水凝胶的应用 ·· 16
　2.4 思政小结 ··· 25
　2.5 课后习题 ··· 25
　2.6 参考文献 ··· 25

3 无机纳米复合水凝胶材料 ·· 28
　3.1 无机纳米材料的制备方法及类型 ·· 28
　3.2 无机纳米复合水凝胶的制备 ··· 32
　3.3 无机纳米复合水凝胶的应用 ··· 34
　3.4 思政小结 ··· 39
　3.5 课后习题 ··· 39
　3.6 参考文献 ··· 39

4 石墨烯复合水凝胶材料 ·· 41
　4.1 石墨烯的制备及特性 ·· 41
　4.2 石墨烯复合水凝胶材料研究背景及现状 ··· 47
　4.3 石墨烯复合水凝胶的制备方法 ··· 51
　4.4 石墨烯复合水凝胶材料的特性及应用 ·· 55
　4.5 石墨烯复合水凝胶材料存在的问题 ·· 61
　4.6 思政小结 ··· 62
　4.7 课后习题 ··· 62
　4.8 参考文献 ··· 62

5 碳纳米管复合水凝胶材料 ·· 66
　5.1 碳纳米管复合水凝胶材料研究现状 ·· 66
　5.2 碳纳米复合水凝胶的制备方法 ··· 69
　5.3 碳纳米管复合水凝胶材料的溶胀、热学和力学性能 ······························· 73

	5.4	碳纳米管复合水凝胶材料的特性及应用	77
	5.5	思政小结	82
	5.6	课后习题	83
	5.7	参考文献	83
6	**MXenes 复合水凝胶材料**		87
	6.1	MXenes 的制备方法及特性	87
	6.2	MXenes 复合水凝胶的制备方法	94
	6.3	MXenes 复合水凝胶的应用	99
	6.4	MXenes 复合水凝胶的衍生物及应用	102
	6.5	思政小结	105
	6.6	课后习题	105
	6.7	参考文献	106
7	金属纳米复合水凝胶材料		112
	7.1	金属纳米的制备方法及类型	112
	7.2	金属纳米复合水凝胶的研究现状	115
	7.3	金属纳米复合水凝胶的分类	117
	7.4	贵金属纳米复合水凝胶的制备方法及应用	120
	7.5	金属纳米复合水凝胶目前存在的问题	126
	7.6	思政小结	127
	7.7	课后习题	127
	7.8	参考文献	127
8	纳米纤维复合水凝胶材料		133
	8.1	纳米纤维的制备方法及类型	133
	8.2	纳米纤维复合水凝胶的制备	136
	8.3	纳米纤维复合水凝胶的应用	137
	8.4	思政小结	143
	8.5	课后习题	143
	8.6	参考文献	143

1 绪 论

1.1 水凝胶概述

水凝胶是由天然或合成材料通过物理或化学交联过程形成的具有三维交联网络的凝胶，聚合物上的亲水基团及其交联结构可以容纳大量的水且在水性介质中表现出良好的柔软性和溶胀性。水凝胶有多种形式，具有不同的功能但也有一定的局限性，总体来说，这些系统可以描述为保留大量水的交联大分子网络。水凝胶的含水量可达 99%，这使该材料对人体及富含水的生物环境非常友好。作为被水浸润的亲水性聚合物网络，水凝胶是动物体的主要组成部分，构成了它们的大部分细胞、细胞外基质、组织和器官。水凝胶已广泛用于组织工程、药物递送、环境工程、化学工业、制药工程等领域。

最初，凝胶和聚合物被认为是同一种物质的两种不同的形态。生活中的许多物品都是由高分子材料合成，如塑料、衣物和电子产品配件等。19 世纪，水凝胶作为聚合物的另一种形态出现。当时的化学家们发现作为高分子材料的橡胶遇热会收缩，这种特性使其在生活和工业中表现出良好的应用前景。然而，塑料和橡胶在多数情况下的生物相容性较差，因此，研究出在一些特殊领域能够替代橡胶和塑料的材料成为当时科学家的目标。1960 年，Otto Wichterle 和 Drahoslav Lim 提出，一种材料除要满足具有一定的含水量外，还要满足对正常生物过程的惰性（包括抵抗聚合物降解和对生物体不利的反应）、代谢物的渗透性等性能，其需要具有亲水性基团[1]。此外，材料还需要有足够的交联三维结构来抵抗吸收。在众多塑料中，他们发现丙烯酸酯单体与百分之几的甲基丙烯酸乙醇的共聚物能够满足目标要求。同时，这种共聚物的力学性能和含水量可以根据实际需求进行灵活地调控，且在较高温度下不被破坏。这项工作的首次进展是制备了水凝胶，是水凝胶发展史中重要的里程碑，也为当今水凝胶的多样化设计和应用奠定了坚实的基础。

水凝胶材料也有一定的局限性。例如，溶解度低、结晶度高、机械性能和热性能较差、存在未反应的单体和有毒交联剂等。因此，将具有预定特性（如生物降解性、溶解性、结晶度和生物活性）的天然聚合物和合成聚合物相结合，可以用新的思路和方法开发这些特性。由于水凝胶的交联结构，其在溶胀过程中不会解离。交联反应可能发生在几种环境中，如体外、水凝胶制备期间或体内（原位）。为了引发化学交联反应，必须将低分子量交联剂与聚合物一起引入反应混合物中。在没有交联点的情况下，由于聚合物链和水的热力学相容性，亲水性线性聚合物链溶于水。然而，在存在交联点的情况下，溶解度因网络中交联点的弹性收缩力存在而变化不大。当这些力变得相等时，溶胀就会达到平衡[2]。网络的亲水性是由于存在亲水基团，如—NH_2，—COOH，—OH，—$CONH_2$，—CONH—和—SO_3H 等，同时还有毛细管效应和渗透压[3]。

水凝胶的分类取决于交联方式、离子电荷、合成材料和制备方法等。水凝胶根据网络键合、交联链中是否存在电荷和合成材料的不同具有不同的分类。水凝胶的分类如图 1-1 所示。

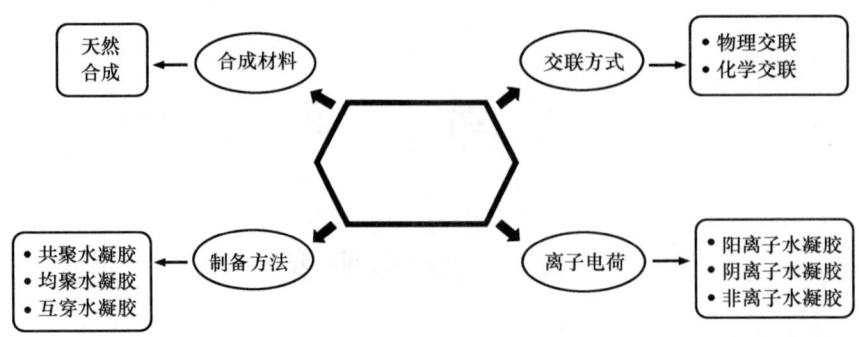

图 1-1 水凝胶的分类

1. 交联方式

根据交联点作用力的不同可将其分为物理交联和化学交联。物理交联水凝胶一般是通过分子链间的静电作用、氢键作用、疏水作用、结晶等相互作用力形成的，形成过程无须加入催化剂且没有副产物，因此凝胶的生物相容性较好。化学交联水凝胶的交联点的作用力为化学键，涉及化学反应过程中催化剂、反应条件以及副产物的毒性问题。制备化学交联型水凝胶通常采用以下几种方法：自由基聚合法、高分子功能基反应法、高能辐射交联法、酶催化交联法等。物理水凝胶是可逆的，化学水凝胶是永久的，其构型的变化是不可逆的。

2. 离子电荷

根据交联链中是否存在电荷，水凝胶可以分为中性/非离子水凝胶、离子水凝胶和两性水凝胶三大类。其中的区别在于骨架或者侧基上有无电荷，中性或非离子水凝胶没有电荷。非离子水凝胶的例子包括聚丙烯酰胺（PAAm）[4]、聚甲基丙烯酸羟乙酯[5]、聚乙烯醇（PVA）和聚乙二醇（PEG）[6-7]。离子水凝胶可以分为阳离子（带正电荷）水凝胶和阴离子（带负电荷）水凝胶。离子水凝胶的溶胀受水性介质的 pH 控制，它决定了离子链的解离程度。骨架中含有正电荷的阳离子水凝胶，在酸性介质中表现出优异的溶胀性，因为它们在低 pH 下有利于链解离。用于合成阳离子水凝胶的单体实例包括乙烯基吡啶、甲基丙烯酸氨基乙酯、甲基丙烯酸二乙氨基乙酯和甲基丙烯酸二甲氨基乙酯[8]。阴离子水凝胶的骨架中带有负电荷，其在较高的 pH 下更容易解离，因此在中性至碱性溶液中表现出优异的溶胀性。阴离子水凝胶单体的例子包括丙烯酸（AA）、对苯乙烯磺酸、衣康酸、巴豆酸、马来酸和甲基丙烯酸等[9]。两性水凝胶指的是在同一聚合物链上带有正电荷和负电荷，这些水凝胶在每个结构重复单元中都同时含有阳离子和阴离子基团。pH 的轻微变化可以改变这种类型水凝胶的整体离子特性。N-异丙基丙烯酰胺/｛[3（甲基丙烯酰氨基）丙基]二甲基（3-磺丙基）氢氧化铵｝水凝胶是用于合成两性水凝胶单体的一个例子。

3. 合成材料

根据合成材料的不同，水凝胶又分为合成水凝胶和天然水凝胶。天然水凝胶是使用天然聚合物如胶原蛋白、明胶、纤维蛋白等蛋白质和透明质酸、壳聚糖、葡聚糖等多糖合成的。天然水凝胶具有高生物相容性，可生物降解并支持细胞活性等优点。但它们可能存在机械强度不足、炎症免疫反应等缺点。它们的应用包括组织工程支架、软骨再生和药物控释[10]。合成水凝胶是通过人造单体的化学聚合制备的[11]。这些水凝胶的主要优点是它们在大规模生产过程中提供精确控制，并且可以定制。由于低免疫原性，合成水凝胶最大限度地降低了生物病原体或污染物的风险。缺点是低生物降解性和可能包含来自交联剂和合成环境的有毒物质。

4. 制备方法

根据制备方法的不同，水凝胶又分为均聚水凝胶、共聚物水凝胶和聚合物互穿聚合物水凝胶（IPN）。均聚水凝胶是指衍生自单一种类单体的聚合物网络，它是由任何聚合物网络构成的基本结构单元。根据单体的性质和聚合技术不同，均聚水凝胶可能具有交联的骨架结构。共聚物水凝胶由两种或多种具有至少一种亲水性组分的不同单体组成，沿着聚合物网络的链以随机、嵌段或交替构型排列。IPN 是一类重要的水凝胶，由两个独立交联的合成和/或天然聚合物组分组成。在 Semi-IPN 水凝胶中，一种成分是交联聚合物，另一种成分是非交联聚合物[12]。

1.2 纳米材料的概念及背景

1.2.1 纳米技术

在单个原子、分子层次上能够精确观测、识别和控制物质的种类、数量和结构形态的技术为纳米技术。在纳米尺度范围内，纳米技术能够研究物质的特性和相互作用，从而根据物质独特的性能去制造能够满足特定要求的功能性产品，是一种涉及多领域交叉的新型技术。纳米技术包括纳米尺寸工程粒子、纤维、涂层等纳米材料的开发和生产。

纳米技术大致可以划分为 3 个主要的发展进程：

第一阶段是基于对纳米粉体的制备方法及其性能表征的探索。研究对象一般局限于纳米晶体或纳米相材料。

第二阶段是如何根据目或需求来设计纳米复合材料。通常情况下，根据纳米材料复合的不同形态和形式，可以将其分为纳米微粒与纳米微粒复合（0-0 复合），纳米微粒与二维薄膜复合（0-2 复合），以及纳米颗粒与三维块体材料复合（0-3 复合）。

第三阶段是对纳米组装体系的研究。主要包括对以纳米颗粒以及纳米丝、管等为基本单元在内的纳米结构的体系研究。纳米材料根据化学成分分为纳米陶瓷、纳米金属以及纳米复合材料等。根据物理特性又可以分为纳米半导体、纳米铁电体、纳米热电材料等。

1.2.2 纳米材料

1.2.2.1 纳米材料的定义

纳米材料的定义及其在监管评估中的使用一直是一个活跃的关注点。纳米材料可能表现出与其非纳米形式不同的特性，这些不同的特性引发了对潜在人类健康和环境风险的质疑。国际标准化组织（ISO）将纳米材料定义为"具有纳米级外部尺寸或具有纳米级内部结构或表面结构的材料"[13]。纳米材料是指至少满足以下标准之一的材料：由颗粒组成，一个或多个外部尺寸在 1~100nm 范围内，占颗粒数量尺寸分布的 >0.1%，具有内部或表面结构尺寸范围为 1~100nm 的一维或多维结构，不包括由尺寸为 0.1 nm 的颗粒组成的材料。纳米粒子为具有纳米级所有三个外部尺寸的纳米物体。

晶体、准晶体和非晶体是纳米材料的重要组成部分。另外，对于金属材料、无机非金属材料和高分子材料，原子团簇、纳米微粒、纳米线或纳米膜可以作为纳米材料的基本单元或组成单元。纳米结构也是某种形式的材料或物质，本身也是纳米材料的一种。原子团簇、纳米微粒、纳米孔洞、纳米线、纳米薄膜均可组成纳米结构。纳米材料按照维度分类可以分为零维纳米材料、一维纳米材料、二维纳米材料和三维纳米材料。其中，零维纳米材料又称为量子点，其尺寸在三个维度上与电子的德布罗意波的波长或电子的平均自由程相当或者更小。一维纳米材料即量子线，它的电子在两个维度或者方向上受到运动的约束。二维纳米材料也称为量子面，常见的二维纳米材料包括石墨烯、MXene、黑磷、二硫化钼等。

1.2.2.2 纳米材料的特点

当粒子尺寸减小到纳米量级，将导致声、光、电、磁、热性能呈现新的特性。纳米材料与尺寸相关的特性会被进一步研究，通常较大尺寸材料不存在这些特性，因此被认为是不寻常的或新颖的。对于某些纳米材料，其特性与尺寸有关，例如：

（1）当锡的粒子尺寸>100nm时熔点为232 ℃，而尺寸为6nm时熔点仅为14℃。

（2）硒化镉通常是一种半导体，但当形成一个5～10nm的量子点时，电子的运动受到更多限制（量子限制），因此当被较弱的白光或蓝光激发时，会产生窄带波长的、强尺寸依赖性的可见光发射。

（3）金通常被认为具有化学惰性，使其成为电子和珠宝等许多应用中的理想材料。有趣的是，当金的颗粒尺寸减小到纳米级时，它就会变成催化剂。

对于纳米体材料，借助于纳米材料和技术，可以制备体积更小且性能不变甚至更好的器件，有利于减小器件的体积。计算机的小型化就是通过采用微米级的半导体制造技术实现的。纳米材料表现出更高的光、电、磁、热性能，以及更强的力学性能（如强度和韧性等），对纳米陶瓷来说，纳米化可望解决陶瓷的脆性问题，并可能表现出与金属等材料类似的塑性。

1.2.2.3 纳米材料的基本结构效应

纳米材料的某些独特性能在很大程度上会受到其结构效应的影响，从而改变纳米材料的物理化学特性。当纳米材料的晶粒尺寸减小到一定程度就会出现晶粒尺寸效应、界（表）面效应和纳米结构单元之间的交互作用效应，同时，这三种效应也是纳米材料性能的重要影响因素。因此，重点研究纳米材料的基本结构效应是目前的主要研究方向。

1. 晶粒尺寸效应

由于纳米材料的结构在纳米级尺度，因此细晶强化效应会出现在纳米结构材料中。这种效应通常会导致材料的硬度和强度随着晶粒尺寸的减小而增大的现象。但当纳米结构材料的晶粒尺寸小于某一临界尺寸后，强度将随着尺寸的减少而降低，但对其发生机理尚不十分清楚，现普遍接受的理论认为这是由纳米材料中晶界的"弛豫"导致强度降低所致。

2. 界（表）面效应

高的界面原子体积分数也是纳米材料的一个特点，同时也会明显影响纳米材料的一些性能。大量的界面能够使纳米材料具有较高的扩散系数和较多的短程扩散路径，是改善材料脆性断裂的有效途径。

3. 纳米结构单元之间的交互作用效应

除了晶粒尺寸效应和界（表）面效应外，纳米结构单元之间的交互作用效应也发挥着重要的作用。人们发现随着纳米半导体微粒的浓度增加，会减弱量子尺寸效应，增强颗粒之间的相互作用，而这种相互作用是由宏观量子隧道效应而产生，甚至量子尺寸效应最终会消失。此外，纳米多层膜材料也会受到纳米结构单元之间交互作用效应的影响。

1.3 复合水凝胶的分类及研究进展

复合材料指的是人们利用先进的材料及技术将不同性质的材料组分进行优化组合而得到的新材料。由于不同领域对水凝胶材料的性能需求不同，复合水凝胶的制备及发展成为研究的重点。人工合成的水凝胶通常存在凝胶强度低、韧性差和吸水速度慢等缺点，无法满足使用的要求。因此，研究者针对提高水凝胶的力学性能开发了几类具有优异机械性能的新型凝胶，如拓扑型水凝胶、双网络结构水凝胶、复合水凝胶、大分子微球复合水凝胶等。根据复合水凝胶材料的不同，可以将其划分为有机复合水凝胶以及有机-无机复合水凝胶。纳米复合水凝胶是以纳米材料作为高功能交联剂连接各聚合物链形成的水凝胶体系。根据纳米材料的尺寸可以分为零维、一维、二维和三维纳米材料。例如，纳米颗粒、碳基材料以及聚合物胶体等。

1.3.1 有机复合水凝胶

某些小分子有机化合物能够在很低的浓度下使大多数有机溶剂水凝胶化，从而形成类似于黏弹性液体或固体的分子凝胶或有机凝胶的物质，这类有机化合物被称为 Gelator（暂译为凝胶因子）。

有机凝胶具有类似于表面活性剂的性质（如分子聚集、形成胶束和自组装等），同时也表现出了与聚合物溶液相似的性质（如溶胀）。有机凝胶通常是由于凝胶因子在溶剂中通过氢键力、静电力、疏水力以及 π-π 相互作用等作用力自发地聚集、组装形成三维网络体系。由凝胶因子而形成的有序高级结构可以与客体分子的超分子结构发生包囊和螯合作用。此外，这种独特的超分子结构在催化、遗传物质的转录、抗体与抗原的作用等领域具有研究意义。

根据凝胶因子凝胶化形成的小分子凝胶类型可以将凝胶因子分为有机凝胶因子或水性凝胶因子。由于有机凝胶因子之间官能团的差异可以将其分为以下几类：

(1) 脂肪酸衍生物；
(2) 蒽基衍生物；
(3) 氨基酸基凝胶因子；
(4) 叔胺及其季胺盐；
(5) 二脲型凝胶因子；
(6) 甾族衍生物；
(7) 金属有机化合物；
(8) 环糊精衍生物；
(9) 可聚合凝胶因子体系。

1.3.2 有机/无机复合水凝胶

水凝胶是被广泛研究的功能高分子材料,而传统的有机高分子水凝胶在某些方面仍面临着问题。例如,机械性能较差,所应用的领域具有较大的局限性;响应速率和溶胀速率较慢;较差的生物相容性阻碍了其在生物医药等领域的广泛应用等。然而,通过引入无机材料可以在一定程度上解决这些问题,因此复合水凝胶材料发挥着重要的作用。目前,关于有机/无机复合水凝胶的研究主要基于无机粒子(例如,纳米二氧化硅、金属粒子、纳米黏土类矿物、新型二维材料等)掺杂改性有机高分子材料。纳米粒子本身或通过对其表面进行修饰后就具有了表面活性作用,因此其可以吸附或接枝高分子链从而形成三维交联网络,提高水凝胶的力学性能[14]。这些无机纳米材料可以根据实际需要对其进行表面修饰或处理,从而作为填充物或者网络交联中心存在于有机高分子网络的结点或孔隙中,有利于改善材料的韧性。

1.3.2.1 二氧化硅

二氧化硅复合水凝胶具有无机材料的热稳定性及有机聚合物的功能性,其增韧机理可以归因于聚合过程中,活性二氧化硅与有机单体发生了轻度交联和惰性填充效应,从而在提升强度和刚度方面发挥了重要作用[15]。二氧化硅复合水凝胶的制备方法常用的有Sol-gel法和共混法。

1. Sol-gel法

Sol-gel法一般是基于前驱体(包括金属或硅烷氧基化合物)与水混合之后水解,然后缩合形成溶胶。更进一步,溶胶粒子会缩合交联形成凝胶。当与有机物复合时按照相同的步骤或顺序可以得到。

2. 共混法

共混法是利用不同的工艺和方法将无机纳米材料与聚合物复合,是制备有机/无机纳米复合水凝胶最简单的方法。该方法具有众多优点,比如无机材料与聚合物可以先分别制备,能够根据需要控制无机纳米材料的形貌和尺寸。同时,此方法也具有一定的局限性,比如分散性和均匀性较差容易团聚,此时需要对无机纳米材料的表面进行修饰。王云普等人先对纳米二氧化硅表面利用乙烯基对其进行功能化改性,再与异丙基丙烯酰胺进行共聚得到二氧化硅复合水凝胶。纳米二氧化硅的加入能够有效改善凝胶的低温溶胀性能及高温时对水的释放能力[16]。与Sol-gel法相比,共混法具有操作简单的优点,但是适用范围较小,容易受到其他条件限制。

1.3.2.2 黏土纳米复合水凝胶

作为多功能交联剂的黏土可以与聚合物长链的两端缔合交联,然后通过自由基聚合反应形成有机/无机网络结构。常用的无机黏土材料包括锂藻土(Laponite),当把其作为交联剂添加到有机/无机复合材料中可以明显改善水凝胶的强度。由于在两个黏土粒子之间的有机高分子链具有可逆的拉伸性从而不易断裂,通过这种自由基聚合反应获得的有机/无机复合水凝胶材料在受到拉伸应力时表现出了增强的机械性能[17]。凹凸棒石(Attapulgite,ATP)具有镁硅铝酸盐的层链状结构,属于无机非金属黏土矿物。将其添加到高分子材料中后,由于其较大的比表面积和较多的纳米级孔道,可以有效提升有机聚合物材料的热稳定性能和机械强度。膨润土是一种亲水性层状硅酸盐黏土矿物材料,其具有较高的阳离子交换容量、膨胀性和分散性，同时表面丰富的羟基基团有助于其通过氢键作用或化学键作用与有机高聚物复合。蒙脱石（Montmorillonite，MMT）是膨润土的主要矿物成分，因此，膨润土的物理和化学性能在很大程度上受到 MMT 的结构影响。蒙脱土的类型包括钙基、钠基、钠-钙基和镁基蒙黏土等，这些种类的蒙脱土通过剥离分散、提纯改性和特殊有机复合等方法可以制备纳米薄片，经过改性后的纳米薄片可以进一步与高分子聚合物制备聚合物复合材料。此外，纳米黏土类矿物还包括高岭土、海泡石、云母和蛭石等。这些硅酸盐黏土类矿物由于层状结构或特殊纳米结构在功能性的复合材料的制备及应用中表现出巨大的潜力。

1.3.2.3　其他新型无机纳米复合水凝胶

目前，纳米粒子、纳米线和碳基材料等其他类型的纳米材料已被广泛引入聚合物网络中，以同步提高应变传感器的可拉伸性和灵敏度。其中，由于二维纳米材料的层状结构和独特的性能，广泛用于制备复合水凝胶以实现对复合水凝胶结构和性能的调控。常用的零维材料有量子点和纳米颗粒等，一维材料包括纳米线和纳米管等，二维材料有MXene、石墨烯、层状双氢氧化物（LDHs）和黑磷（BP）等。所制备的复合水凝胶在生物医药、可穿戴电子设备、人工智能、超级电容器以及涂层等领域都表现出了很好的应用前景。

1. MXenes 复合水凝胶

MXenes 是一个新的二维过渡金属碳化物/氮化物家族，通过选择性蚀刻 MAX 相中的"A"产生，其中 M 是过渡金属，A 是ⅢA 或ⅣA 元素，X 是 C 或 N[18]。Barsoum 首先报道了通过 HF 选择性化学蚀刻 Ti_3AlC_2 中的 Al 来制备 Ti_3C_2 层，表明它们的耐酸性[19]。去除 Al 后，在 $M_{n+1}X_n$ 结构的外层形成悬空键，很容易与溶液中的—OH 和/或—F 基团结合。Ti_3C_2 表面大量的—OH 和—F 基团促进了进一步的功能改性。此外，通过有机溶剂插层或超声处理可以获得类石墨烯结构的单层 MXene 纳米片，这对扩大 MXene 材料的应用具有重要意义。高度亲水的 MXene 纳米片可以均匀地分散在水凝胶中而不会堆积，避免了外部刺激下的应力集中和微裂纹扩散。此外，大比表面积和氢键还使 MXene 纳米片与聚合物基质之间的界面相互作用增强，使水凝胶具有增强的机械强度。此外，由于具有高导电性，MXene 纳米片在整个聚合物基质中建立了一个连续的导电网络，从而显著提高了水凝胶的敏感性。随着电性能的提高，与一些碳纳米材料相比，MXene 纳米片在提高水凝胶柔性传感器的机械强度、拉伸性和灵敏度方面显示出很好的前景。所获得的MXene 基凝胶的独特新特性一方面可能来自于 MXenes 的固有特征，另一方面也可能来源于 MXenes 和凝胶基质中其他成分的功能的总和。事实上，将 MXenes 配制成水凝胶不仅允许设计具有可定制性能的 MXene 基软材料，而且显著提高了 MXenes 的稳定性，这往往是限制其许多应用的因素。此外，通过简单地处理，可以制备出其他 MXenes 水凝胶衍生物，如气凝胶，进一步拓展了其应用的多功能性。受益于独特的二维结构、优异的导电性、生物相容性、离子嵌入能力和亲水性，MXenes 广泛应用于化学传感、储能、催化和环境修复领域。尽管如此，少层 MXene 复合水凝胶的制备仍需要考虑 MXene 纳米片在水溶剂和制备介质水凝胶中的稳定性[20]。表 1-1 总结了少层 MXene 复合水凝胶的制备方法及性能。

表 1-1　MXene 水凝胶产品概述

组成	稳定性	机械性能	电导率	应用	文献
MXene/纤维素	中等	抗压强度 34.7kPa	—	光热治疗	[21]
MXene/PVA	中等	>3400%	有	传感	[22]
MXene/金属离子	很好	储存模量：7kPa	是	超级电容器电极	[23]
MXene/GO/EDA	中等	储存模量：15kPa	是	超级电容器电极	[24]
MXene/PNIPAM	一般	杨氏模量：8.66kPa	—	光热响应智能开关	[25]
MXene/PNIPAM/PAM	一般	1400%	1.092S/m	传感	[26]
MXene/PAM	很好	3047.5%	—	药物释放	[27]
MXene/PNIPAM	很好	储存模量：3.5kPa	0.019S/m	"智能"窗	[28]
MXene/PVA/PAM	中等	1200%	4.25S/m	传感	[29]

PVA：聚乙烯醇；GO：氧化石墨烯；EDA：乙二胺；PNIPAM：聚（N-异丙基丙烯酰胺）；PAM：聚丙烯酰胺。"—"：不可用或未在参考文献中提及。

2. 石墨烯复合水凝胶

石墨是一种 3D 碳材料，由上百万层石墨烯组成。氧化石墨是一种由碳、氧、氢以不同比例、较大且不规则的间距组成的多层化合物，可由石墨经氧化处理得到。氧化石墨的早期生产是使用强氧化剂，氧化产物的结构具有含氧功能，具有亲水性，导致层分离。氧化石墨烯是石墨烯的一种水溶性氧化形式，每一层氧化石墨烯都由羟基（—OH）和两侧的环氧官能团组成，而边缘则有羧基（—COOH）。氧化石墨与氧化石墨烯的区别在于，氧化石墨烯（GO）是单层或几层体系，而氧化石墨是多层体系。在浓酸性介质中使用高锰酸钾的方法是最常用的氧化石墨烯合成方法[30]。GO 是一种具有高比表面积和非常好的稳定性的二维（2D）碳质材料，它已被用作吸附剂以去除水中的各种污染物，并且它对气态分子也具有非常好的吸附能力。同样，GO 因其具有高比表面积、π电子系统和丰富的含氧官能团而备受关注。此外，研究表明，GO 作为吸附材料的性能可以通过使用多种试剂对 GO 进行功能化设计来提高。然而，对于再生和再利用，从水中收集基于 GO 的材料是一个问题，在石墨烯或 GO 可用于水处理的实际应用之前，需要新的简单有效的去除方法。此外，GO 片之间存在强烈的 π-π 相互作用，导致聚集、比表面积降低、在水介质中分散性差和吸附效率降低，从而限制了其在废水处理中的进一步应用。因此，关于最小化石墨烯和/或 GO 片的聚集、浸出和回收，它们的功能化以及与其他材料的组合或固定是目前研究的热点。一些二维材料不仅可以用作纳米填料，还可以形成用于细胞生长和增殖的三维结构[31]。

石墨烯基复合水凝胶的制备方法可以分为物理交联和化学交联。共价键是通过化学交联方法形成的，该方法可以涉及制备氧化石墨烯水凝胶的几种反应，如自由基聚合、与官能团的化学反应、高能辐照和与酶的反应。物理交联的氧化石墨烯水凝胶主要由氢键、离子键、结晶、蛋白质相互作用和疏水相互作用等几种物理方法形成。

3. 碳纳米管复合水凝胶

碳纳米管（CNTs）是一种巨大的圆柱形大分子，由六角形排列的杂交碳原子组成。碳纳米管的壁由一层或多层石墨烯片组成，因此，单壁碳纳米管（SWCNT）由单个石墨烯片滚动形成,而由多个石墨烯片形成的称为多壁碳纳米管(MWCNTs)。SWCNT 的特点是更清晰的壁和更小的直径,使其适合作为药物载体。相反,MWCNTs 的纳米结构可能存在缺陷,导致稳定性较差,因此更容易对其进行修饰。所采用的合成步骤会影响碳纳米管的长度和直径,由于范德华力,SWCNTs 和 MWCNTs 往往会捆绑在一起。在过去的几年里,碳纳米管由于其相当出色的电子、机械和化学稳定性而应用于纳米电子和纳米复合材料等不同领域。表 1-2 总结了不同 CNTs 纳米复合水凝胶的制备方法。

表 1-2 CNTs 纳米复合水凝胶的制备方法

组分	稳定性	参考文献
PVA-CNTs	碳纳米管分散在水中与 PVA 冻融	[32]
PMAA/MWNTs-COOH	由 MWNTs-COOH、MAA 单体和 N, N 亚甲基双丙烯酰胺混合聚合而成	[33]
PMAA-MWNTs	MWNTs-COOH,PMMA,乙二醇二甲基丙烯酸酯和 2,2′偶氮二异丁腈(AIBN)与引发剂-自由基交联共聚	[34]
CS-CNTs	CNTs 与十六烷基三甲基溴化铵在 CS 溶液中分散	[35]
Hemicellulose/CNTs-COOH	由处理过的 CNTs-COOH,半纤维素,(N, N MBA)和引发剂混合物-自由基-聚合	[36]
N-isopropylacrylamide-MWNTs	由 MWNTs、N-异丙基丙烯酰胺、丙烯酰胺、AIBN 和四(乙二醇)二甲基丙烯酸酯(TEGDMA)混合物与乙醇为溶剂聚合而成	[37]
PAM/MWNTs	MWNTs 分散在 AAm,N, N MBA,过硫酸钾(KPS)和 N, N, N, N-四甲基乙基二胺(TEMED)水溶液中	[38]
MWNTs-g-PEG	处理过的 MWNTs、聚乙二醇、二甲氨基吡啶、N, N-二环己基碳二亚胺混合物和二氯甲烷作为溶剂偶联反应	[39]

注:PVA:聚乙烯醇;PMAA:聚甲基丙烯酸;CS:壳聚糖;Hemicellulose:半纤维素;N-isopropylacrylamide:N-异丙基丙烯酰胺;PAM:聚丙烯酰胺;PEG:聚乙二醇。

4. 金属纳米复合水凝胶

金属纳米颗粒(NPs)如 AgNPs、CuNPs 和 AuNPs 已经被广泛研究。这种纳米颗粒通常与二维纳米片结合,以增强其电子转移性、稳定性和增大比表面积,从而有效地检测或去除污染物。此外,与二维纳米片杂交可以形成三维网络结构,有利于循环利用,避免纳米颗粒的聚集。例如,包裹在单宁酸(TA)功能化的石墨烯水凝胶(AuNPs@TA-GH)中的 AuNPs 被用来催化去除亚甲基蓝(MB)。该制备方法包括在 TA 存在下还原氧化石墨烯形成石墨烯水凝胶,然后在石墨烯水凝胶网络中加载和原位还原 $AuCl_4^-$。将 AuNPs 固定在碳载体上被认为是提高 AuNPs 催化性能和可回收性的一种方法[40]。

1.4 思政小结

纳米材料与传统尺寸材料相比,粒径小,具有优异的光、电、磁、热、力学和机械等性能。国内纳米材料行业起步于 1991 年,经过多年的技术积累以及发展,多种纳米材料实现商业化量产应用,包括碳纳米管导电浆料、纳米钛酸钡粉体、纳米碳混悬液、石墨烯导热膜、量子点光转换膜等，在电子产品及医疗领域有着广泛应用。随着相关技术的逐渐成熟，纳米材料市场应用也将进一步扩大。

一直以来，我国将纳米材料作为新型材料的重要发展方向之一，制定并出台了一系列政策，从而推动纳米技术的产业化进程。习近平总书记在党的二十大报告中强调，加快实施创新驱动发展战略。加快实现高水平科技自立自强。以国家战略需求为导向，集聚力量进行原创性引领性科技攻关，坚决打赢关键核心技术攻坚战。纳米研究在我国的《纳米研究国家重大科学研究计划"十二五"专项规划》中确立为国家重大科学研究方向，通过顶层设计、统一协调的方式推进了纳米技术的产业化进程。《新材料产业"十三五"发展规划》中将对新材料10个重点领域，包括战略性新兴产业175项、国防军工187项，共计362项新材料产品进行支持。与此同时，我国还建立了许多以企业为创新主体的创新平台，常见的如动力电池、集成电路产业等。《"十三五"国家科技创新规划》提出将纳米材料技术作为重点先进功能材料技术发展，重点突破纳米材料宏量制备关键技术。在我国的《"十三五"国家战略性新兴产业发展规划》中，重点突破有关石墨烯的产业化应用技术，拓宽光电子、生物医药、新能源等领域中纳米材料的应用范围，开发一系列新型材料，如智能材料、低成本增材制造材料、超材料等，对于深地、深海、空天等极端环境所需材料要加大研发力度，从而形成一批具有广泛带动性的创新性成果。《"十三五"材料领域科技创新专项规划》提出着力解决纳米材料产业面临的共性问题，优化核心纳米材料的生产工艺。展望前景，纳米材料的高导电性、高导热性等性能优势，在现有应用领域持续渗透，未来或将挑战传统材料的市场地位。

1.5　课后习题

1. 水凝胶的分类有哪些？
2. 纳米材料的概念是什么？
3. 常见的具有优异机械性能的水凝胶有哪些？
4. 传统水凝胶存在哪些问题？

1.6　参考文献

[1] WICHTERLE O, LI M D, Hydrophilic gels for biological use[J]. Nature, 1960, 185(4706): 117-118.

[2] PEPPAS N, BURES P, LEOBANDUNG W, et al. Hydrogels in pharmaceutical formulations [J]. European Journal of Pharmaceutics and Biopharmaceutics, 2000, 50(1): 27-46.

[3] DERGUNOV S A, MUN G A. γ-irradiated chitosan-polyvinyl pyrrolidone hydrogels as pH-sensitive protein delivery system[J]. Radiation Physics & Chemistry, 2009, 78(1): 65-68.

[4] DUBROVSKII S A, RAKOVA G V. Elastic and osmotic behavior and network imperfections of nonionic and weakly Ionized acrylamide-based hydrogels[J]. Macro-

molecules, 1997, 30(24): 7478-7486.

[5] REFOJO M F, YASUDA H. Hydrogels from 2-hydroxyethyl methacrylate and propylene glycol monoacrylate[J]. Journal of Applied Polymer Science, 1965, 9(7): 2425-2435.

[6] BO J. Study on PVA hydrogel crosslinked by epichlorohydrin[J]. Journal of Applied Polymer Science, 1992, 46(5): 783-786.

[7] SARGEANT T D, DESAI A P, Banerjee S, et al. An in situ forming collagen – PEG hydrogel for tissue regeneration[J]. Acta Biomaterialia, 2012, 8(1): 124-132.

[8] RAMOS J, FORCADA J, HIDALGO A R. Cationic polymer nanoparticles and nanogels: From synthesis to biotechnological applications[J]. Chemical Reviews, 2013, 114(1): 367-428.

[9] KARADA KARADAG E, üzüm B, Saraydin D. Swelling equilibria and dye adsorption studies of chemically crosslinked superabsorbent acrylamide/maleic acid hydrogels[J]. European Polymer Journal, 2002, 38(11): 2133-2141.

[10] MASTROPIETRO D J, OMIDIAN H, PARK K. Drug delivery applications for superporous hydrogels[J]. Expert Opinion on Drug Delivery, 2012, 9(1): 71-89.

[11] OZMEN M M, OKAY, O. Superfast responsive ionic hydrogels with controllable pore size[J]. Polymer, 2005, 46(19): 8119-8127.

[12] MAOLIN Z, JUN L, MIN Y, et. al. The swelling behaviour of radiation prepared semi-interpenetrating polymer networks composed of polyNIPAAm and hydrophilic polymers[J]. Radiat Phys Chem 2000, 58(4): 397-400.

[13] ISO, 2010. International Organization for Standardization. Nano-technologies vocabularyd part 1: Core Terms. ISO/TS 80004-1: 2010.

[14] 陈伟科. 高强度超拉伸水凝胶的制备[D]. 广州: 华南理工大学, 2015.

[15] CARLSSON L, ROSE S, HOURDET D, et al. Nano-hybrid self-crosslinked PDMA/silica hydrogels[J]. Soft Matter, 2010, 6(15): 3619-3631.

[16] 王云普, 袁昆, 裴小维. 聚N-异丙基丙烯酰胺/纳米SiO_2复合水凝胶的合成及溶胀性能[J]. 高分子学报, 2005, 4(5): 584-588.

[17] 储瑶瑶. 有机-无机双网络水凝胶复合材料的制备及其性能研究[D]. 西安: 西安建筑科技大学, 2019.

[18] ZHANG P, YANG X J, LI P, et al. Fabrication of novel MXene (Ti_3C_2)/polyacrylamide nanocomposite hydrogels with enhanced mechanical and drug release properties[J]. Soft Matter, 2020, 16(1)(162-169).

[19] NAGUIB M, KURTOGLU M, PRESSER V, et al. Two-dimensional nanocrystals produced by exfoliation of Ti_3AlC_2[J]. Advanced Materials, 2011, 23(37): 4248-4253.

[20] QW A, XP B, XW A, et al. Fabrication strategies and application fields of novel 2D Ti_3C_2Tx (MXene) composite hydrogels: A mini-review-ScienceDirect[J]. Ce-

ramics International, 2021, 47(4): 4398-4403.

[21] XING C, CHEN S, LIANG X, et al. Two-dimensional MXene (Ti_3C_2)-integrated cellulose hydrogels: toward smart three-dimensional network nanoplatforms exhibiting light-induced swelling and bimodal photothermal/chemotherapy anticancer activity[J]. ACS Appllied Materials Interfaces 2018, 10: 27631-27643.

[22] ZHANG Y, LEE K, ANJUM D, et al. MXenes stretch hydrogel sensor performance to new limits[J]. Science Advances 2018, 4(6): eaat0098.

[23] DENG Y, SHANG T, Wu Z, et al. Fast gelation of Ti_3C_2Tx MXene initiated by metal ions[J]. Advanced Materials 2019, 31(43): 1902432.

[24] SHANG T, LIN Z, QI C, et al. 3D macroscopic architectures from self-assembled MXene hydrogels[J]. Advanced Functional Materials, 2019, 29(33): 1903960.

[25] YANG C, XU D, PENG W C, et al. $Ti_2C_3T_x$ nanosheets as photothermal agents for near-infrared responsive hydrogels [J]. Nanoscale, 2018, 10(32): 15387-15392.

[26] ZHANG Y, CHEN K X, LI Y, et al. High-strength, self-healable, temperature-sensitive, MXene-containing composite hydrogel as a smart compression sensor[J]. ACS Applied Materials & Interfaces, 2019, 11(50): 47350-47357.

[27] ZHANG P, YANG X J, LI P, et al. Fabrication of novel MXene (Ti_3C_2)/polyacrylamide nanocomposite hydrogels with enhanced mechanical and drug release properties[J]. Soft Matter, 2020, 16(1): 162-169.

[28] TAN N, ZHANG D, LI X, et al. Near-infrared light-responsive hydrogels via peroxide-decorated MXene-initiated polymerization[J]. Chemical Science, 2019, 10(46): 10765-10771.

[29] LIAO H, GUO X, WAN P, et al. Conductive MXene nanocomposite organohydrogel for flexible, healable, low-temperature tolerant strain sensors[J]. Advanced Functional Materials, 2019, 29(39): 1904507.

[30] HUMMERS Jr W S, OFFENAN R E. Preparation of graphitic oxide[J]. Journal of the American Chemical Society, 1958, 80(6): 1339-1339.

[31] WYCHOWANIEC J K, LITOWCZENKO J, TADYSZAK K. Fabricating versatile cell supports from nano-and micro-sized graphene oxide flakes[J]. Journal of the Mechanical Behavior of Biomedical Materials, 2020, 103: 103594.

[32] TONG X, ZHENG J, Lu Y, et al. Swelling and mechanical behaviors of carbon nanotube/poly(vinyl alcohol) hybrid hydrogels[J]. Materials Letters, 2007, 61(3-9): 1704-1706.

[33] ZHANG C H, LUO Y L, CHEN Y S, et al. Preparation and theophylline delivery applications of novel PMAA/MWCNT-COOH nanohybrid hydrogels[J]. Journal of Biomaterials Science, Polymer Edition, 2009, 20(7-8): 1119-1135.

[34] AKTaş D K, UZUN H. A fluorescence study for the critical behavior of polymethylmethacrylate doped by multiwalled carbon nanotube (PMMA-MWNT) composite

bulk gel systems[J]. Applied Physics A, 2013, 111(3): 959-964.

[35] CHATTERJEE S, LEE M W, WOO S H. Enhanced mechanical strength of chitosan hydrogel beads by impregnation with carbon nanotubes[J]. Carbon, 2009, 47(12): 2933-2936.

[36] SUN X F, YE Q, JING Z, et al. Preparation of hemicellulose-g-poly (methacrylic acid)/carbon nanotube composite hydrogel and adsorption properties[J]. Polymer Composites, 2014, 35(1): 45-52.

[37] SATARKAR N S, JOHNSON D, MARRS B, et al. Hydrogel-MWCNT nanocomposites: synthesis, characterization, and heating with radiofrequency fields[J]. Journal of Applied Polymer Science, 2010, 117(3): 1813-1819.

[38] SUDHA, MISHRA B M, KUMAR D. Effect of multiwalled carbon nanotubes on the conductivity and swelling properties of porous polyacrylamide hydrogels[J]. Particulate Science and Technology, 2014, 32(6): 624-631.

[39] VURAL S, DIKOVICS K B, KALYON D M. Cross-link density, viscoelasticity and swelling of hydrogels as affected by dispersion of multi-walled carbon nanotubes[J]. Soft Matter, 2010, 6(16): 3870-3875.

[40] HOU X, MU L, CHEN F, et al. Emerging investigator series: design of hydrogel nanocomposites for the detection and removal of pollutants: from nanosheets, network structures, and biocompatibility to machine-learning-assisted design[J]. Environmental Science: Nano, 2018, 5(10): 2216-2240.

2 纳米复合水凝胶的制备方法、结构特点及应用

2.1 纳米复合水凝胶的制备方法

2.1.1 自由基聚合

自由基聚合方法可以在交联剂存在下用低分子量单体进行[1]。此外，使用引发剂和交联剂在具有可聚合基团的亲水性聚合物和乙烯基单体之间发生自由基反应。催化剂或引发剂，如紫外线（UV）或微波辐射有助于制备纳米复合水凝胶[2]。几种聚合物，包括合成、半合成和天然聚合物，已通过自由基聚合用于水凝胶制备。聚（甲基丙烯酸 2-羟乙酯）（pHEMA）水凝胶和聚（甲基丙烯酸 2-羟乙酯）-共聚己内酯水凝胶（pHEMA-co-PCL）分别通过微波辅助自由基聚合和原子转移自由基聚合合成。在两种水凝胶中，PCL 都用作交联剂，而前者反应的引发剂是过硫酸钾。pHEMA 和 PCL 聚合物都具有生物相容性和可生物降解性，并且它们的水凝胶已被研究用于组织工程应用。表 2-1 展示了几种通过自由基聚合制备的共价键氧化石墨烯纳米复合凝胶材料。

表 2-1 通过自由基聚合制备的共价键氧化石墨烯纳米复合材料

组分	参考文献
$Fe_3O_4@mSiO_2@GO$	[3]
PMAA—GO	[4]
PMAA—GO—PEG	[5]
GO—Heparin	[6]
SMGO/P（NIPAM-co-AA）	[7]

$Fe_3O_4@mSiO_2@GO$：磁化介孔 GO；PMAA：聚甲基丙烯酸；HeA：乌洛托品；P（NIPAM-co-AA）：聚（异丙基丙烯酰胺-丙烯酸）；SMGO/P（NIPAM-co-AA）：色列普淀粉修饰氧化石墨烯/聚（N-异丙基丙烯酰胺-丙烯酸）。

2.1.2 官能团的反应

具有官能团（—OH，—COOH 和—NH$_2$）的聚合物具有溶解性，这些基团可用于形成水凝胶。聚合物官能团与其他相应基团的反应导致聚合物链之间的共价交联。例如，席夫碱反应或异氰酸酯—OH/NH$_2$ 或胺羧酸。具有氨基基团的聚合物可以与醛基之间形成亚胺键。例如，戊二醛与壳聚糖（CS）凝胶的制备。此外，聚合物的结构改性可用于水凝胶开发。聚酯和聚酰胺水凝胶是通过羟基或胺基与羧酸之间的缩合反应制备的。明胶和胶原基水凝胶是通过使用水溶性碳二亚胺（EDC）和 N-羟基琥珀酰亚胺（NHS）的偶联反应合成的，它们的溶胀性能可以通过交联剂密度来控制。另外，在多糖基水凝胶的缩合反应中可以使用多官能羧酸作为交联剂，如柠檬酸、富马酸和苹果酸。具体地，在多官能羧酸中，两个羧基用于缩合，其余基团用作增塑剂以增加溶胀性能。Yang 等人证明了一个通

过与官能团反应化学交联氧化石墨烯纳米复合水凝胶的例子[8]。通过用羧甲基壳聚糖（CMCS）、透明质酸（HA）和异硫氰酸荧光素（FI）制备复合氧化石墨烯水凝胶。这种水凝胶分两步制备，首先是 CMCS 通过酰胺连接 CMCS 和—COOH，然后是 GO—CMCS 的氨基与 HA 和 FI 的羧基形成最终的支架（GO-CMCS-FI-HA）。

2.1.3 高能辐射

不饱和化合物可以通过高能辐射（如伽马射线和电子束）聚合。因此，可以使用高能辐射通过交联衍生出亲水聚合物链的乙烯基来制备水凝胶。聚合物辐射形成自由基并导致不同聚合物链的重排，从而通过共价键而形成水凝胶的交联网络。由于在该过程中不使用有毒化学物质，辐射被认为是其中的主要方法。此外，即使没有乙烯基，水溶性聚合物也能够在高能照射下形成水凝胶。C-H 键通过辐射聚合物水溶液均裂形成的自由基，加上水分子辐射分解产生的羟基自由基可以攻击聚合物链，形成大自由基。大自由基与聚合物链重排形成的共价键可以产生交联的水凝胶。羧甲基纤维素、聚丙烯酸、聚乙烯醇、聚乙二醇、淀粉和 CS 水凝胶已被制备并通过高能辐射交联。氧化石墨烯/（AAc-co-SA）水凝胶的合成首先基于改进的 Hummers 法制备，然后将 AAc 和 SA 混合在氧化石墨烯溶液中，然后用伽马射线照射。对氧化石墨烯/（AAc-co-SA）水凝胶基质中氧化石墨烯的制备进行了表征，溶胀测量结果表明，水凝胶中氧化石墨烯的存在增强并调节了不同 pH 缓冲溶液下的溶胀。药物释放的概况研究提供了良好的结果，证明了 GO/（AAc-co-SA）纳米复合水凝胶可以用于给药系统。

2.1.4 与酶的反应

Sperinde 等人证明了酶交联方法，他们用转谷氨酰胺酶制备聚乙二醇（PEG）水凝胶，催化谷氨酰胺基官能化的四羟基-PEG（PEG-Qa）与聚（赖氨酸-共-苯丙氨酸）在水溶液中反应。水凝胶网络由赖氨酸 ε-胺基团和 PEG-Qa 的 γ-羧酰胺基团之间的酰胺键形成。在合成的水凝胶上实现了 90% 的更高溶胀率[9]。此外，作者还通过用赖氨酸功能化 PEG 并将其与转谷氨酰胺酶交联来合成另一种水凝胶。此外，Lee 等人还报道了一种由聚丙烯氧化物（PPO）-聚乙烯氧化物（PEO）-酪胺（Tet-TA）与不同氧化程度的 GO 通过原位酶交联形成的可注射纳米复合水凝胶[10]。X 射线光电子能谱（XPS）和 FTIR 表征显示了氧化石墨烯的氧化水平和氧化石墨烯的表面积的增加。Tet-TA 的存在增强了分散性，而氧化石墨烯提高了水凝胶的力学性能。结果表明，该水凝胶具有生物相容性和无毒性，可用于可注射纳米复合水凝胶和组织工程。

2.1.5 共混法

共混法是一种简单的制备纳米复合水凝胶的方法，是将纳米材料与聚合物经过不同的工艺进行复合。该方法具有众多优点，如纳米材料和聚合物可以分别制备，从而有利于修饰以及对形貌的调控。但是，此方法也存在纳米材料易发生团聚的问题，因此，如何处理好纳米材料的分散性和稳定性十分重要。Tong 等用处理后的碳纳米管与聚乙烯醇通过共混法制备了纳米复合水凝胶。所制备的纳米复合水凝胶与原始的聚乙烯醇凝胶显示出了增强的溶胀性能[11]。

2.2 纳米复合水凝胶的结构特点

水凝胶是具有一定机械强度的、内部呈多孔状的三维网状结构的物质。其孔状结构有利于水分、营养物质和药物等的运输，使其在多领域表现出良好的应用潜能。

2.2.1 柔性与刚性

结构单元间的相对转动使得分子链呈螺旋状，这种现象称作高分子链的柔性，由内旋转而形成的原子空间排布称作构象。高分子链的柔性在很大程度上依赖其结构。例如，当聚合物的主链完全由—C—C—键构成时会呈现柔性，而当结构中存在杂环和芳烃基团时会增加高分子链的刚性。此外，当高分子链具有较大体积的侧基、分子内或分子间形成氢键、或高分子链通过化学键交联时，同样也会增加其刚性。其中，高分子链的侧基会影响空间位阻，化学键能够增加交联密度。

2.2.2 分散相

胶体是指一种基本稳定的多相不均匀体系，其中要包含两种状态的物质，一种分散，一种连续，分散相一般以颗粒、液滴或者组合结构等形态存在，连续相一般可以是气、液、固态。比如 $Fe(OH)_3$ 胶体、$Al(OH)_3$ 胶体、硅酸胶体、淀粉胶体、蛋白质胶体、豆浆、墨水、涂料、鸡蛋清、血液等都属于胶体体系。胶体里面的分散相如果形成了有支撑作用的网状结构（一般就是高分子链了），网状结构的空隙中充满液体的连续相，这就形成了凝胶，所以凝胶是胶体的一种。凝胶是一种由细小粒子聚集而成三维网状结构的具有固态特征的胶凝体系，凝胶中渗有连续的分散相介质。按照分散相介质不同可分为水凝胶、醇凝胶和气凝胶。

2.2.3 界面作用

在自然界中，多种生物成分的协同作用才能实现生物体以及生命的建立。其中，不同化学组分和物理性质的各类组织之间的界面联系至关重要。目前，人们在技术层面仍无法模仿生物体系的高度复杂结构，但发展具有仿生复合结构与功能的一体化医用植入体具有重要的研究意义，如何使柔性材料与刚性材料稳定结合是当前相关领域的研究热点。近年来，研究者们以水凝胶为原型柔性材料探究了其与各种其他材料之间的界面黏合，主要包括物理贴敷、主客体作用、原位交联聚合等。

2.3 纳米复合水凝胶的应用

2.3.1 生物医学

2.3.1.1 组织工程

生物软组织，如软骨、骨骼肌、角膜和血管，在人体中起着许多关键作用。这些天然的软性材料具有两个关键的结构特征。其中一个特征是含有液质的结构，使低摩擦系数和对生物组织的动态重要活动具有良好的润滑和增加弹性作用。另一个特征是从分子到宏观尺度具有有序层次结构。这种独特的层次结构赋予了生物体各向异性的机械韧性和相应功能，从而使其适应于外部环境中的复杂使用。组织工程是治疗严重软/硬组织损伤的一种很有前景的方法，否则这些损伤将无法完全恢复。通常，聚合物支架用于提供一个框架，在其上接种细胞，允许细胞增殖并发育成功能性靶组织。支架必须具有生物相容性和生物降解能力，并且本质上是多孔的，以允许细胞迁移和营养物质的运输。支架的机械响应也很重要，因为它必须回应自然组织的机械响应，特别是当它受到显著和复杂的机械力时，例如在骨骼、软骨和皮肤受损的情况下。同样重要的是，支架的物理特性必须允许在植入前和植入过程中易于操作。水凝胶是一类满足许多这些要求的材料。水凝胶具有不溶性亲水聚合物网络，在吸收大量水后会膨胀。由于它们的含水量大，因此与天然细胞外基质（ECM）非常相似，它们作为组织工程应用的细胞支架的候选材料已经获得了极大的关注。ECM 由各种氨基酸和糖基大分子组成，它们将细胞聚集在一起并控制组织结构，调节细胞的功能，并允许营养物质、代谢物和生长因子的扩散。然而，大部分凝胶材料的机械性能较差，因此，最近包含水凝胶和增强剂的复合系统受到了关注。尽管包含一定浓度的合成聚合物和纳米填料可以显著提高结构的机械强度并改善各种性能，水凝胶最重要和最关键的特性是保持组织工程的机械强度以及组织发育的空间。目前，水凝胶支架在人体许多组织中有临床应用，包括软骨、骨骼、肌肉、皮肤、脂肪、动脉、韧带、肌腱、肝脏、膀胱和神经元。

几种导电水凝胶纳米复合材料是生物医学支架，特别是神经和心脏细胞培养的基础。例如，由聚己内酯、丝素蛋白和碳纳米管在甲基丙烯酸明胶水凝胶中组成的导电纳米纤维纱网络（NFY-NET）被报道为3D混合心脏支架。导电 NFY-NET 的交织结构模拟了天然心脏组织，使组织能够定向生长，而水凝胶为细胞增殖提供了合适的环境。此外，该支架具有良好的软组织友好界面和材料组成，具有良好的生物相容性。此外，随着支架形状越来越趋近于各向同性，细胞在 3D 支架中的生长速度加快。除了在细胞培养支架中使用外，水凝胶纳米复合材料还可以作为可植入的细胞储存体使用。

2.3.1.2 伤口敷料

理想的伤口凝胶敷料应该允许气体交换，保持适当的湿度和恒定的温度，去除多余的渗出物，保护伤口免受细菌污染，加速愈合，减轻疼痛。同时，也应该具有无毒、无过敏、不黏附、容易去除、没有创伤等特性。目前，基于甲丁质、壳聚糖及其衍生物的伤口敷料产品（如纤维、膜和海绵）在市售，其中去乙酰化甲丁质或壳聚糖是一种止血剂，由于聚阳离子性质，具有天然的抗菌特性。由于纤维素本身没有预防伤口感染的抗菌活性，氧化锌或 Ag 纳米颗粒（NPs）可以浸渍到纤维素凝胶系统中，以达到抗菌的目的。氧化锌和银的杀菌作用机制是不同的，假设水分子可以与氧化锌粒子反应，反应性氧自由基或羟基自由基可能导致细菌细胞氧化损伤，而银 NPs 可能渗透到细菌内部或附着在细菌表面干扰其渗透性和呼吸功能。

纤维素、甲壳素和壳聚糖是常用的用于伤口敷料的水凝胶基底，表 2-2 总结了基于这三种复合水凝胶的性能及特点。

表 2-2 以纤维素、甲壳素、壳聚糖作为潜在伤口敷料的复合凝胶及其一些性能

基质	第二组分	特点
纤维素	银纳米颗粒	抗菌
	藻酸盐	良好的抗撕裂性
甲壳素	聚丙烯酸	控制水分吸收和细胞附着
	银纳米颗粒	抗菌，凝血，附着性弱
	氧化锌纳米颗粒	抗菌
壳聚糖	明胶	改善了愈合效果；抗菌药物
	透明质酸	较低的水蒸气渗透性值和黏附性；抗菌剂
	银纳米颗粒	抗菌
	氧化锌纳米颗粒	抗菌

2.3.2 环境工程

用于水净化的最有前途的水凝胶是具有高吸水性和污染物固定能力的聚合物网络。这些复合水凝胶在凝胶体积、溶胀、亲水和疏水表面性质方面可能表现出不同的特性。水凝胶最重要特性之一是它们的溶胀能力，这取决于聚合物网络内的交联类型。水凝胶的溶胀能力和多孔结构提供了溶质扩散到水凝胶结构内的可能性。超吸水水凝胶是一种可以在短时间内吸附水且数量超过其质量100%的水凝胶。三维网络结构确保每单位体积有更多"位点"可以参与吸附过程。与大多数将污染物吸附在表面的其他固体吸附剂不同，水凝胶具有高度多孔的结构，因此，它们的吸附能力更高。合成的复合水凝胶中的亲水性官能团以其分子量的10~20倍的速率吸附水，网络内的交联保护水凝胶免于溶解。水凝胶的另一个优点是它可以通过不同的合成方法控制其尺寸以及所需的电荷和官能团。合成的水凝胶的容量取决于三个主要参数：(1) 溶胀状态下的聚合物体积分数；(2) 交联之间的平均分子量；(3) 网络网格尺寸。溶胀状态下的聚合物体积分数是决定可以吸附到水凝胶中的液体量多少的因素。另一方面，两个相邻交联链的平均分子量定义了合成水凝胶的交联度。网络的尺寸至关重要，因为它决定了释放分子进入水凝胶网络的机械强度、降解性和扩散性。原则上，理想的水凝胶应具备以下特点：

(1) 由粒径和孔隙率决定的高吸附率；
(2) 负载下的高吸收性（即高吸附能力而不溶解网络结构，它与聚合物网络的强度有关）；
(3) 未反应的原料含量低，容易释放到溶液中；
(4) 生产成本低；
(5) 膨胀和储存期间的高耐久性；
(6) 高生物降解性，在处置过程中和处置后不形成有毒化合物；
(7) 在水中溶胀后的pH中性；
(8) 无臭、无色、无毒；
(9) 高的光稳定性。

然而，实际上不可能同时优化这些因素，因此，在开发水凝胶时，必须针对当前特定

应用的最有利选项进行权衡。例如，作为去除环境污染物的材料，高溶胀能力、低生产成本、无毒性质、光稳定性、高吸附率和去溶胀能力（提高可重复使用性）是最重要的。

重金属和准金属、工业化学品、染料、农用化学品、药物和类固醇激素是目前主要的环境污染物。这些污染物释放到地表水和地下水中会对人类和生态系统产生不利影响。Fe、Mn、Cd、Pb、Sn 等重金属和 As 和 Sb 等重金属在许多地质环境中很常见，根据它们的浓度，重金属和类金属会产生急性、亚急性和慢性健康问题，包括癌症、心血管疾病、肺部疾病、免疫系统疾病、神经系统问题、内分泌功能障碍。重金属化合物不能靠天然降解，只能转化为其他形式或不溶性化合物。由于没有可以降解这些污染物的自然机制，它们很容易在饮用水和灌溉土壤和作物中积聚。因此，去除环境污染物已成为当今社会的一大挑战。化学沉淀、离子交换、膜过滤、吸附和电渗析是可用于从水性介质中去除环境污染物的方法。然而，这些方法在去除效率和操作成本方面仍然存在缺陷。吸附技术在去除水中的污染物方面引起了业内科研者的极大兴趣，因为它需要更少的能量，不需要额外的化学物质，不会产生有害的副产品。因此，基于吸附技术由于其经济和高效的特性而具有重要意义。表 2-3 总结了用于去除水中污染的不同水凝胶及其官能团。然而，这些吸附材料中的大多数都缺乏在完成去除过程后容易与水分离的能力。此外，大多数材料也面临着可重复使用率低的问题。最近，由不同材料制备的水凝胶因其在去除污染物（尤其是水中的金属和准金属）方面具有显著潜力而引起了研究者的兴趣。除了高孔隙率外，水凝胶还具有出色的吸收能力、大比表面积和独特的机械性能。水凝胶的另一个独特特性是它们能够在吸附过程后完成脱水与水分离，因此不需要其他机制将吸附剂与水分离。由于水凝胶的上述特点，并考虑到它们的化学性能和热稳定性，水凝胶也被认为是湿法冶金领域去除污染物的重要材料和智能材料。

表 2-3　用于去除水中污染的不同水凝胶及其官能团

名称	可用的官能团	参考文献
聚丙烯酰胺水凝胶	—OH，N—H—COOH，—CONH$_2$	[12]
磁性阳离子水凝胶	—C=O，—C—N，—N$^+$［(CH$_3$)$_3$］	[13]
功能化 Fe$_3$O$_4$	—OH，—CH$_3$，—C—O—C，—NH$_2$	[14]
聚（N-羟甲基丙烯酰胺）水凝胶	—C=O，羟甲基，酰胺基	[15]

2.3.2.1　吸附机理

将污染物吸附到水凝胶中可能有一种或几种机制，包括络合、配位、螯合、离子交换、物理力吸附和离子在纤维毛细血管内部和内部的捕获，这些机制是由水凝胶的特性决定的。水凝胶去除污染物的机理可以是单一机理，也可以是多种机理的协同作用。除了吸附作用外，水凝胶还具有不同的去除机理，如光催化去除。

为了确定机理，可以使用透射电子显微镜（TEM）分析确定去除过程前后水凝胶的差异。例如，在纤维素-甲壳素水凝胶吸附铅离子之前，水凝胶珠中没有可定义的电子致密层，吸附后水凝胶上出现了电子致密层。分析水凝胶在污染物吸附前后的红外光谱，可以为吸附过程的机理提供依据。官能团可以根据吸附过程的不同而有所不同。X 射线衍射模式也可以用于确定结晶等级和水凝胶吸附过程背后的吸附机制。

如果没有任何官能团的参与，阳离子或阴离子水凝胶对污染物有一个简单的吸附机制。溶液中以离子形式存在的污染物很容易与相反的电荷相互作用。在水介质中，水凝胶吸附水，网络结构受到膨胀作用。一旦水凝胶溶胀，阴离子金属或非金属离子很容易扩散到三维网络结构形成水凝胶网络。水凝胶中可电离基团的存在是为去除污染物，特别是有毒金属和类金属离子提供了很大的潜力。

2.3.2.2 水介质中可被不同类型水凝胶去除的污染物类型

水凝胶在吸水和去除污染物方面的高吸水性是水净化的一个主要优势。在实验室规模上，有许多水凝胶已被研究用于去除水中和废水中的污染物，主要集中在重金属和类金属去除方面。除了金属和类金属之外，在水凝胶去除有机/无机染料和抗生素方面也获得了相当大的关注。此外，针对水凝胶去除有机污染物（如酚类）的研究非常有限。然而，水的净化是一个广泛的课题，因为有大量不同的污染物基团需要特定的去除技术。因此，水凝胶领域对于不同类型的水污染物的研究仍有很大的差距。

1. 重金属和金属

重金属是需要从含水介质中去除的无机污染物中最重要的一类。聚合物网络结构提供了水凝胶的疏水特性，并有助于在水凝胶的膨胀阶段保持较高的水量，使其能够快速吸附水溶液中的金属离子。此外，已经确定交联水凝胶具有的官能团（如羧酸、胺基、羟基和磺酸基），在去除金属离子的过程中充当络合剂。此外，石墨烯基水凝胶还对重金属和类金属具有良好的吸附能力。

几种常规的方法被用于去除水中的金属，包括化学沉淀法、吸附法、电化学法和生物法。然而，这些传统工艺的缺点是可能会受到pH、其他污染物如有机化合物和其他无机阴离子等多种因素的限制。之后，通过吸附机理也实现了对金属的去除，活性炭、生物炭、生物吸附剂和金属氧化物是去除水介质中金属的常用吸附剂。与这些吸附材料相似，水凝胶也表现出了良好的吸附作用，其吸附能力比上述吸附材料单独的吸附能力高，生产成本低，易于分离和重复使用。在进一步提高金属污染物去除能力的尝试中，在水凝胶中引入了阴离子或阳离子官能团，与原始水凝胶相比，这些改性的水凝胶对金属离子的去除效果显著提高。

2. 染料

许多工业（尤其是纺织、造纸、塑料和化妆品工业）在生产阶段会使用不同种类的染料对产品进行处理。当副产品或废物污染水时，染料中产生的有毒化合物严重威胁了生态环境和人体健康。金属络合染料既有芳香环，也有有毒的络合离子，因此，在应用水凝胶的特性去除染料之前，应根据目标染料的特性进行修改。例如，壳聚糖基水凝胶具有阳离子特性，只能吸附有限数量的阳离子染料。因此，如果目标染料具有阳离子性质，如孔雀石绿，则应与丙烯酸、衣康酸等阴离子单体制备壳聚糖复合水凝胶。此外，用水凝胶去除染料，可以用吸附和光降解的方法。一些染料如亚甲基蓝是可光降解的，因此，光催化作用也可以用于这些染料的处理。然而，只有在产品无毒的情况下才能使用这种降解方法。

3. 其他污染物

不同的工业过程产生的废水可能含有浓度范围差异较大的各种污染物，而有机污染物由于其通常较高的毒性，特别是由于其难以通过传统方法去除而引起了人们的极大兴趣。酚类是一类有机污染物，可以对包括人类和生态系统在内的活细胞造成伤害。虽然纯水凝胶被认为是超吸附材料，但这一特性可能不适用于去除水环境中的所有污染物。研究表明，纯聚丙烯酰胺水凝胶在水环境中不具备吸附苯酚的能力。然而，基于聚丙烯酰胺水凝胶的水凝胶-生物炭复合材料显示出显著的苯酚去除能力。在碱性 pH 水平下，苯酚解离并生成负电荷（苯氧离子）。由于电荷的存在，它们可以很容易地与生物炭相互作用，另外水凝胶的三维网络结构中，生物炭可以从溶液中吸附苯酚。大多数已开发用于过滤器的过滤材料（与水凝胶相比）有许多缺点，尽管它们可能有更好的吸附能力。一个关键的难点是把被吸附物从水中分离出来。然而，在过滤过程中，通过简单的脱水处理，水凝胶很容易从水中分离出来。

2.3.2.3 水凝胶的吸附效率及影响吸附的因素

文献中报道了用于去除水介质中污染物的不同水凝胶，其吸附效率取决于几个因素，例如表面形态、可用官能团类型、其他无机离子之间的相互作用、溶液 pH 和溶液中存在的有机污染物。加速吸附速率的最重要因素是可用于污染物吸附的比表面积。显然，与单体或大多数其他吸附剂相比，大多数水凝胶的结构显示出更高的比表面积。网络结构和物理稳定性是造成这种高吸附率的主要原因。很多因素会导致特定水凝胶比表面积的进一步增加。研究表明，制备过程中用于干燥水凝胶的方法会影响其表面积，从而影响其吸附容量。通过冷冻干燥制备的壳聚糖-纤维素水凝胶显示出比正常干燥制备的更高的吸附容量。冷冻干燥是一种有利于脱水的方法，这种先进的脱水工艺使材料具有高孔隙率、广泛的孔径分布、较低的体积密度和较小的收缩率。因此，与未经过冷冻干燥步骤的水凝胶相比，冷冻干燥后的材料会获得更大的表面积，可用于污染物吸附。

pH 也可能是影响水凝胶吸附污染物的因素之一。据报道，一些水凝胶的污染物去除与 pH 无关，但对于其他水凝胶，pH 起着重要作用。以去除 Cr（Ⅵ）为例，溶液 pH 的变化略微改变了阳离子水凝胶对 Cr（Ⅵ）的吸附能力。试验表明，在 pH 为 5.5 时，大部分 Cr（Ⅵ）主要以 $HCrO_4^-$ 形式存在，在 pH 为 8 时以 CrO_4^{2-} 形式存在。因此，在 pH 为 8 时，需要更多的吸附位点，因为存在两个负电荷，这解释了 pH 为 8 时吸附容量降低的原因。此外，在 pH 为 8 时，阳离子水凝胶的表面电荷比 pH 为 5 时更低。溶液 pH 也与 zeta 电位直接相关，zeta 电位指示吸附剂的正或负表面电荷，并决定其吸附特性。Gao 等人表明，随着 pH 的增加，聚多巴胺功能化石墨烯水凝胶的 zeta 电位降低[16]。因此，如果特定水凝胶的 zeta 电位下降很多，则吸附能力也高于在相同 pH 范围内具有较低 zeta 电位下降的其他吸附剂。Ali 等人展示了单体浓度和 pH 如何影响溶胀能力。在较低 pH（pH=1~4）下，丙烯酸浓度较高时，由于羧基和分子间氢键的影响，溶胀度降低。随着丙烯酸浓度的降低和 pH 的升高，由于氢键的松动或减少，溶胀能力增加[17]。

根据水凝胶的特性来优化吸附容量也是一种选择。因此，单体浓度和交联密度是可以调整和优化的参数。随着单体和交联浓度的增加，水凝胶网络内的交联密度也在增加，这会对溶胀能力产生不利影响。较低的交联密度允许网络链进行更大规模的运动，从而增强溶胀能力。然而，具有较低交联密度的水凝胶呈现出较低的机械强度，在多次吸附和解吸过程后可能不稳定。

2.3.2.4 水凝胶比单独使用其他吸附剂的优点

大多数吸附剂最显著的缺点之一是净化过程后难以将吸附剂从水中分离出来，这对大多数原始和技术改性（活性）生物炭和活性炭尤其不利。然而，水凝胶没有这个问题，水净化可以在一个简单的一步过程中完成。通常，与水凝胶和低成本吸附剂（如生物炭）相比，大多数合成吸附剂的生产成本较高（尤其是从农业或其他废弃物中提炼的吸附剂）。因此，在许多情况下，对于低收入国家和大规模长期应用来说，即使它们具有更高的吸附能力，从经济角度讲也不可持续。此外，大多数吸附剂的污染物去除取决于 pH，在水的自然条件下无法实现有效去除，只能在较窄的 pH 范围内实现，这不仅需要在水处理过程之前，也需要在水处理过程之后进行复杂的 pH 调整。水凝胶最显著的优点之一是，它们很容易地回收、再生和再利用，这在实践中是大多数低成本吸附材料单独使用时难以做到的。

2.3.3 能源工程

2.3.3.1 摩擦电纳米发电机

便携、灵活、可穿戴、自供电的电子设备是大数据快速发展的新要求，然而，传统的能源供应设备，如电池和电容器，由于其强大的结构刚性，几乎无法承受严重变形。摩擦电纳米发电机（TENG）是一种实现自供电传感和低频能量采集的新兴技术产品，在柔性、可穿戴电子设备中具有巨大的应用潜力。在为可穿戴设备设计电源时，应考虑以下特点：首先，为了实现设备与身体或组织的良好贴合，可弯曲的特性是必要的；其次，该材料应为无毒材料且具有良好的生物相容性，这是应用于可穿戴设备的必不可少的条件。此外，可穿戴设备电源应可持续使用，在较长时间内保持良好的电输出性能和稳定性。柔性 TENG 要求摩擦电层和电极层都具有柔性和可伸缩性。尽管柔性摩擦电层的候选材料范围很广，但是柔性和仿生皮肤电极材料仍然有限。传统的柔性导电材料，如导电银浆、银纳米线、碳纳米管和石墨烯，由于超高的成本或复杂的制备工艺，很难大规模生产。因此，探索和开发高性能柔性仿生皮肤电极材料已成为电子领域的迫切需要。

2017 年，香港理工大学的研究者首次报道了水凝胶应用在柔性 TENG 中的试验[18]。该 TENG 是基于物理交联聚乙烯醇（PVA）的水凝胶制备，其可以收集人体运动中所产生的机械能（弯曲、扭曲和拉伸），因此可以用于自供电的人体运动传感器。研究者已经开发出多种基于水凝胶的单电极摩擦纳米发电机，大部分为夹层结构，水凝胶作为电极导体、弹性体充当介电密封层，这样的结构能避免水凝胶在空气中的脱水以及在溶液中的溶质交换问题。

与传统的金属电极相比，水凝胶因其优异的可拉伸、自愈合和导电性能而成为新兴的柔性电极材料。然而，由于电导率相对较低、机械性能和生物相容性差、对外界刺激反应缓慢等缺点，极大地限制了其实际应用。相比之下，二维纳米材料 MXene、氧化石墨烯、碳纳米管，具有独特的金属导电性、高比表面积和优异的机械强度。因此，将二维纳米材料引入水凝胶不仅可以促进水凝胶的电导率，提高整体力学性能，而且可以赋予水凝胶新的性能，实现多功能复合水凝胶材料。

2.3.3.2 电容器

电化学反应本质上是电极与电解质溶液界面上的一个电化学过程，因此，界面面积越大，电化学过程的效率越高，电化学过程更快。水凝胶是一类在宏观距离上的三维聚合物网络，可以固定大量的水。水凝胶可以在分子水平上实现固体材料与液体溶液之间的充分接触。此外，三维纳米结构可以提供一个增强的活性表面和一个较短的扩散路径。因此，具有三维纳米结构的水凝胶结合了水凝胶的独特特性和纳米尺度效应（如大比表面积、高活性），因此可以促进电荷、离子和分子的传输，这被认为是电化学能量存储电极的理想结构。

近些年随着可穿戴和可植入电子设备的兴起，柔性储能设备由于其出色的性能占据了重要位置。能够承受可穿戴设备在实际应用中可能面对的各种形变是对柔性储能设备提出的要求之一，同时保持其电化学性能的稳定和耐用性也十分重要。为了实现这一点，包括电极、电解质、隔板和集电器在内的器件中的组件应该在电化学和机械性能方面相互兼容，以防止由于组件在移动过程中分层而导致电化学效率下降。

电化学电容器（ECs）是具有高功率密度的能量存储设备。ECs 是二次电池的补充，并被预测为未来大功率应用的电源，如电动汽车、内燃机车、军事和医疗应用以及低功率应用（如照相机闪光灯设备、激光器、脉冲光发生器）的调平、重载启动辅助，以及作为计算机存储器的备用电源。根据电荷存储过程中涉及的机制，ECs 被分类为双电层电容器（EDLC）或赝电容器。EDLC 通常包括夹在两个电极之间的电解质。与介电电容器相比，EDLC 的高能量密度是由于电极材料（例如活性炭、气凝胶或干凝胶碳、碳纳米管和剥离石墨）的大比表面积而产生的。由于电荷存储和放电的物理性质，EDLC 与二次电池相比具有几个优点，即更快的充放电、更长的循环寿命（>10^5 次循环）和更高的功率密度。赝电容器，也称为氧化还原电容器，涉及电荷存储和传递过程中的氧化还原反应。赝电容器的储能机制涉及快速法拉第反应。例如，在适当电位下发生在固体电极表面或附近的插入、欠电位沉积或氧化还原过程。氧化还原过程通常发生在金属氧化物、导电聚合物和混合有机-无机纳米复合材料中。

将聚合物与溶解在有机溶剂中的碱金属盐混合，可形成凝胶-聚合物电解质（GPE）。典型的水凝胶通常是软的，当吸收大量的水时甚至是脆弱的。这对于柔性电子器件来说是不利的，因为它们可能无法承受变形，最终导致严重的性能下降。因此，提高其力学性能已成为 GPE 设计和开发的重要课题之一。超韧 GPE 通常通过离子键等辅助物理键来增强，从而使能量通过可逆牺牲键耗散。聚丙烯酰胺（PAAm）常被用作这种结构中的网络之一。例如，Liu 等报道了一种极其坚韧的双网络 GPE，其共价交联 PAAm 和 Al^{3+} 交联海藻酸盐[19]。两种网络的结合有效地提高了水凝胶的韧性，从而可以作为电极之间的保护层。组装的超级电容器可以承受剧烈的机械应力，如被人踩 6 天，被 50 辆车连续碾压 1 小时。

2.3.4 智能传感

1. 生物传感器

水凝胶纳米复合材料的柔软性已经在生物医学应用中得到了开发，因为它们可以帮助纠正组织和传感电极之间界面的机械不匹配。此外，基于图形化水凝胶纳米复合材料的传感器可以无缝地与目标组织接触，大大提高传感器的信噪比等传感质量。这些经过精心设计的结构传感器比未设计的传感器表现出更高的灵敏度。生物相容性材料的使用，有利于其相互作用和信号保真。由于它们自然丰富且对环境无害，因此常与水凝胶前驱体结合使用。由于生物相容材料与目标分析物之间的相互作用是特异性的或较弱的，碳水化合物或肽对传感器性能改善仍然有限。然而，如果传感介质和目标组分之间的选择性得到保证，生物相容材料表现出较大的吸引力。由于传感介质与被分析物之间特定或微弱的相互作用所产生的信号是波动的,信号保真度一直是传感器性能研究中需要讨论的重要问题。将无机元件引入水凝胶传感器是一个很好的选择。

2. 压力、应变传感器

柔性应变和压力传感器由于具有灵敏度高、响应速度快的特点,在人工智能、健康监测等现代电子设备中得到了广泛的应用。目前的柔性可穿戴传感器可以监测温度、压力、应变等生理信号的细微变化,并将其转换为可记录的电子信号,收集生化信息。在各种传感器中,压阻式传感器因其信号采集性能好、结构简单、制造方便而成为最常用的柔性传感器之一。然而,衬底材料的柔性和应变导电传感器的灵敏度往往严重限制了信息的准确性及灵敏导电性能。目前的基材材料(聚合物薄膜和聚合物弹性体)由于抗拉强度差、疲劳寿命短、应变导电灵敏度低,难以承受应变并在蒙皮的自然复杂变形下检测相应的电阻变化。因此,迫切需要开发具有高度柔性、延展性和导电性的可穿戴材料。目前,水凝胶因其优异的柔韧性、保水性、组织相似性和生物相容性等特性引起了人们的广泛关注。此外,水凝胶最重要的特性是其多孔结构和高含水量,这使得它们具有高质量渗透率、低阻抗和与皮肤的保形接触。这些特性允许目标分子和电信号有效地通过界面传输,因此,水凝胶可以作为柔性电子器件的潜在候选材料。

应变传感器主要用于将应变或变形转化为电子信号,精确监测到各种程度形变的实时信号,并对其进行分析。应变传感器的灵敏度和工作范围是评估其性能的重要参数,而这对其结构上的设计以及配置的选择提出了较高的要求。柔性压力传感器能够将施加的压力转换成电子信号。压力传感器应用在从人工智能到生理信号监测等领域具有巨大的潜力。

2.3.5 柔性器件

基于纳米材料的刺激响应性和水凝胶的变形性,可对外界刺激进行可逆响应的水凝胶纳米复合驱动器在软机器人领域引起了广泛的关注。特别是利用图形化技术,可以将水凝胶纳米复合驱动器的分辨率和形状复杂性提高到商业化应用水平,这对软机器人运动的精细控制具有重要意义。水凝胶纳米复合驱动器可以响应不同的外部刺激,如光、热和磁场。总体而言,光响应型水凝胶纳米复合驱动器具有高响应速率和精确可控性。例如,软致动器是用光可控水凝胶纳米复合材料制作的,该复合材料包括 N-异丙基丙烯酰胺(NI-PAm)、AuNPs 和丙烯酰胺。它表现出快速和可调谐的运动,如手指状的弯曲和爬行,可由位置、路径和光辐射强度调节[20]。这种光响应驱动器提供了精确的空间可变形性,可用于光控药物传递、细胞培养和软机器人。此外,考虑到热传递不受水凝胶介质的限制,温度响应型水凝胶纳米复合驱动器可以设计成更大、更复杂的形式。因此,具有各种结构尺寸的可调致动器可以制作成不同的外形,如螺旋、管和线圈,它们可以根据温度的变化可逆地改变其尺寸和形状[21]。黄等人发明了一种受有机体启发的微型机器,这种机器具有运动特性,可以通过编程磁场进行控制。此外,在折叠过程中,可以通过嵌入微机械中的磁性纳米粒子的排列来调整微机械的最终三维形状[22]。这种磁控微型机器可以在复杂的环境中导航,有望促进微创生物医学/环境操作。

2.4 思政小结

随着信息革命的快速演进，物联网、大数据、云计算、人工智能等技术逐渐成为人们关注的热点。机器人与智能制造、3D打印、超材料与纳米材料等技术的不断发展也促进了传统工业体系的变革。基因组学及其相关的技术也以多样化形式走进人们的生活。党的二十大报告提出，深入推进能源革命，加大能源科技研发力度，培育新的经济增长点。聚焦关键核心技术和薄弱环节，在新能源、绿氢、储能、可燃冰、热泵等领域，集中攻克一批关键核心技术和装备。纳米技术作为一项跨学科交叉的创新技术，与纳米材料相结合，可以在许多领域发挥重要作用。应对全球气候变化助推绿色低碳发展大潮，清洁生产技术应用规模持续拓展，新能源革命对现有的国际资源能源版图影响重大。"十四五"时期是我国战略性新兴产业的战略机遇期，在此时期我国创新驱动所需的体制机制环境也更加完善，人才、技术、资本等要素配置持续优化，新兴消费升级加快，新兴产业的投资需求旺盛。进一步发展壮大新一代信息技术、纳米材料以及纳米复合物等战略性新兴产业，可推动更广领域新技术、新产品、新业态、新模式蓬勃发展，为全面建成小康社会提供有力支撑。

2.5 课后习题

1. 纳米复合水凝胶的制备方法有哪些？
2. 复合水凝胶的物理方法和化学方法有何区别？
3. 纳米复合水凝胶的结构特点是什么？
4. 纳米复合水凝胶的应用有哪些？

2.6 参考文献

[1] AKHTAR M F，HANIF M，RANJHA N M. Methods of synthesis of hydrogels. a review-science direct[J]. Saudi Pharmaceutical Journal，2016，24(5)：554-559.

[2] DAOUD A M，Zhao Y，ELKAK A，et al. Enzyme-initiated free-radical polymerization of molecularly imprinted polymer nanogels on a solid phase with an immobilized radical source[J]. Angewandte Chemie，2017，129(12)：3387-3391.

[3] POURJAVADI A，SHAKERPOOR A，TEHRANI Z M，et al. Magnetic graphene oxide mesoporous silica hybrid nanoparticles with dendritic pH sensitive moieties coated by PEGylated alginate-co-poly (acrylic acid) for targeted and controlled drug delivery purposes[J]. Journal of Polymer Research，2015，22(8)：1-13.

[4] MAHKAM M，RAFI A A，FARAJI L，et al. Preparation of poly (methacrylic acid)-graphene oxide nanocomposite as a pH-sensitive drug carrier through in-situ copolymerization of methacrylic acid with polymerizable graphene[J]. Polymer-Plastics Technology and Engineering，2015，54(9)：916-922.

[5]　ZHAO X, YANG L, LI X, et al. Functionalized graphene oxide nanoparticles for cancer cell-specific delivery of antitumor drug[J]. Bioconjugate Chemistry, 2015, 26(1): 128-136.

[6]　HE C, SHI Z Q, CHENG C, et al. Highly swellable and biocompatible graphene/heparin-analogue hydrogels for implantable drug and protein delivery[J]. RSC Advances, 2016, 6(76): 71893-71904.

[7]　BARDAJEE G R, HOOSHYAR Z, FARSI M, et al. Synthesis of a novel thermo/pH sensitive nanogel based on salep modified graphene oxide for drug release[J]. Materials Science and Engineering: C, 2017, 72: 558-565.

[8]　YANG H, BREMNER D H, TAO L, et al. Carboxymethyl chitosan-mediated synthesis of hyaluronic acid-targeted graphene oxide for cancer drug delivery[J]. Carbohydrate Polymers, 2016, 135: 72-78.

[9]　SPERINDE J J, GRIFFITH L G. Synthesis and characterization of enzymatically-cross-linked poly (ethylene glycol) hydrogels[J]. Macromolecules, 1997, 30(18): 5255-5264.

[10]　LEE Y, BAE J W, THI T T H, et al. Injectable and mechanically robust 4-arm PPO-PEO/graphene oxide composite hydrogels for biomedical applications[J]. Chemical Communications, 2015, 51(42): 8876-8879.

[11]　TONG X, ZHENG J J, LU Y C, et al. Swelling and mechanical behaviors of carbon nanotube/poly (vinyl alcohol) hybrid hydrogels[J]. Materials Letters, 2007, 61(8-9): 1704-1706.

[12]　SANYANG M L, GHANI W A W, IDRIS A, et al. Hydrogel biochar composite for arsenic removal from wastewater[J]. Desalination and Water Treatment, 2016, 57(8): 3674-3688.

[13]　TANG S C N, WANG P, YIN K, et al. Synthesis and application of magnetic hydrogel for Cr(VI) removal from contaminated water[J]. Environmental Engineering Science, 2010, 27(11): 947-954.

[14]　YAN E, CAO M, REN X, et al. Synthesis of Fe_3O_4 nanoparticles functionalized polyvinyl alcohol/chitosan magnetic composite hydrogel as an efficient adsorbent for chromium removal[J]. Journal of Physics and Chemistry of Solids, 2018, 121: 102-109.

[15]　KAŞGÖZ H. New sorbent hydrogels for removal of acidic dyes and metal ions from aqueous solutions[J]. Polymer Bulletin, 2006, 56(6): 517-528.

[16]　GAO H, SUN Y, ZHOU J, et al. Mussel-inspired synthesis of polydopamine-functionalized graphene hydrogel as reusable adsorbents for water purification[J]. ACS Applied Materials & Interfaces, 2013, 5(2): 425-432.

[17]　ALI A E H, SHAWKY H A, Abd El Rehim H A, et al. Synthesis and characterization of PVP/AAc copolymer hydrogel and its applications in the removal of heavy metals from aqueous solution[J]. European Polymer Journal, 2003, 39(12): 2337-2344.

[18] XU W, HUANG L B, WONG M C, et al. Environmentally friendly hydrogel-based triboelectric nanogenerators for versatile energy harvesting and self-powered sensors[J]. Advanced Energy Materials, 2017, 7(1): 1601529.

[19] LIU Z, LIANG G, ZHAN Y, et al. A soft yet device-level dynamically super-tough supercapacitor enabled by an energy-dissipative dual-crosslinked hydrogel electrolyte[J]. Nano Energy, 2019, 58: 732-742.

[20] SHI Q, XIA H, LI P, et al. Photothermal surface plasmon resonance and interband transition-enhanced nanocomposite hydrogel actuators with hand-like dynamic manipulation[J]. Advanced Optical Materials, 2017, 5(22): 1700442.

[21] LIU L, JIANG S, SUN Y, et al. Giving direction to motion and surface with ultrafast speed using oriented hydrogel fibers[J]. Advanced Functional Materials, 2016, 26(7): 1021-1027.

[22] HUANG H W, SAKAR M S, PETRUSKA A J, et al. Soft micromachines with programmable motility and morphology[J]. Nature communications, 2016, 7(1): 1-10.

3 无机纳米复合水凝胶材料

3.1 无机纳米材料的制备方法及类型

纳米材料是指纳米结构按一定方式堆积或在一定基体中分散形成的宏观材料。而无机纳米材料是根据物质的类别对纳米材料进行划分得到的一类材料，其组成主体为无机材料。从物质的类别来分，可以分为金属纳米材料、无机氧化物纳米材料、无机半导体纳米材料。

3.1.1 常见无机纳米材料

（1）石墨烯：石墨烯是由单层 sp^2 杂化的碳原子组装成蜂窝结构的新型二维碳材料，其结构如图 3-1（a）所示，其独特的结构和优异的性能引起了科研人员相当大的兴趣，并为下一代电子材料研发提供了新的材料基础。石墨烯的制备方法有：氧化环氧法、机械剥离法、外延生长法、化学气相沉积法。石墨烯内部碳原子以 sp^2 杂化轨道成键，除此之外每个碳原子都有一个填充了一个电子的 P 轨道与共价键平面垂直，多个原子的 P 轨道可以形成贯穿全层的多原子的大 π 键，因此具有良好的导电性。石墨烯的优异性能使其成为了电子领域的理想材料。石墨烯特殊的电子结构使其具有非常良好的光学特性，可见光范围内吸收率只有 2.3%，反射率小于 0.1%，具有高透明特点。石墨烯是一种"零带隙"半导体，其"价带"和"导带"在狄拉克点相遇，因此石墨烯的电气性能最为优异，在室温下的载流子迁移率约为 $15000cm^2/(V \cdot s)$。在室温下石墨烯片的电阻率为 $10^{-8}\Omega \cdot m$，比银的电阻率还小，是低电阻率材料。基于其优异的电性能特性，石墨烯材料已应用于如传感器、透明导电电极、晶体管和集成电路等方面。除了出色的电气性能之外，石墨烯还具有独特的光学、热和机械性能，使其适用于各种领域，包括能量、环境、未来智能材料、生物医学、传感器等。

（2）碳纳米管：碳纳米管是碳的同素异形体，是富勒烯结构家族的一员，是一种新型的一维纳米材料，如图 3-1（b）所示。碳纳米管可以看作是由单片石墨烯通过一定程度的弯曲，从而形成管状拓扑结构。因此碳纳米管中碳原子多为 sp^2 杂化，但由于空间拓扑结构的存在，可以形成部分 sp^3 杂化键。碳纳米管外表面存在大 π 键，这是碳纳米管与一些具有共轭性能的大分子以非共价键复合的化学基础。碳纳米管根据其结构可以分为三种类型：①单壁碳纳米管（SWCNT），相当于单个原子厚的石墨烯卷成圆柱并被富勒烯半球盖上；②双壁碳纳米管（DWCNT），由两个单壁碳纳米管组成的同轴纳米结构，其中一个嵌套在另一个内部；③多壁碳纳米管（MWCNT），由多重碳纳米管嵌套形成。碳纳米管的制备方法有：电弧放电法、激光烧蚀法、化学气相沉积法、催化裂解法等。碳纳米管特殊的结构导致了其具有约 10^4 的高横纵比、较大的比表面积、高熔点、低密度。由于其良好的导电性、优异的机械性能、优异的储氢性能、高耐腐蚀性和独特的光学性质被认为是纳米电子、能量存储装置、复合材料、医药工业、纳米传感器应用、生物应用、智能材料等领域的最有潜力的材料。CNT的主要应用之一是作为纳米增强填料，用于制备轻质高强纳米复合材料/结构，用于航空航天、汽车、运动和医疗行业。如向聚苯乙烯加入1%质量分数的碳纳米管填料，拉伸模量和强度分别增加36%~42%和25%。掺入约2%质量分数的多晶碳纳米管（MWCNT）的尼龙-6相比于没有添加的尼龙6，其弹性模量、屈服强度和硬度分别提高了214%、162%和83%。

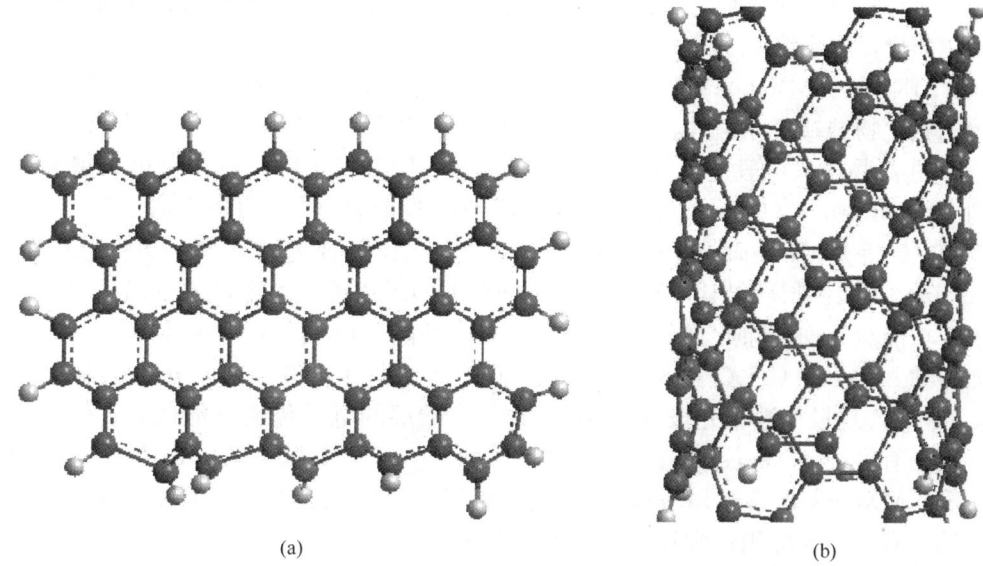

图3-1 （a）石墨烯球棍模型；（b）碳纳米管球棍模型

（3）银纳米线：银纳米线（AgNWS）是直径为10~200nm，长度为5~100μm的一维银纳米材料。银纳米线不仅具有一维材料的许多特性，例如高比表面积、高长径比等，而且还继承了银的高电导率（6.39S/m）和优异的热导率[429W/(m·K)]。银纳米线的制备方法众多，包括紫外光照射法、多元醇法、模板法、溶剂热法。模板法制备银纳米线，可以通过模板参数来有效地控制它们的形态和纵横比。紫外光照射方法，可以减少Ag^+从而制得惰性金属纳米结构。溶剂热法和多元醇法都可以实现批量生产，但溶剂热过程需要在高温高压下进行，成本高且应用限制较多。多元醇制备方法较温和、成本低和效率高，因此是主要的合成方法。银纳米线优异的电性能和高透光率使其成为柔性透明电极的热门材料，由银纳米线涂布形成的网络透光率良好可以达到90%以上，连续网络可以形成导电通道，保证了良好的电性能，除此之外银纳米线网络还具有高柔韧性，拉伸性能和弯曲性能均可满足柔性电极的要求，被认为是逐步替代氧化铟锡（ITO）成为最主要的柔性透明导电电极材料。现已应用于太阳能电池、电磁屏蔽、触摸屏、有机发光二极管（OLED）和传感器等领域。

（4）纳米二氧化硅：二氧化硅是一类常见的无机材料，纳米二氧化硅具有特殊的光、电特性，耐高温、强度高、稳定性优异。现已在高分子复合材料、胶粘剂、陶瓷材料、橡胶、光导纤维等领域受到广泛关注。近些年介孔二氧化硅由于其具有生物相容性好、比表面积大、载药孔容大、易于表面修饰、粒径可调、热及化学稳定性好等优点，受到了研究人员的广泛关注。根据国际纯化学与应用化学联合会的标准,微孔材料的孔径小于2nm,大孔材料的孔径大于50nm。介孔材料是指孔径在2~50nm之间的材料。介孔材料具有显著的物理化学性质,特别适合于主客体化学和纳米技术应用。现有的介孔二氧化硅纳米粒子的制备工艺包括激光烧蚀和阳极氧化、液相生长、电解电镀和化学气相沉积(CVD)等。通过控制工艺可以制备不同尺寸、不同孔径、不同形貌(如纳米球、纳米棒等)、不同功能特性的介孔二氧化硅纳米粒子。广泛应用于吸附、催化、分离、成像、生物传感器和药物传递等领域,尤其是与水凝胶进行复合用于骨组织工程支架和与其他纳米粒子组装用于构建药物释放系统。

(5) MXenes:MXenes是二维结构材料的最新成员,由几个原子层厚度的过渡金属碳化物、氮化物或碳氮化物构成。表达式为 $M_{n+1}X_nT_x$($n=1\sim3$),通过对前体材料 $M_{n+1}AX_n$ 的 A 物质(一般是Ⅲ或Ⅳ族元素)选择性蚀刻或去除,我们就可以得到多原子层结构二维 MXenes($M_{n+1}X_nT_x$),其中 M 是过渡金属(如:Ti,Ta,Mo,Cr,Nb,Hf,V 和 Cr 等),X 是碳(C)或氮(N),T_x 表示表面基团(如—OH=O或—F)。MXenes 结构为二维层状结构,层间夹有不同种类的阳离子,表面基团可以根据应用需求进行表面功能化修饰。除此之外,通过改变表面基团可以调节带隙和 MXenes 的谱带结构,如与纯 MXenes(Ti_3C_2)相比,具有—OH 表面基团的 $Ti_3C_2(OH)_2$ 表现出半导体性质。$Ti_3C_2T_x$ 是最早被研究报道的 MXenes,其碳层的电子传输性能优异,引起了广泛关注,现已有多种 MXenes 材料被成功制备。如 Ti_2CT_x,$TiNbCT_x$,$Ta_4C_3T_x$,Nb_2CT_x,V_2CT_x 等。MXenes 及基于 MXenes 的复合材料已在光催化、电池、湿度传感器、超级电容器等领域有了相关应用。常见无机纳米材料简述见表3-1。

表 3-1 常见无机纳米材料简述

材料	化学式	性能
纳米二氧化钛	TiO_2	纳米二氧化钛为白色疏松粉末,具有十分特殊的光学性质,较高的化学稳定性、热稳定性、无毒性、超亲水性、非迁移性等特性。二氧化钛光催化技术由于在污染土壤修复中具有高效、操作简便、费用低、无二次污染等优点,在土壤中农药污染、芳香族类污染、石油污染及重金属污染治理等治理方面用途广泛
纳米氧化锌	ZnO	纳米氧化锌作为一种重要的新型 N 型半导体无机功能性材料,具有光、电、磁、敏感等特性,在陶瓷、电子、光学、化工、生物、医药等许多领域展现出特殊的用途
碳纳米点	C	碳纳米点通常是球状结构,可以分为晶格明显的碳纳米点和无晶格的碳纳米点。由于其多样且可行的合成方法,独特的光电性能和强发光性能,近些年受到了广泛的关注
纳米碳酸钙	$CaCO_3$	纳米级碳酸钙的晶体结构、表面电子结构相较以往发生了明显变化,在磁性、光热阻、催化性、熔点等方面显示出优越性。将其添加于橡胶、纸张、塑料等材料中能使制品表面光艳、机械性能增强、抗张力、耐弯曲,是优良的白色补强性填料

3.1.2 纳米材料制备方法

纳米材料的制备方法众多,包括化学气相沉积法、物理气相沉积法、物理粉碎法、溶胶-凝胶法、水热法、模板法等。

(1) 化学气相沉积法:化学气相沉积法(CVD)是从气体源生成固体产物的方法之一,是一种制造各种半导体材料成熟的、损耗小、高效的生产技术。主要是利用含有薄膜元素的一种或几种气相化合物或单质，在衬底表面上进行化学反应生成薄膜。化学气相淀积法已经广泛用于物质提纯、研制新晶体、淀积各种单晶、多晶或玻璃态无机薄膜材料。化学气相沉积设备主要包括气源控制单元、沉积反应室、沉积温度控制单元和真空排气和压力控制单元，以及一些试验装置还具有增强的励磁能量控制部件。因此，根据加热模式分类，它可以分为热激活（电阻、高频感应或红外辐射加热等）、等离子体增强、激光增强、微波等离子体增强以及其他沉积方式，根据反应压力分类，化学气相沉积可分为大气压化学气相沉积（APCVD）、低压化学气相沉积（LPCVD）和超高真空化学气相沉积（UHVCVD，$<10^{-6}$Pa）。根据气相分类，化学气相沉积可进一步分为金属有机化学气相沉积（MOCVD）、气溶胶化学气相沉积（AACVD）、直接液体注射化学气相沉积（DLICVD）和混合物理化学气相沉积（HPCVD）。

（2）物理气相沉积法：物理气相沉积法（PVD）与化学气相沉积法原理相似，均为通过气态原子、分子等沉积在基底而得到具有某种特殊功能的薄膜，只不过化学气相沉积法是利用化学反应来生成薄膜，而物理气相沉积法是采用物理方法来得到薄膜。物理气相沉积法包括真空蒸镀、溅射镀膜、电弧等离子体镀膜等。物理气相沉积法工艺简单、环境友好、利用率高，可通过控制原料、沉积条件等来调节材料的厚度、微观结构、粒度、结晶度和组成，制备具有耐腐蚀、导电、压电、超导、磁性等特性的薄膜。物理气相沉积法常用于制备薄膜催化剂，现已有多种催化剂通过物理气相沉积法成功制备，反应包括电催化CO_2、甲酸的氧化、甲酸氢化等。

（3）物理粉碎法：物理粉碎法是在物理作用力下，将较大体积的材料粉碎至纳米级别，常用于制备纳米级别的粉体材料。物理粉碎法与化学合成法相比，优点是工艺简单、产量较大，缺点是纯度低、颗粒大小分布不匀。根据机械作用力的不同，主要有球磨、搅拌磨、振动磨、气流粉碎等。气流粉碎是由高压气体所产生的巨大动能，使材料相互碰撞、摩擦、剪切从而实现粉碎目的。其优点为效率高、能耗低、磨损小、产品颗粒大小较为均一、表面光滑，且可用于粉碎高硬度的材料。球磨是在腔体中装入一定数量的钢球作为研磨介质，当球磨机筒体转动时，钢球在惯性、离心力和摩擦力的作用下，随筒壁升高，当升至一定高度后在其自身重力的作用下抛落，下落的钢球即可将腔体内的材料击碎。球磨的优点之一是可以在进行超细粉碎的同时对材料进行表面改性。撞击式粉碎是利用围绕水平或垂直高速旋转的回转体，对物料进行强烈的冲击，使之与固定体或颗粒间冲击碰撞，以较强大的力量使颗粒粉碎。搅拌磨主要由一个静止的内置小直径研磨介质研磨筒和一个旋转搅拌器构成，研磨作用是通过搅拌器把动力直接施加于研磨介质上而实现的。

（4）溶胶-凝胶法：溶胶-凝胶法是通过溶胶（或溶液）来形成含有液相和固相的凝胶状网络结构的方法。该方法以金属醇盐或溶剂中的金属盐所形成的溶胶作为"前驱体"。然后，溶胶通过液相中的水解和缩合来形成连续网络。凝胶形成后，就可以进一步干燥，在较高温度下进一步干燥或在较高温度下致密化。溶胶-凝胶法作为制备纳米材料的方法之一，由于其可重复、可控性和低温要求，近年来得到了相当大的发展。溶胶-凝胶法可以通过控制化合物的物理化学性质来制备所需形态和尺寸的纳米材料。溶胶-凝胶法合成的纳米材料均一、易掺杂，但原料价格昂贵，且对环境不友好。

（5）水热法：水热法（又称高温水解法）是将前驱体水溶液置于高压釜中，在高温高压下进行反应，再对产物进行分离、洗涤、干燥等后处理，即可得到形貌各异的纳米材料，通过控制反应条件，如温度、压力、前驱体溶液配比等来制备不同形貌的纳米材料，使其具有不同的特性。水热法的优点为纯度高、颗粒大小及形貌均一及可控、环境友好，工艺简单易操作。

（6）模板法：顾名思义即为利用模板来控制纳米材料的形貌及大小，模板的来源广泛，包括天然纳米矿物、生物细胞核组织、表面活性剂、合成多孔材料等。基于模板的结构差异可以将其分为硬模板剂和软模板剂。硬模板剂一般具有刚性的结构和固定的形貌，当材料填充或在硬模板剂中合成时，即可获得特定的形貌及大小。软模板剂无固定的结构和形貌，它主要通过分子间或分子内的相互作用力形成具有一定形貌的有机相，在合成过程中与无机相相互作用形成具有一定形貌的有机-无机相，从而达到定向合成纳米材料的目的。模板法可以定向地合成具有一定形貌和尺寸的纳米材料，所制备的纳米材料均匀、分散性好、孔径均匀，具有相当好的应用前景。

3.2 无机纳米复合水凝胶的制备

水凝胶（Hydrogel）是具有许多亲水基团的三维网状结构凝胶，它可以在水中迅速溶胀但不溶解。最初，对水凝胶的研究主要集中在这种相对简单的化学交联聚合物网络上，以研究其基本特征，如溶胀/溶胀动力学和平衡、溶质扩散、体积相变和滑动摩擦，以及研究此类应用（如眼科和药物输送）。随着水凝胶研究的不断发展，其重点已从简单的网络转移到"响应"网络。在这一阶段，已经开发出各种能够响应诸如pH、温度以及电场和磁场的环境条件变化的水凝胶。提出了响应电场和磁场的水凝胶驱动器。然而，水凝胶的机械性能和应用特性仍不能满足应用需求，研究人员将目光转向复合水凝胶。无机纳米复合水凝胶是由两种组分构成的，分别为水凝胶基质（图3-2）和无机纳米填料，两者相互作用协同决定了复合水凝胶的性能。

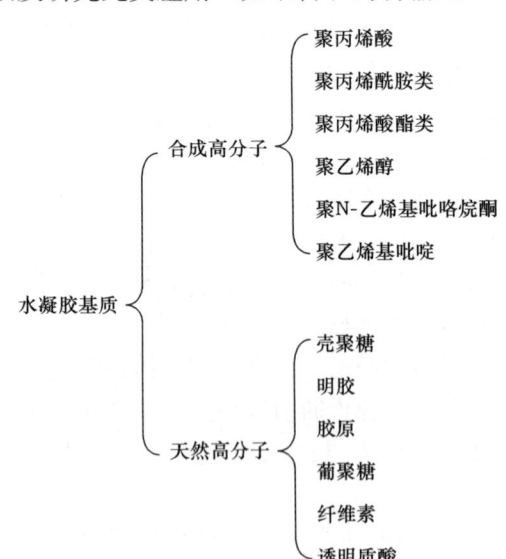

图3-2 常见水凝胶基质及分类

无机纳米复合水凝胶的制备可以分为三种：（1）将无机纳米材料加入到水凝胶预聚体中；（2）在无机纳米材料存在条件下聚合形成水凝胶；（3）在水凝胶结构内生长无机纳米材料。对于不同的聚合物基体和无机纳米材料的类型应当选择适当的制备方法。无机纳米材料可以通过物理分散到水凝胶基质中或与形成水凝胶的聚合物链进行交联，有助于水凝胶的形成和稳定性，可以在聚合物链之间作为交联剂使用。无机纳米材料复合水凝胶具有优异的机械性能，如强度、弹性、韧性、拉伸性、光学特性、磁性、导电性，自愈合性能等，更重要的是这些特性可以通过控制水凝胶的溶胶-凝胶相转变来控制，同时通过制备条件来调整特性的强度。无机纳米复合水凝胶现已被广泛用于卫生产品、农业、药物递送缓释、电极、催化、生物医学应用工程、伤口敷料、分离生物分子或细胞、阻隔材料调节生物粘连和传感器等领域。

根据无机纳米材料在复合水凝胶当中发挥的作用可以大致将其分为两类：一是无机纳米材料作为增强填料通过与聚合物链之间形成非共价键（如氢键、配位键等）或共价键等作用力来对水凝胶进行性能增强（如：机械性能、亲水性、导电性等）；二是水凝胶作为基质对无机纳米材料起分散和承载作用，主要是为了促进无机纳米材料的特性表达。如 Hemant Mittal[1]及其团队制备了含 SiO_2 纳米粒子的刺梧桐树胶（GK）接枝聚丙烯酸丙烯酰胺共聚物［GK-cl-P（AA-co-AAM）］的无机纳米复合水凝胶用于亚甲基蓝的吸附。该无机纳米复合材料是先制备 GK-cl-P（AA-co-AAM）并将其分散至溶液中，再通过正硅酸乙酯水解生成二氧化硅纳米微粒，对产物进行过滤和后处理即可得到 GK-cl-P（AA-co-AAM）/SiO_2。结果表明用 SiO_2 纳米加入后形成的无机纳米复合水凝胶的比表面积和孔隙率显著增加，比表面积从 $0.62m^2/g$ 增为 $299.78m^2/g$，这有利于对亚甲基蓝的吸附。保持 SiO_2 纳米复合水凝胶用量为 $0.2g/L$ 加入亚甲基蓝溶液，去除率为 96%，远高于纯水凝胶聚合物，并且在酸性介质中可以进行吸附-解吸循环，保证了该复合材料的循环利用。该无机纳米复合水凝胶就是通过在体系中合成 SiO_2 纳米粒子从而对水凝胶吸附性能进行增强。Juan Du[2]及其研究团队成功制备了双纳米复合水凝胶 Laponite/SiO_2/PNIPAM，即硅酸镁锂、二氧化硅复合聚 N-异丙基丙烯酰胺水凝胶。制备过程为：以正硅酸乙酯为前驱体在硅酸镁锂的催化作用下通过溶胶凝胶转变生成均一的二氧化硅纳米微粒，再将聚合物单体 N-异丙基丙烯酰胺加入该溶液，加入引发剂和加速剂引发体系聚合，即可得到双纳米复合水凝胶。如图 3-3 所示，双纳米复合水凝胶体系中聚合物链与硅酸镁锂、二氧化硅之间由非共价键（如氢键、配位键）结合，硅酸镁锂和二氧化硅之间则形成共价键。因此双纳米复合水凝胶与二氧化硅复合水凝胶相比，纳米二氧化硅在体系里的分散性更好。从 SEM 图中可以明显地观察到不同单体、硅酸镁锂和正硅酸乙酯比例下的复

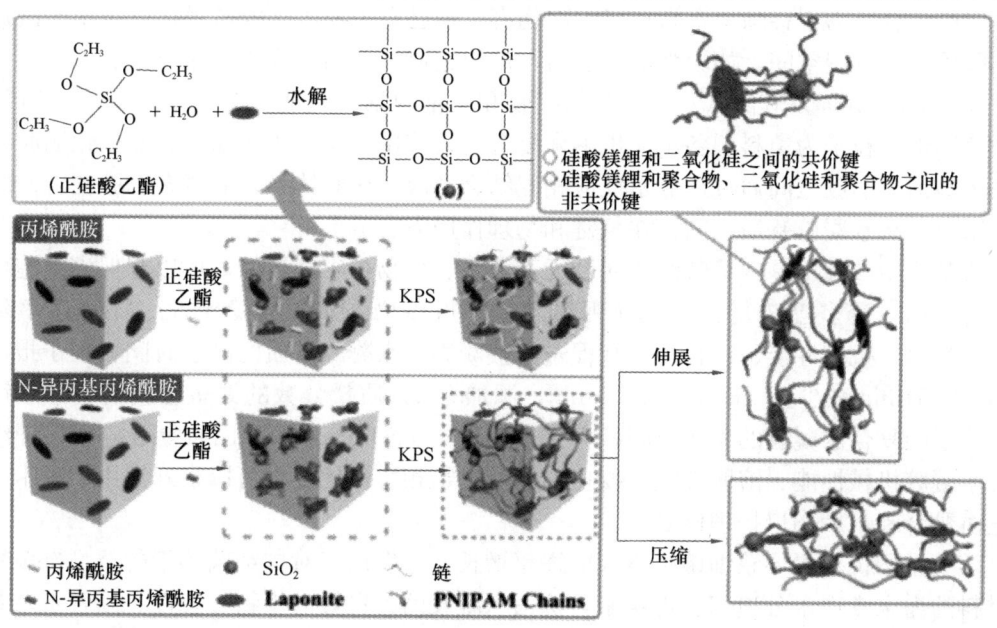

图 3-3 双纳米复合水凝胶 Laponite/SiO_2/PNIPAM 微观示意图[2]

合水凝胶的孔隙大小明显不同。双纳米复合水凝胶表现出优异的机械性能断裂伸长率约为 1845%，断裂强度约为 271.41kPa，压缩应力约为 1.25MPa，较聚 N-异丙基丙烯酰胺水凝胶与纳米二氧化硅复合聚 N-异丙基丙烯酰胺水凝胶相比均有较大提高，因此我们可以通过控制纳米粒子的掺入量和比例来控制复合水凝胶的机械性能和孔径。以上两个无机纳米复合水凝胶均是选用二氧化硅作为无机纳米粒子与水凝胶基质进行复合，只不过前者是单个无机纳米粒子与水凝胶进行复合，后者是双纳米粒子与水凝胶进行复合，而且它们的目的不同，前者是调控孔径增强对亚甲基蓝的吸附，后者是增强复合水凝胶的机械性能。

3.3　无机纳米复合水凝胶的应用

无机纳米复合水凝胶是以水凝胶为基质，将一种或多种无机纳米粒子掺入基质与基质聚合物之间通过物理作用力或化学作用力复合形成的。水凝胶基质可以是由一种或多种单体共聚而成，不同的共聚类型（如无规共聚、交替共聚、接枝共聚等）所得到的水凝胶宏观性质也有较大差别，并且可以同时使用天然高分子和合成高分子来构建水凝胶基质，因此水凝胶基质种类众多。不同的水凝胶基质具有不同的特性，如黏附性能、导电性、自愈合性、柔性等，引入不同种类无机纳米粒子后，无机纳米复合水凝胶较原基质会在某一特性上进行提高或引入新特质，因此无机纳米复合水凝胶种类多、特性多且可控，现已在众多应用领域有了相关应用，如药物缓释、药物递送、伤口敷料、水体处理、柔性触摸屏、柔性传感器、黏结剂、环境响应等。

3.3.1　伤口敷料

水凝胶敷料是近些年在湿性愈合原理指导下发展起来的一种新型伤口敷料，由于水凝胶具有良好的吸收性和黏性、可以负载药物，提供理想的湿性环境，其优点为保护伤口、促进伤口愈合、易于移除、不易造成二次伤害。现已有多种水凝胶敷料正式应用于医疗领域，但仍具有发展空间，如增强抗菌能力、加快止血、药物缓释等功能仍待实现。

Negar Rajabia 及其团队[3]以巯基化明胶和甲基丙烯酸化明胶为基质，聚多巴胺复合硅酸镁锂纳米粒子为填料制备了无机纳米复合水凝胶用于伤口止血黏合。巯基化明胶和甲基丙烯酸酯化明胶之间通过迈克尔反应相互结合形成多交联体系，而聚多巴胺复合硅酸镁锂纳米粒子与水凝胶基质之间存在氢键和物理作用力。

巯基化明胶和甲基丙烯酸酯化明胶无毒无害、生物相容性良好，可以起促进细胞增殖活力的作用，聚多巴胺复合硅酸镁锂纳米粒子可以增强水凝胶稳定性（降解速率降低 35%±4%）、机械性能、黏合性能和促进血液凝固。水凝胶基质的凝血时间相较于报道的 (5.5±0.5)min 减少至 (3.5±0.5)min，添加有 2% 质量分数的聚多巴胺复合硅酸镁锂纳米粒子的复合水凝胶的凝血时间减少至 (1.5±0.5)min。聚多巴胺复合硅酸镁锂纳米复合水凝胶机械性能、溶胀性能、凝血性能和生物相容性优异。可以很好地用于手术中伤口止血黏合和术后伤口护理修复。

随着滥用抗生素导致细菌感染人数逐年增长，开发用于对抗细菌感染的新型抗菌药物和材料的需求变得十分迫切。近年来，抗菌水凝胶因其良好的生物相容性、高含水量和高透氧性而被广泛报道用于治疗细菌感染性疾病，特别是作为促进感染创面愈合的创面敷料的使用。Jia Li 及其团队[4]以 N-丙烯酰基甘氨酰胺（NAGA）与聚多巴胺包覆的金纳米棒（Au@PDA NRS）为材料先制备无机纳米复合水凝胶，再将其分别包覆大肠杆菌或金黄色葡萄球菌预处理的巨噬细胞膜，制备了纳米复合水凝胶（E/SMM-PNAGA-Au@PDA），如图3-4所示。生成的水凝胶可以特异性地识别和捕获目标大肠杆菌或金黄色葡萄球菌，这些细菌在近红外辐射下会被光热效应杀死。因此该高强度、高韧性的多功能纳米复合抗菌水凝胶不仅具有预防细菌感染和促进创面愈合的双重功能，而且可以避免二次损伤，是创面敷料或承重支架的理想候选材料。

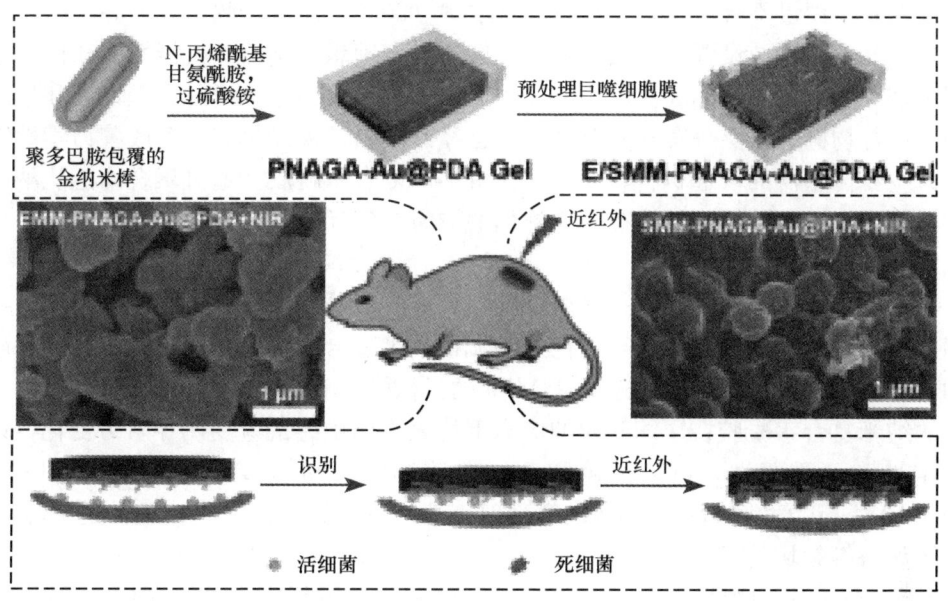

图3-4 纳米复合水凝胶（E/SMM-PNAGA-Au@PDA）的制备示意图[4]

3.3.2 组织工程

组织工程是以细胞生物学和材料科学为基础，在体外或体内构建组织或器官的新兴学科。组织工程的主要目的是对人体器官和组织进行修复。技术的关键在于细胞增殖，以便得到足够多的细胞用于体外构建组织。其主要是由组织细胞和生物材料（支架）所形成的细胞-材料复合物，再将该复合材料植入机体的组织或器官内，组织细胞不断增殖形成相应的组织或器官从而达到修复组织或器官的目的。水凝胶由于具有优异的生物相容性、生物可降解性、高含水量以及细胞黏附性等，比其他任何人工合成材料更接近于活体组织，因此被广泛地应用于组织工程中。

Monireh Kouhia 及其团队[5]以结冷胶（GG）/木质纤维素纳米纤维（LG$_{NF}$）复合材料为基体，添加褪黑素（MEL）/镁橄榄石（FS）纳米粒子（FG-MEL），制备了一种新型的可注射性水凝胶。对不同配方的水凝胶进行了测试与表征。LG$_{NF}$和FS的加入可以增强水凝胶基体的力学性能，从而提高结冷胶水凝胶的压缩模量和强度。GG/LG$_{NF}$3/FS-MEL3 无机纳米复合水凝胶的 MEL 释放速率较 FG-MEL 大大降低，MEL 3d 释放约60%，15d 释放约90%，这对于消除炎症和糖皮质激素治疗都是有利的。细胞培养结果表明，GG/LG$_{NF}$3/FS-MEL3 水凝胶培养的软骨细胞增殖分化程度高于其他对照组，是一种具有潜在应用价值的软骨组织工程材料。

3.3.3 传感器件

随着电子产品应用领域的不断扩大，柔性可穿戴设备在人体运动和健康监测等领域受到了广泛的关注。由于水凝胶具有良好的生物相容性、柔韧性、高的拉伸性以及可调控的导电性能，因此被视为构建柔性可穿戴传感器的理想材料。但大多数传统水凝胶的机械强度低、韧性差、模量不合适，以及在较高含水率（80%，质量分数）下的高电阻，在应变传感器等许多尖端领域设置了巨大的障碍。创造具有理想和均衡的机械性能和优异电导率的水凝胶是一个重要的目标和极具挑战性的任务。到目前为止，通过合理设计和集成强相互作用、聚合物链的广泛分布和复杂结构，已经开发出了大量具有显著改善力学性能的水凝胶作为应变传感器的候选材料，尤其是无机纳米复合水凝胶，通过聚合物链从纳米粒子表面的断裂或解吸，网络能够快速传递施加的应力，消耗能量，延缓裂纹的扩展，从而改善传统水凝胶的力学性能。

Li Shi-Neng 及其研究团队[6]通过壳聚糖原位接枝磁性纳米粒子结合多种离子-共价相互作用制备出了机械稳定性好、导电性好的无机纳米复合水凝胶。所得纳米复合水凝胶在较高的含水率（80%）下具有高达 2.33MPa 的机械强度和 18.18MJ/m^3 的高韧性。此外，所制得的纳米复合水凝胶在压缩和拉伸应力下均表现出敏感的应变诱导阻力变化，以及出色的稳定性和可重复性，可以准确和反复地监测大的机械变形（例如拉伸应变高达 600%）和人类行为（例如关节的运动和面部表情）。展示了其在电子皮肤、动作感应、可穿戴电子设备等领域的潜在应用。

Yan Qiming 及其团队[7]以水溶性单宁酸/聚苯胺包覆纤维素纳米晶体（TA/PANI@CNCS）和各种功能性丙烯酸单体为原料，设计了一种类似贻贝的纳米复合水凝胶。TA/PANI@CNCS 的合成不仅赋予了纳米复合水凝胶更强的导电网络和机械性能，而且在不需要额外固定的情况下，对人体皮肤起到了重复性和持久性的黏附作用。该无机纳米复合水凝胶基于各种超分子相互作用和动态硼酸酯键的双网络结构，力学性能优异，具有 974% 的断裂应变、759kPa 的断裂应力和室温下的快速自愈能力。此外，所制备的纳米复合水凝胶具有很高的应变灵敏度和优良的应变电导率，可以作为柔性应变传感器用于跟踪人体在各种应变范围内的运动，也可以作为电路直接组装在其他材料表面。

Cheng Baowei 及其团队[8]制备了一种由多壁碳纳米管、聚乙烯醇和聚丙烯酰胺动态交联的黏附、可伸缩和可压缩水凝胶。水凝胶可以在没有任何固定辅助情况下，与皮肤形成稳定的界面，从而稳定地收集人体运动信号记录或面部表情。在 300%~500% 的拉伸应变下，水凝胶传感器的传感范围达到 500%，压缩率高达 70%。此外，该水凝胶具有自愈合性能，其导电率可在 730ms 内恢复。该水凝胶传感器已应用于人体动作感应，从重要的喉部振动到行走均可检测到，可用于健康监测和人机交互。

3.3.4 超级电容器

超级电容器是基于极板/电解液双电层理论发展起来的一类新型储能组件，具有超大的法拉级电容量。超级电容器的基本类型是利用双电层原理制成的电容器。它和一般电容器不同，一般电容器是靠电解质极化能力取得电容量的，而双电层电容器是靠固体和固体或液体和固体界面处存在的正负双电层来取得容量的。双电层电容器的电容量取决于界面双电层电荷，这种电荷不同于电解质的极化电荷。因此，双电层电容器的工作原理完全不同于用氧化物介电质做储电材料的电解电容及陶瓷电容等电容器，它的静电容量可达到几法拉到上百法拉，是为一种介于电容和电池之间的新型电子元件。

近年来，随着电子技术的快速发展，电子传感器、柔性显示器、健康监护仪等可穿戴式电子设备受到极大的关注，并取得了飞速的发展。为了实现完全灵活和可穿戴的电子元件，目前最大的挑战就是与之相适应的轻、薄且柔性的便携式储能器件。因此为了适应下一代柔性电子设备的发展，柔性储能器件成为了近几年的研究热点，其中柔性超级电容器由于其高稳定性、低成本、快速充放电、体积小、效率高、机械性能好等特点，受到广泛关注。液态或固态电解质是超级电容器必不可少的部分。与液态电解质相比，固态电解质的低电导率是阻碍储能装置高性能的主要问题。水凝胶电解质作为一种新型固态电解质，由于其具有较高的室温电导率，在储能设备中得到了广泛应用。

Maryam Hina 及其团队[9]以钠基蒙脱土为交联剂，采用自由基聚合方法制备了聚丙烯酰胺水凝胶电解质，并添加最佳浓度的三氟甲磺酸酯（LiTF）盐作为离子源来提高水凝胶电解质的离子导电性和电化学活性。此外，通过添加导电高分子聚（3,4-二氧基噻吩）：聚（苯乙烯磺酸盐）（PEDOT：PSS），通过物理作用力，嵌入聚丙烯酰胺网络中（图3-5），为离子和电子的传输提供了一个平滑的途径，从而进一步提高了导电性能。

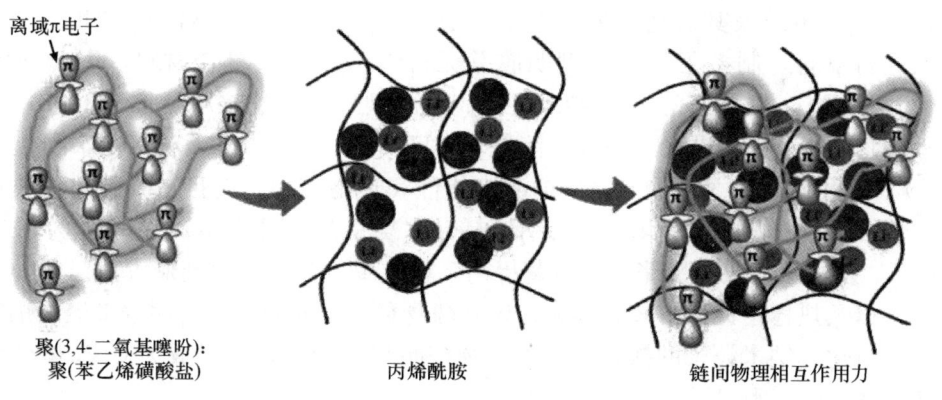

图3-5　复合水凝胶电解质中离子和电子共同导电的示意图[9]

室温下，最大离子电导率可以达到 13.7×10^{-3} s/cm。聚合物主链高度集成的导电路径提供了连续的离子传输路径，从而保证了超级电容器良好的电化学性能。水凝胶电解质的多孔网络结构可以通过其结构衍生的弹性来稳定，提高单元效率。由多孔电解质提供的间隙孔隙允许水和电解质在电极之间的快速迁移，使得离子能够快速吸附/解吸，从而获得优异的比电容，在3mV/s的扫描速率下比容量达到327F/g。除此之外，该水凝胶具有优异的自愈合性能，将组装好的超级电容器切成两半，一段时间后水凝胶自愈合为一体，将电极连接后电容器恢复储能功能，在3 mV/s的扫描速率下比容量仍能保持到327 F/g。以该无机纳米复合水凝胶做固态电解质所制备得到的电池具有良好的电容性能、优良的电化学稳定性和自我恢复能力，在储能领域拥有广泛的应用。

3.3.5 智能器件

智能高分子水凝胶是一类在外界环境微小的变化刺激下，从而自身性能产生改变的水凝胶。根据响应刺激的类型不同，智能水凝胶通常可分为温敏水凝胶、pH响应型水凝胶、光敏型水凝胶、电场敏感型水凝胶、压力敏感型水凝胶等。并在多个领域展现了广阔的应用前景，包括生物医药、工程组织、柔性电子和软体机器人等。如今，智能水凝胶已成为跨学科领域中研究最广泛的材料之一。

水凝胶由于具有与人体组织极其相似的物理特性，因此可作为一种重要的生物医用材料用于制备局部药物递送系统。水凝胶可同时负载和运输多种亲/疏水性药物，并在一定时间范围内通过扩散的方式释放出所携载药物。但此类释药方式具有自发和不可控性，无法根据生理和病理情况变化实现按需释药。近年来，药物控制释放系统的发展为这一难题提出了有效解决办法。pH响应型水凝胶的成功研制，提供了在病灶组织内人为调控、按需释放药物分子新的思路，可以解决传统水凝胶药物载体的应用难题。

pH响应型水凝胶顾名思义就是可对水溶液的pH变化产生响应。人体不同组织部位具有不同的pH（如体液pH为7.4左右，胃pH为2.0左右），且病灶组织部位常伴随着pH的改变（如肿瘤细胞外环境pH为6.5左右，肿瘤细胞内环境pH为5.0左右）。因此，pH响应型水凝胶可作为药物控制释放载体，当药物递送到特殊病灶部位后，可通过响应组织的pH变化来实现药物的控制释放。

Archana Tanwar及其研究团队[10]选用氧化锌纳米粒子（ZnO NPs）与明胶-聚丙烯酰胺水凝胶进行复合，制备了一种新型明胶基无机纳米水凝胶复合材料，用于环丙沙星（CFX）的"控释"。对制备的ZnO纳米粒子、明胶型聚丙烯酰胺水凝胶（GAm）和水凝胶纳米复合物（GAmZ）进行了表征。溶胀和CFX体外释放研究表明，在水凝胶基质中掺入ZnO NPs不仅改善了水凝胶基质的溶胀特性和热稳定性，而且水凝胶的释放具有较强的可控性和pH依赖性。氧化锌无机纳米复合水凝胶在不同的pH（即pH为1.2、6.8和7.4）下，复合水凝胶的膨胀性能显著提高，在pH为7.4时达到最大值。此外，载药量、包封率以及热稳定性均有较大提高。体外药物释放研究表明，与明胶型聚丙烯酰胺水凝胶相比，氧化锌纳米粒子的掺入提高了药物控制释放能力，可以成为CFX体外释放的一个候选体系。

温敏水凝胶是指当环境中的温度发生变化时，该水凝胶也会在如溶胀率、透光度等宏观表现上发生相应的变化。其原理为温敏水凝胶通常具有亲疏水基团，可在温度改变下进行相转变，使得水凝胶的形态随着温度变化而变化。现已在生物医学和制药方面有广泛应用。温敏水凝胶在人体内能够发生更好的缓释作用，可降低药物毒性并防止药物外泄，温敏水凝胶可通过注射、耳内、口腔、鼻腔、眼内、鼻腔给药，应用前景广阔。

Bahar Kancı Bozoğlan及其研究团队[11]使用壳聚糖、羟甲基纤维素、硬葡萄糖为基质材料，加入蒙脱土对其进行复合，成功制备了热敏性无机纳米复合水凝胶CHT/CMC/SGL/MMT，采用水浴法和流变法分别测定了所有水凝胶体系和所选水凝胶体系的凝胶温度。在水凝胶基质中加入蒙脱土，可显著降低CHT/CMC/SGL的凝胶温度，提高水凝胶的热稳定性。研究表明，在凝胶基质中加入蒙脱土，改变水凝胶中多糖的比例，可以改变凝胶的凝胶温度。

3.4 思政小结

随着纳米技术的不断发展，无机纳米材料的种类和制备手段也越来越多。通过化学气相沉积法、物理气相沉积法、物理粉碎法、溶胶—凝胶法、水热法、模板法等制备方法的选择及制备工艺的控制，可以精确控制无机纳米材料的微观形貌，赋予其特殊的宏观性能，这使得无机纳米材料在生物医药、微电子、化工领域、智能传感等领域得到了广泛的使用。党的二十大报告强调，"推动战略性新兴产业融合集群发展，构建新一代信息技术、人工智能、生物技术、新材料等一批新的增长引擎"。无机纳米复合水凝胶作为复合水凝胶的一种，与传统水凝胶相比，机械性能更加优异、三维结构更加完整且可包含无机纳米材料的部分特性，大大提高了其应用领域，如药物缓释、药物递送、伤口敷料、水体处理、柔性触摸屏、柔性传感器、胶粘剂、环境响应等，利用新技术和新材料不断突破和进步，积极响应党的二十大的科教兴国战略和创新驱动发展战略。

3.5 课后习题

1. 无机纳米材料的分类有哪些？
2. 无机纳米材料的制备方法有哪些？选一种介绍步骤。
3. 想要对聚乙烯醇水凝胶进行机械性能增强，可以选取哪种无机材料，并简要说明理由。
4. 查询资料，简要说明无机纳米复合水凝胶的性能表征手段都有哪些？至少列举三个，并分别说明该表征手段用于表征什么性能。

3.6 参考文献

[1] MITTAL H, A MAITY, S S RAY. Synthesis of co-polymer-grafted gum karaya and silica hybrid organic – inorganic hydrogel nanocomposite for the highly effective removal of methylene blue[J]. Chemical Engineering Journal，2015（279）：166-179.

[2] J DU, D WANG, S M XU, et al. Stretchable dual nanocomposite hydrogels strengthened by physical interaction between inorganic hybrid crosslinker and polymers[J]. Applied Clay Science，2017(150)：71-80.

[3] N RAJABIA, M KHARAZIHAA, R Emadia, et al. An adhesive and injectable nanocomposite hydrogel of thiolated gelatin/gelatin methacrylate/Laponite as a potential surgical sealant[J]. Journal of Colloid and Interface Science，2020(564)：155-169.

[4] J LI, Y J WANG, J H YANG, et al. Bacteria activated-macrophage membrane-coated tough nanocomposite hydrogel with targeted photothermal antibacterial ability for infected wound healing[J]. Chemical Engineering Journal，2021

(420): 127638.

[5] M KOUHIA, J VARSHOSSAZA, B HASHEMIBENIC, et al. Injectable gellan gum/lignocellulose nanofibrils hydrogels enriched with melatonin loaded forsterite nanoparticles for cartilage tissue engineering: Fabrication, characterization and cell culture studies[J]. Materials Science & Engineering C, 2020(115): 111114.

[6] S N LI, B Q LI, Z R YU, et al. Chitosan in-situ grafted magnetite nanoparticles toward mechanically robust and electrically conductive ionic-covalent nanocomposite hydrogels with sensitive strain-responsive resistance[J]. Composites Science and Technology, 2020(195): 108173.

[7] Q M YAN, M ZHOU, H Q FU. Study on mussel-inspired tough TA/PANI@CNCs nanocomposite hydrogels with superior self-healing and self-adhesive properties for strain sensors[J]. Composites Part B, 2020(201): 108356.

[8] B W CHENG, Y X LI, H LI, et al. An adhesive and self-healable hydrogel with high stretchability and compressibility for human motion detection[J]. Composites Science and Technology, 2021(213): 108948.

[9] M HINA, S BASHIR, K KAMRAN, et al. Fabrication of aqueous solid-state symmetric supercapacitors based on self-healable poly(acrylamide)/PEDOT: PSS composite hydrogel electrolytes [J]. Materials Chemistry and Physics, 2021 (273): 125125.

[10] A TANWAR, P DATE, D OTTOOR. ZnO NPs incorporated gelatin grafted polyacrylamide hydrogel nanocomposite for controlled release of ciprofloxacin[J]. Colloid and Interface Science Communications, 2021(42): 100413.

[11] B K BOZOĞLAN, O DUMAN, S TUNç. Preparation and characterization of thermosensitive chitosan/carboxymethylcellulose/scleroglucan nanocomposite hydrogels [J]. International Journal of Biological Macromolecules, 2020(162): 781-797.

4 石墨烯复合水凝胶材料

4.1 石墨烯的制备及特性

石墨烯是由一层独立的 sp^2 杂化碳原子组成，是一种具有六角形蜂窝状晶体结构的二维碳质材料。它是碳的同素异形体的基本成分，可以改性成其他形式，图 4-1 为富勒烯、碳纳米管和石墨烯结构[1]。虽然石墨烯的研究已经进行了 60 年，但在此之前，人们大多将其描述为碳的同素异形体，以解释不同的碳基材料，直到 21 世纪初，石墨烯的独立二维模型得到了试验验证[2]。到目前为止，石墨烯是最薄、最强的纳米材料，其薄片厚度为 0.34nm。石墨烯中的每个碳原子通过 s 键与三个相邻的碳原子结合，剩余的电子很可能与周围的原子形成 p 键，因为它们无法形成键，并且键的方向垂直于石墨烯平面，这导致石墨烯的结构非常稳定，其 C—C 键长度仅为 0.142nm，构成六边形形状，独特的晶格结构能够维持石墨烯在受到外力时不被破坏，保持了稳定的结构。同时石墨烯这种独特的晶

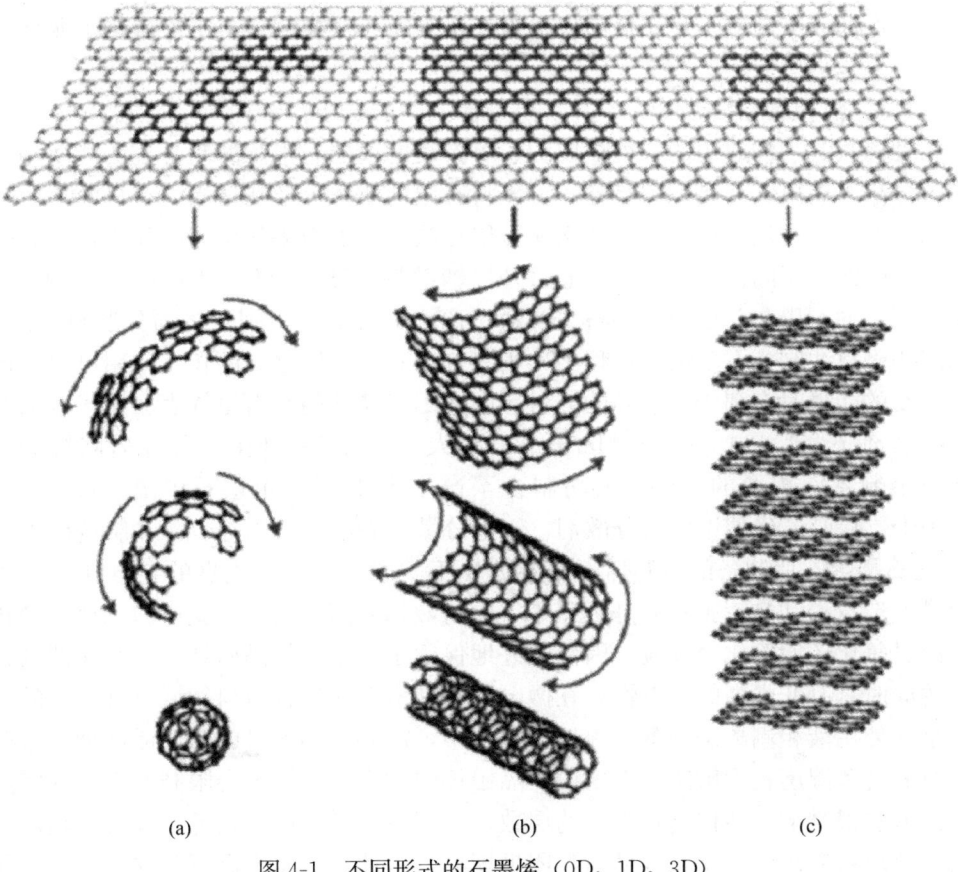

图 4-1 不同形式的石墨烯（0D，1D，3D）
(a) 富勒烯；(b) 碳纳米管；(c) 石墨烯结构

格结构使其具有各种优异的性能[3]，主要包括出色的电学性能、超高的导热性、超强的力学性能和超大的比表面积。石墨烯这些优异的性能使其在各个领域有着广阔的应用前景，如锂离子电池、生物医学工程、柔性传感器和污水处理等领域。目前，石墨烯的制备方法有很多，根据原料的不同，主要分为物理制备法、化学制备法以及其他制备方法。下面简单介绍一下制备石墨烯常用的几种方法。

4.1.1 物理制备法

4.1.1.1 机械剥离法

机械剥离法采用外加机械力来克服石墨片层之间的范德华力，将原始石墨剥离成多层或者少层的石墨烯。反复胶带粘贴、超声辅助分散等方法是将多层或少层石墨烯从石墨中剥离出来的经典机械方法。早在2004年，Geim等[4]首先通过胶带反复粘贴剥离石墨的方法获得了少量单层石墨烯，主要的制备方法是使用氧等离子体进行离子刻蚀1mm厚、1mm高的热解石墨表面，在石墨上刻蚀出沟槽并转移至玻璃衬底上，之后用透明胶带反复撕开，然后去除多余的高取向热解石墨，并将黏附有微薄片的玻璃基板添加到丙酮溶液中进行超声波处理，最后再利用非共价键相互作用（如范德华力）在丙酮溶剂中"捞出"石墨烯。这两位科学家以开创性的试验方法制备出石墨烯这种新材料，填补了碳纳米材料在二维领域的空白，获得了2010年诺贝尔物理学奖。但是机械剥离法存在石墨烯尺寸不均匀、产率低和成本高的不足，目前仅适合在实验室小规模制备，不能满足工业化和产业化的需要。

4.1.1.2 液相剥离法

液相剥离法是一种通用的、可扩展的、可持续的单层石墨烯的制备方法。液相剥离法通常包含分散、剥离和分离三个步骤，首先将石墨前驱体分散在适当的有机溶剂中，形成低浓度的分散液，添加适量的插层剂插入石墨片层，增加石墨片层间的间距，从而降低石墨烯片层之间的分子间作用力，然后通过外界辅助超声波空化作用剥离混合石墨分散液，最终将未剥离的石墨与单层或多层石墨烯通过离心力分离，得到石墨烯分散液（图4-2）。在采用液相剥离法制备石墨烯的过程中，当溶剂与石墨片层之间的相互作用可以平衡剥离石墨所需要的能量时有利于石墨烯的分散，因此尽可能选用与石墨烯表面能接近的有机溶剂作为分散剂（约为$40mJ/m^2$）。Hernandez等人[8]发明了一种在N-甲基吡咯烷酮中分散和剥离石墨制备石墨烯的方法，成功制备了产率为12%的单层石墨烯。Hernandez等人[9]使用十二烷基苯磺酸钠作为分散剂，经过分散、剥离和分离等步骤，制备出了产量高达40%的石墨烯，所制备的石墨烯不仅层数少于5层并且具有优良的导电性。经研究发现，微晶人造石墨和热膨胀石墨是更适用于作为液相剥离法制备石墨烯的原料。液相剥离法没有经过氧化还原等化学反应，因而很好地保留了石墨烯的晶格结构，在保留其独特物理性能的同时具有非常高的导电性，在微电子学和多功能复合材料领域具有广阔的应用前景。但是在使用液相剥离法制备石墨烯的过程中，需要添加大量的表面活性剂，这些表面活性剂对温度和湿度较为敏感，石墨烯产品中掺混的表面活性剂会限制石墨烯的实际应用范围。此方法很难准确地控制石墨烯的层数，单层石墨烯的产率较低，并且在超声过程中容易引起单层石墨烯的氧化，容易引起团聚现象，因此进一步提高石墨烯产率是液相剥离法制备石墨烯研究的重点。

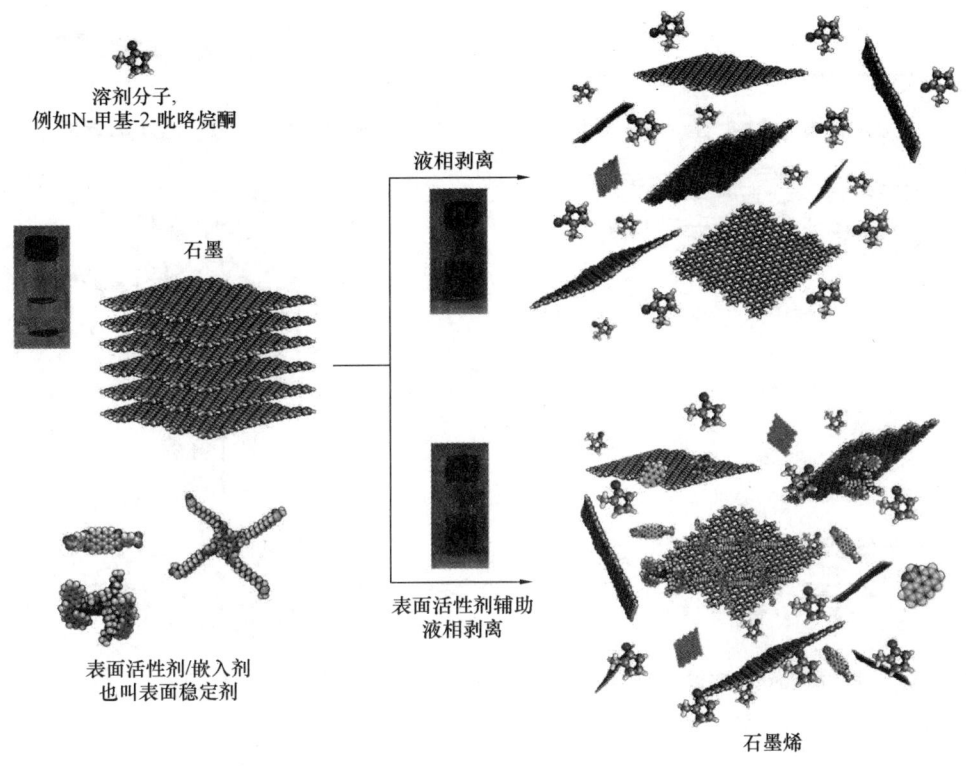

图 4-2 液相剥离石墨烯示意图[7]

4.1.2 化学制备法

4.1.2.1 氧化还原法

氧化还原法是目前制备石墨烯的主要方法,主要可分为氧化、剥离和还原三步(图 4-3)。首先,天然石墨与强氧化性物质发生氧化反应生成氧化石墨,在强化剂的作用下将羧基、羟基和环氧基等含氧官能团引入石墨片层之间,增大石墨片层之间的层间距,进而削弱它们之间的分子间作用力,有利于接下来的剥离。其次,利用外界辅助物理作用,如超声波、震荡等方法,克服石墨片层之间微弱的范德华力,将氧化石墨片层相互分开,获得多层或少层的氧化石墨烯片层并将其分离。最后,将单层或者少层氧化石墨烯与还原剂混合,经过还原作用,去除含氧基团得到石墨烯片层。可以看出在氧化和还原过程中氧化剂和还原剂的选择对石墨烯的质量影响很大。常见的强氧化剂主要是高锰酸钾和浓硫酸,还原剂是水合肼、硼氢化钠、对苯二酚、强碱以及氢碘酸等。氧化还原法制备石墨烯具有原料来源广泛、成本低廉、操作简单和产率高等优点,适合工业生产,而且制备的石墨烯有利于后期的进一步改性和官能团化,从而为制备功能性石墨烯复合材料提供了可能。氧化还原法的缺点是在大批量制备石墨烯的同时带来大量的废液污染,并且制备的石墨烯质量较差,具有一定的结构缺陷,导致石墨烯的部分物理性能和电学性能缺失,导致石墨烯的应用受到限制。

最早关于石墨的氧化可以追溯到 1859 年,哈佛大学 Brodie[10] 教授采用发烟硝酸与氯酸钾作为氧化体系,将发烟硝酸与泥浆状石墨的混合溶液在 0℃下反应 24h,之后在 60℃

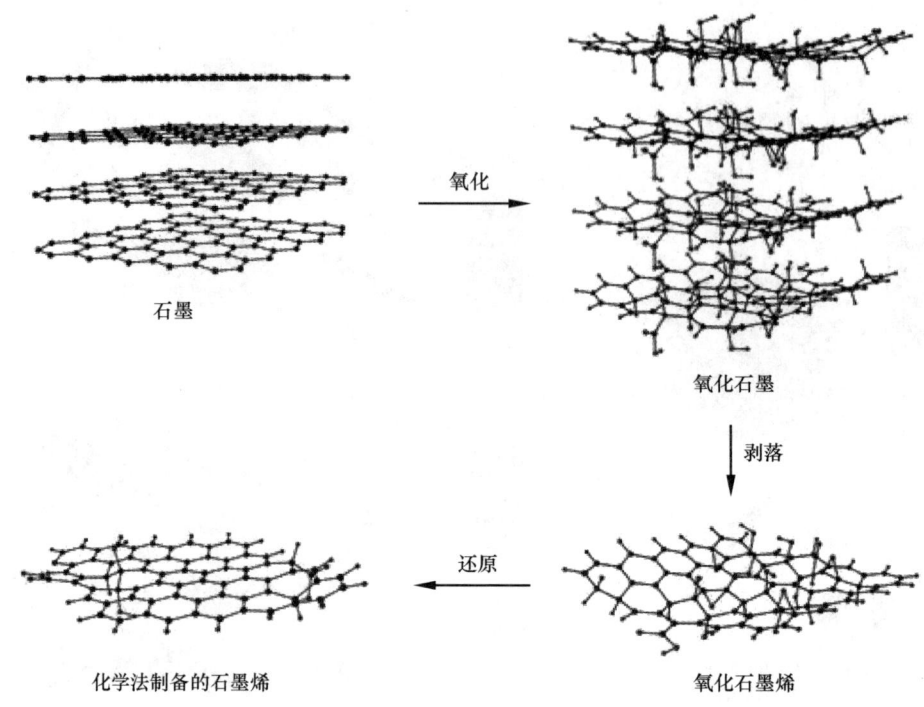

图 4-3　氧化还原法制备石墨烯[13]

下，进一步加热反应 3~4d，经洗涤干燥后，得到的氧化石墨原子比为 C：H：O=61.04：1.85：37.11，这是最早制备得到氧化石墨的方法，但是此法在生产过程中发烟硝酸与氯酸钾会反应产生大量的易爆气体 ClO_2，有较大的安全威胁。1958 年，Hummers[11] 在石墨、硝酸钠和硫酸混合物中加入高锰酸钾，原位生成硝酸，避免了使用高危险性的发烟硝酸，提升了制备过程中的环保性与安全性，并且结果显示硝酸钠与高锰酸钾的组合能够提升氧化石墨的氧化程度，使其结构更规整，在水中容易发生溶胀，有利于进一步地剥离分离。虽然避免了 ClO_2 的产生，但是会产生氮氧化物等有毒气体（如 NO_2、N_2O_4）。后来，研究者对 Hummers 法进行了一些改进，例如加大高锰酸钾的用量来提高氧化产率，将硝酸钠替换为磷酸避免氮氧化物产生等。目前，Hummers 法以及改良后的 Hummers 法是制备石墨烯的普遍方法，Song 等[12] 采用改良后的 Hummers 法，用硫酸、硝酸钠和高锰酸钾作为氧化体系把石墨氧化成氧化石墨烯（GO），还原体系则采用氨水和水合肼组合，将二者与超声分散的 GO 溶液混合经还原作用得到石墨烯。

除了氧化过程，还原过程也是生产石墨烯流程中的重要一环，还原过程的目的是除去氧化过程中在石墨片层上形成的含氧官能团，以恢复石墨片层的晶格结构。目前，存在很多的还原方法，如化学还原剂还原法、微波还原法、电化学还原法和高温热处理还原法。在众多的还原方法中，最常用的是化学还原剂还原法。水合肼和硼氢化钠为最早使用的还原剂，具有较强的还原能力，但其具有一定的毒性并且在还原过程中会将部分杂元素引入到石墨烯片层上，影响石墨烯的质量。随着绿色化学的兴起，无毒无污染的还原剂引起了研究人员的极大关注。Bai 等[13] 使用维生素 C 代替水合肼还原氧化石墨烯，结果显示采用维生素 C 还原制备的石墨烯表面缺陷更小，杂元素更少，且具有良好平整的石墨烯片层形貌，具有更优异的电化学性能，适合电极材料的研究。更重要的是维生素C这种天然还原剂能够减少水合肼对环境的污染，有利于减少大批量石墨烯生产过程中的环境污染。无独有偶，上海交通大学研究团队以茶多酚为还原剂和改性剂，在溶液对氧化石墨烯进行了改性和还原，改性后的石墨烯实现了在水和多种有机溶剂中的均匀分散。同时由于单一还原剂的使用效果并不太好，为了不断提高氧化石墨烯的还原率，两种或者多种还原剂的组合使用将是还原领域的研究重点，在提升还原率的同时达到高质量、低污染的目的。

4.1.2.2 化学气相沉积法

化学气相沉积法（CVD法）制备石墨烯的经典步骤是含有碳元素的化合物在高温条件下发生热分解反应，受热分解的气态碳原子经简单扩散后，在金属或其他基体表面发生化学反应生成固态物质，沉积在基底表面从而得到石墨烯。已知的CVD方法可以用碳气源在金属基底上生长大面积、高质量的石墨烯。常见的金属基底包括镍、铁、钴、铂、铜。要在基底上生长成石墨烯膜，主要有三个阶段：碳源在特定温度下扩散到金属膜中，在冷却过程中由于溶解度降低而从薄金属膜中沉积碳，在表面形成石墨烯层。研究发现高溶解度的碳原子可以产生厚的石墨烯膜，反之亦然，低溶解度的碳原子可以产生单层石墨烯膜。

早在2006年，Somani等[14]首次采用热化学气相沉积法制备石墨烯，采用樟脑作为碳源，在氩气氛中，碳原子在180℃温度下在金属镍的表面上沉积得到石墨烯，并且在研究的过程中发现，制备的石墨烯的形貌与其在基底表面的沉积时间有一定的关联。李斌等[15]在氢气为刻蚀和保护气、氩气为载气的条件下，使用高纯甲烷（CH_4）作为碳源，在1000℃温度下沉积在铜箔表面上，2min后可以获得单层石墨烯，4min后可获得双层石墨烯。除了沉积时间外，不同的基底、保护气体的流速和反应温度等对制备石墨烯的结构和性能有着不同的影响。使用CVD法制备的石墨烯具有较大的尺寸和完整的结构，甚至能够获得导电透明的石墨烯薄膜，并且可以通过调整沉积时间、反应温度和基底材料等制备具有不同层数和不同尺寸的石墨烯，具有较强的可控性，可满足个性化生产的需要。但是CVD法制备石墨烯生产成本较高、生产工艺较为复杂且生产条件苛刻，从而限制了该方法的应用推广。表4-1总结了制备石墨烯的不同制备方法和条件。

表4-1 石墨烯的不同制备方法和条件[16]

方法	气源/还原剂	温度（℃）	基底
SWP-CVD	$CH_4：Ar：H_2$	300~400	Cu, Al
MWCVD	H_2	450~750	Ni
LPCVD	CH_4	1000	Cu
APCVD	$CH_4：H_2：Ar$	960~970	Ni
Mechanical exfoliation	—	25	SiC
Mechanical exfoliation	—	25	HOPG crystal
Mechanical exfoliation	—	1000	NaCl crystallites
Hummer's Method	$KMnO_4$, H_2SO_4	20	
Hummer's Method	$KMnO_4$, H_2SO_4, H_3PO_4	25	
Hummer's Method	$NaNO_3$, H_2SO_4	0	
Hummer's Method	$NaNO_3$, $KMnO_4$, H_2SO_4	150	

SWP-CVD：表面波等离子体化学气相沉积法；MWCVD：金属有机化合物化学气相沉积；LCPCVD：压化学气相沉积；APCVD：常压化学气相沉积；Mechanical exfoliation：机械剥离；HOPG crystal：石墨晶体；NaCl crystallites：NaCl微晶。

4.1.3 其他制备法

4.1.3.1 有机合成法

早在一个世纪以前，研究人员就利用有机合成法制备出了有独特性能的多环芳烃分子。在此基础上，发展出了一种"自下而上"生产石墨烯的有机合成法。所谓的"自下而上"合成法是指采用含碳小分子为原料，通过电子轰击、高温等方式破坏含碳小分子的化学键，在基底上生长石墨烯的方法。有机合成法一般以芳香族小分子化合物为原料，通过有机反应制得多环芳烃或者石墨烯纳米带，之后经过脱氢反应制得石墨烯。Li 等[17]通过分阶段加热乙烯在温度略高于 700℃的铑催化剂基底上制备了高质量的石墨烯层。Yan 等[18]利用乙醚、甲苯和四氢呋喃等物质，在氩气氛下成功制备出了胶态石墨烯量子点，此方法制备的石墨烯量子点不仅性质稳定而且具有尺寸可调节的优点。与其他方法相比，通过"自下而上"的有机合成法可以制备出具有确定结构且无缺陷的石墨烯纳米带，并且可以对石墨烯纳米带进行进一步的功能化修饰，具有良好的加工性能。但是使用该方法制备石墨烯的工艺过程较为复杂，成本较高，在合成过程中随着石墨烯分子尺寸的增加会导致副反应的发生，容易造成环境污染等问题，极大地制约了该方法的推广和发展。

4.1.3.2 外延生长法

外延生长法是在一个晶格结构基础上通过晶格匹配生长出另一种晶体的方法。根据所选基底的材料不同，外延生长法制备石墨烯包括碳化硅外延生长法和金属催化外延生长法。20 世纪 90 年代，人们发现在近乎真空的条件下对 SiC 单晶加热到一定温度后，会发生石墨化现象，这就是 SiC 外延生长的起源。碳化硅外延生长一般是以 SiC 为单晶衬底，将其置于高温和超高真空环境下，利用硅原子的升华速度比碳原子快得多的现象，把 Si 除去而只留下 C 在其表面，表面富集的碳原子会发生重构生长形成石墨烯。在碳化硅外延生长法的过程中，温度控制是整个工艺的关键，较低的生长温度会引起石墨烯晶体质量的下降，但是生长温度过高则会使石墨烯的厚度大大增加。同时为了防止高温下石墨烯发生氧化，设备需要维持真空环境，在实现耐高温的同时保持超高真空，给试验设备设计带来了极大的挑战。

金属催化外延生长法是指在超高真空环境下，在具有催化活性的过渡金属衬底上（如铜、铂等）通入碳氢化合物，加热使其催化脱氢从而制备石墨烯。生长机理是在高真空环境下，C 和金属的亲和力比 N、H 和 O 等元素的高，因而可以实现脱氢过程，而溶解在金属表面的 C 则会在其表面重新析出重构结晶生长出石墨烯。此法制备的石墨烯大多具有单层结构，通过选择合适的金属基底和工艺参数即可实现大面积、高质量石墨烯的可控制备。与碳化硅外延生长法相比，金属催化外延生长法可以通过化学腐蚀掉金属基底来实现石墨烯的分离，具有易于转移的优点。

外延生长法和 CVD 法本质上都是利用碳原子在基底表面发生重构形成石墨烯片层，所以两者都能较好地实现石墨烯的大面积、高均一性的高质量生长。不过外延生长的条件更为苛刻，虽然外延生长法被普遍认为是实现工业化制备石墨烯的最有效途径之一，但此方法存在成本过高、对反应设备要求严格和难以分离等不足，进而极大地限制了工业化应用

此外，通过 3D 激光打印镍和糖的混合物，制造出了低密度的石墨烯泡沫。这种简单

的方法不需要冷压模具,也不需要高温 CVD 处理。用激光直接冲击碳镍混合物可以得到低密度和指尖尺寸的石墨烯泡沫。该方法为石墨烯在大规模工业中的应用奠定了基础。

4.1.4 石墨烯的性质

石墨烯由一排六边形共价键单原子厚的碳原子组成,这些碳原子以蜂窝状晶格结构排列在一起(图4-4)。在四个碳原子中,有三个碳原子表现出 sp^2 杂化。通过杂化,碳原子的三角体系显示出很高的键能(~5.9eV),半填充的孤立 p 轨道与相邻的碳原子形成 π 键。光滑的石墨烯片通常为一个原子厚,并相互堆叠以形成石墨 3D 结构,这些石墨烯薄片被微弱的范德华尔力固定在一起。石墨烯表面的光滑性可归因于振动声子的存在,而振动声子也恰好存在于三维固体中[19]。

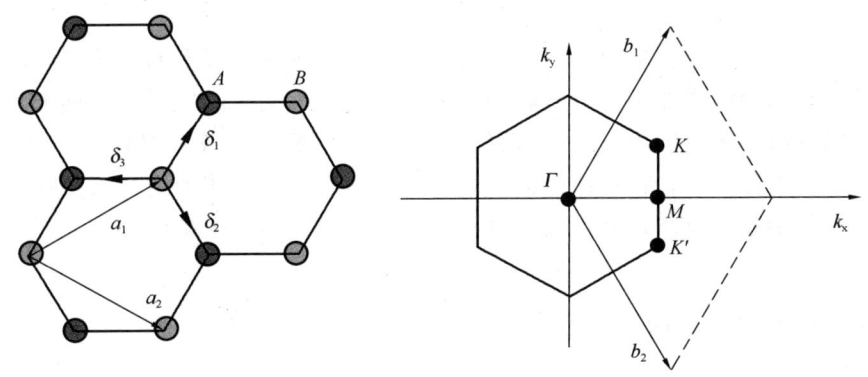

图 4-4 蜂窝状晶格及其布里渊区的石墨烯结构示意图[19]

石墨烯的高导电性(~1.0×10^8 S/m),高熔点(4510K),高导热性[2000~4000W/(m·K),5000W/(m·K)],最高电流密度(~1.6×10^9 A/cm^2),包括高电子迁移率[在电子密度为~2×10^{11} cm^{-2}时电子迁移率为200000cm^2/(V^1·S^1)]有助于其在电化学传感器、应变传感器、新能源电池、超级电容器中的应用。石墨烯的手性表现为直线、扶手椅和之字形几何结构,锯齿形几何体更能控制状态和共振,每个手性几何体的拉伸强度、剪切模量和泊松比的大小各不相同。石墨烯的抗拉强度比钢的还强,大约为130GPa,可用于结构工程应用,如飞机、火箭的复合材料。石墨烯具体有良好的弹性,沿其长度增加20%不会损害其性质。同时石墨烯的比表面积很高(~2600m^2/g),有助于其在消防设备和污水处理领域中的应用。

4.2 石墨烯复合水凝胶材料研究背景及现状

水凝胶是由共价键或非共价键相互作用交联形成的具有三维空间网络结构的高分子柔性材料,具有良好的保湿性和亲水性。由于其显著的环境友好性和良好的生物相容性而被广泛应用于生物组织工程、药物释放、环境治理等领域。另外,水凝胶具有较大的比表面积和湿软特性,还可以作为污水处理材料、柔性传感器和致动器等。然而,大多数水凝胶含水量高、机械性能低、化学稳定性能较差,这限制了其实际应用。近年来,纳米材料研究蓬勃发展,向高分子凝胶网络中引入具有独特性能的纳米材料可以制备新型的复合水凝胶，这种方法不仅改善了高分子网络性能，而且操作简单，制备条件温和，引起了研究人员的广泛关注。在众多纳米材料中，石墨烯是一种具有许多优异性能的二维材料，前面已经详细说明，在此就不再赘述。由于石墨烯具有优异的导电能力、超高的导热能力和良好的机械性能，将石墨烯引入三维水凝胶网络，石墨烯与水凝胶高分子网络之间的相互作用，可提高水凝胶的机械性能，同时还能赋予水凝胶新的性能（如自愈性能、光热转化、导电性能等）。在制备水凝胶的过程中，纳米材料的亲水与否对制备水凝胶来说是至关重要的，由于氧化石墨烯（GO）表面含有大量的亲水性官能团（羧基、羟基、环氧基等），这些官能团的存在使氧化石墨烯在水中能够实现均匀分散。此外含氧基团的存在可以改善氧化石墨烯（GO）与高分子凝胶网络之间的相互作用，从而提高力学性能。所以一般来说，通常人们使用氧化石墨烯作为纳米填充材料添加到水凝胶网络中来制备石墨烯复合水凝胶。

目前，石墨烯基水凝胶主要分为两种类型，第一种凝胶网络中的主体凝胶因子为二维的石墨烯纳米片，通过添加小分子交联剂或外部刺激等方法来诱导石墨烯纳米片发生自组装，形成三维网络结构，称为石墨烯水凝胶（冻干后多为气凝胶）；另一种凝胶网络中的主体凝胶因子为小分子聚合物单体或天然聚合物，而石墨烯则作为纳米填充物与高分子聚合物混合形成的凝胶前驱体，通过改变试验条件形成稳定的网络结构，称为石墨烯基复合水凝胶。

4.2.1　石墨烯水凝胶

氧化石墨烯（GO）的凝胶化性质很早以前就被人们所认识，早在 2010 年石高全[20]课题组和王迅课题组分别报道了通过水热法将 GO/H_2O 的分散液自组装为石墨烯水凝胶，最终得到了三维多孔的宏观石墨烯材料。当 GO 浓度达到 10 mg/mL 的时候，这种分散液能自发地形成稳定的水凝胶相，这主要归因于 GO 片层上的亲水官能团在比较强的静电力和氢键的作用下，使得 GO 片层有堆叠在一起的趋势。简单来说，石墨烯水凝胶的水热法制备过程如图 4-5 所示，将一定量表面含有羧基（—COOH）的氧化石墨烯（GO）分散在水中，通过超声波空化作用使其实现在水中的良好分散，同时 GO 表面的羧基会因在水中发生部分电离而带负电。在水热反应的过程中，部分 GO 发生还原反应失去电荷，从而通过静电引力作用堆叠在原来表面带负电的 GO 上，随着反应时间的增加，GO 纳米片层之间重复此过程，直到全部的 GO 被还原成石墨烯，此时的石墨烯片层之间的疏水作用、分子间相互作用和 p-p 堆积作用促使石墨烯自组装为具有三维网络结构的石墨烯水凝胶。Ruoff 等[21]发现在水中加入适量的氨水，营造弱碱性环境，会促进 GO 表面更多的羧基基团电离，更多的带电基团促进了石墨烯片层的有序自组装，得到的石墨烯水凝胶由于片层之间堆砌得更加紧密，因此具有更好的力学性能和电化学性能。

原位自组装法中除了用水热法还原外，还可以用化学还原途径来实现。化学还原过程不仅对 GO 的初始浓度有要求外还受还原剂的影响。水合肼是最常用的还原剂之一，具有还原性强和性能稳定的优点，使用水合肼会进一步提升 GO 的还原程度，但是使用水合肼作为还原剂制备石墨烯水凝胶却难以得到结构完整的三维凝胶状结构，这主要是因为水合肼对 GO 的还原作用太过强烈，容易产生大量气泡，而这些气泡会阻碍石墨烯片层之间的相互作用，影响石墨烯片层之间的堆叠。因此有学者采用更加温和的抗坏血酸、抗坏血酸

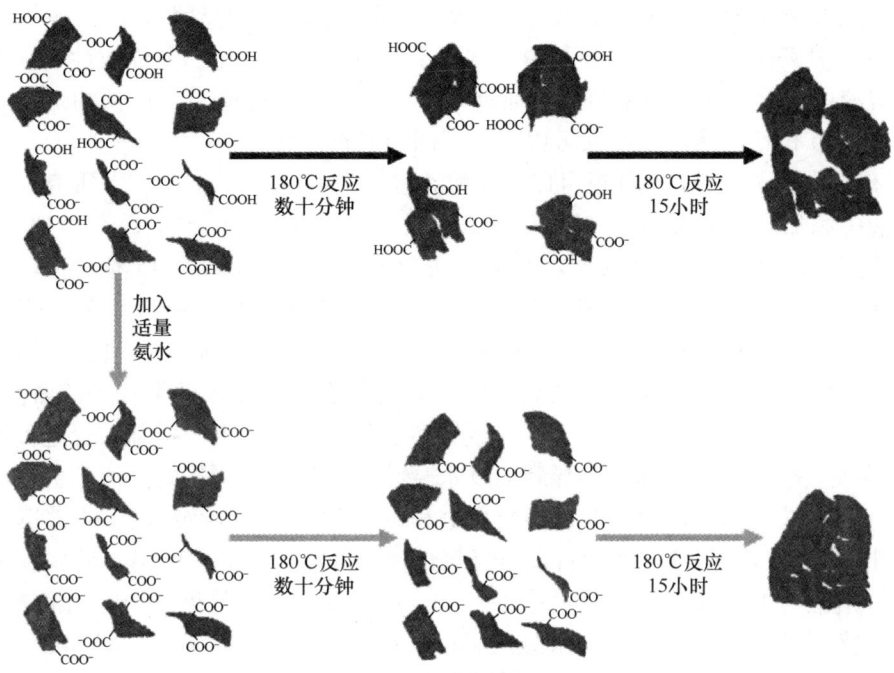

图 4-5 水热法制备石墨烯水凝胶示意图

钠、草酸等作为还原剂，制备结构良好的石墨烯水凝胶。

石墨烯水凝胶具有许多固有的优点，包括大的比表面积、刺激响应性、充足的含氧官能团和共轭结构域，使其在药物控制释放和去除污染水中的染料和重金属离子方面具有潜在的应用前景。然而，石墨烯水凝胶虽然具有良好的电化学性能，但是其机械性能往往较差，大大地限制了其应用范围。因此，把石墨烯作为纳米填充材料添加到小分子聚合物单体或聚合物网络中，将石墨烯网络与聚合物网络复合制备出具有良好机械性能和功能性导电水凝胶是现在石墨烯基水凝胶的主流研究方向。

4.2.2 石墨烯超分子水凝胶

除了石墨烯纳米片之间彼此单独的相互作用外，作为一种典型的二维网络材料，一般来说可以在石墨烯前驱体中添加小分子物质使之与石墨烯片层之间通过各种物理相互作用（如氢键、静电作用、配位作用、p-p 相互作用、疏水作用等）或化学相互作用形成石墨烯超分子水凝胶。较早的研究是基于有机小分子凝胶因子通过物理相互作用与石墨烯形成的超分子水凝胶。2010 年年末，研究人员首次发现向 GO/H_2O 分散液中加入 CTAB（十六烷基三甲基溴化铵）和 TMAC（四甲基氯化铵）能促进 GO 的凝胶化[22]。在这个过程中，GO 与季铵部分之间的长程静电力控制着 GO 片之间的相互作用，CTAB 上的长烷基链增强了其与 GO 片的相互作用。后续研究表明，向 GO 悬浮液中添加少量核苷、多胺、氨基酸和二甲双胍可以平衡 GO 片之间的疏水相互作用和静电排斥作用，从而导致 GO 凝胶化。值得注意的是，所有这些氨基酸、核苷和多胺都含有多个含氮碱基，它们可以与 GO 片上的—COOH 或—OH 基团通过酸碱型静电吸引或氢键结合，导致 GO 片组装成水凝胶。另外有研究表明阿霉素（一种同时含有氨基己基吡喃糖苷和芳香族部分的抗肿瘤药物）可以通过 p-p 堆积、氢键和酸碱型静电相互作用促进 GO 的凝胶化。二茂铁是一种典型的茂金属，其两个环戊二烯基环与中心铁原子的对侧黏合，用二茂铁改性 GO 片有利于 GO 在水溶液中的凝胶化。结果表明，通过 GO 片的共轭结构域与二茂铁的疏水环戊二烯基环之间的 p-p 相互作用，二茂铁可以起到层间交联剂的作用。

除了有机小分子以外，GO 还可以与无机物复合制备超分子水凝胶。研究人员通过向 GO 分散液中添加多种金属离子（如 K^+，Li^+，Ag^+，Ca^{2+}，Mg^{2+}，Cu^{2+}，Pb^{2+}，Cr^{2+}，Fe^{2+}）来研究 GO 的凝胶化行为[23]，结果发现单价离子不能诱导 GO 凝胶化，而多价离子的引入有利于 GO 水凝胶的形成，其微观结构与 GO/聚合物水凝胶相似。金属离子与 GO 片层氧化部分的配位被认为是组装 GO 片层的主要驱动力。通常，过渡金属离子和羧基形成的配合物比碱金属或碱土金属离子形成的配合物具有更大的配位平衡常数。因此，过渡金属离子表现出更强的交联能力。在金属离子与 GO 片层上的羧基结合过程中具有较快的反应速度，过快的反应速度会导致 GO 水凝胶的微观结构不均匀，通常会在体系中引入 pH 缓冲剂，减缓结合过程，改进凝胶化进程。通常，GO 分散液的 pH 被迅速调整为 8.0，使用稀释 NaOH 溶液，然后将金属氢氧化物分散液添加到 GO 悬浮液中，随后将新鲜 pH 缓冲溶液与上述混合物混合，并超声 30 s 以启动 GO 凝胶化。最后，将该系统保持 24h 不受干扰，以得到均匀的 GO 水凝胶。pH 缓冲剂的缓慢水解使溶液 pH 逐渐降低，原位生成的 H^+ 与金属氢氧化物反应，缓慢释放游离的多价金属离子，从而调节 GO 片的自组装，形成均匀的石墨烯水凝胶。

4.2.3 石墨烯复合水凝胶

除了小分子外，石墨烯还经常作为纳米填料与聚合物复合成石墨烯/聚合物复合水凝胶。聚合物是长链分子，由重复的结构单元通过键接组成，构成人类生活的组成部分。根据聚合物网络作用力或交联方式的不同可以分为物理复合水凝胶和化学复合水凝胶。

PVA 是一种典型的用于形成物理复合水凝胶的聚合物基质。它是一种水溶性高分子聚合物，形成的水凝胶是典型的物理交联水凝胶，水凝胶内部充满了大量的氢键，具有良好的保湿性、吸水性和生物相容性，并且制作方法简单，生产成本低廉，广泛应用于生物组织工程、医疗用品、黏合剂和纺织等领域。然而 PVA 水凝胶本身的机械性能较差，并且没有其他功能性特点，限制了其应用范围。由于石墨烯具有独特的性能，人们试图将 GO 引入到 PVA 网络中，通过两者之间的非共价键相互作用提高 PVA 水凝胶的机械性能（结构示意如图 4-6 所示）。Liu 等[25]将 GO 分散在水中并向里面添加 PVA 颗粒，溶解混合后通过反复冻融法诱导凝胶网络的形成，制备出了 PVA/GO 复合水凝胶并测试了其机械性能，结果显示在 PVA 水凝胶网络中加入一定量的 GO 后，复合水凝胶的拉伸强度为 3.48MPa，比纯 PVA 水凝胶提高了 132%；复合水凝胶抗压强度则达到 1.35MPa，比纯 PVA 水凝胶提高了 36%。此外，由于 GO 表面含有大量的羟基和羧基能够与 PVA 网络中的羟基形成氢键，进而增强了复合水凝胶的溶胀能力。研究结果表明，纯 PVA 水凝胶溶胀比仅为 150% 左右，而 PVA/GO 复合水凝胶的溶胀比最大为 185% 左右，提升了约 35%。同时人们发现 GO 与 PVA 之间的氢键具有 pH 响应性，当 pH>7 时，GO 片上的 —COOH 的电离程度增大，GO 片层间的静电排斥作用增大，当静电排斥作用大于氢键作用时，体系发生凝胶-溶胶转变；当 pH<7 时，上—COOH 的电离受到抑制，GO 与 PVA

之间形成氢键，体系发生溶胶-凝胶转变，pH 响应性水凝胶在药物控制释放领域具有广阔的应用前景。

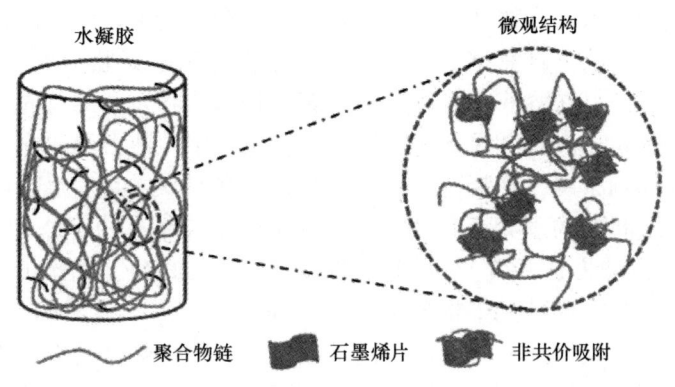

图 4-6　聚合物/水凝胶复合水凝胶结构示意图[24]

由于共价键交联的化学网络凝胶具有更优异的力学性能，与石墨烯材料复合形成的共价交联石墨烯复合水凝胶具有更广阔的应用前景。2011 年年初，Sun 等[26]报告了一种简便的方法，通过环氧氯丙烷和羧基部分之间的反应，将 GO 片层与 N-异丙基丙烯酰胺与丙烯酸共聚交联（PNIPAM-co-PAA），制备得到刺激响应性聚合物/GO 复合水凝胶。所得 GO 复合水凝胶具有良好的强度，对热刺激和 pH 刺激表现出快速可逆的响应。最有趣的是，水凝胶具有分层结构，包括聚合物微凝胶和微凝胶与 GO 片之间的交联网络，使其能够捕获和输送各种尺寸的基质。这些方法为以 GO 为纳米填料制备机械强度和刺激响应性好的石墨烯/聚合物复合水凝胶铺平了道路，并已成功扩展到各种聚合物中，包括 PAM、PNIPAM、PAA、纤维素、聚苯胺、聚（N-乙烯基己内酰胺）和各种功能性共聚物。

除了作为纳米填充材料来改善凝胶的机械性能和响应性外，GO 还可以作为稳定剂来制备一些非导电高分子材料。这些非导电高分子材料可以通过多种方式调节以获得不同的性能，从而满足不同的应用，在医疗、生物和环境等领域有着广泛的应用前景，这使它们成为研究的热点。Yi 等[27]使用水包油高内相乳液模板（HIPE）合成了高互联聚丙烯酸（PAA）水凝胶，利用少量 GO 溶液，同时通过加入溴化十六烷基三甲铵（CTAB）来调节 GO 溶液的两亲性，改性过的 GO 作为表面活性剂比传统使用的昂贵且有毒的表面活性剂要好，与其他表面活性剂相比，GO 的高比表面积使乳液即使在小剂量的 GO 下也能够稳定，而且它还有一个额外的优点，即在其平面边缘具有亲水基团和疏水平面结构，通过调节 CTAB：GO 的质量比产生不同的结构整体。

4.3　石墨烯复合水凝胶的制备方法

4.3.1　溶液混合法

GO 在极性溶液（水、乙二醇、DMF 等）中具有良好的分散性，具有主体疏水，边缘亲水的片层结构，GO 片层的尺寸越小，亲水性越强，而且由于 GO 与水溶液之间存在很强的氢键，在水中可以形成片层互联的网络结构，达到一定浓度后会形成稳定的胶体分散体系，具有较低的临界凝胶浓度（4mg/mL）。但是纯的 GO 水凝胶非常脆弱，通常需要物理或化学的方法引入聚合物基底来制备石墨烯复合水凝胶。溶液混合法是一种制备复合水凝胶的典型物理方法，具有试验操作简便、条件温和、凝胶速度快及溶胶-凝胶转变可逆等优点。一般来说，在溶液共混过程中，聚合物基体和石墨烯首先溶解在溶剂中，聚合物链在机械搅拌和超声波等方式下原位插入石墨烯片中，使石墨烯在聚合物基体中分散良好，然后改变外部刺激诱导凝胶转变，促进聚合物和 GO 之间发生物理交联，形成水凝胶。聚合物与 GO 之间的物理相互作用力包括氢键作用、p-p 相互作用、疏水相互作用、静电相互作用等。这种方法用于多种水溶性聚合物，如聚乙烯醇（PVA）、聚丙烯酸（PAA）、壳聚糖（CS）、明胶、纤维素（CMC）等。

在石墨烯复合水凝胶物理网络中，氢键是最常见、数量最多的作用力，循环冻融法是诱导形成氢键最常用的物理方法，PVA/GO 复合水凝胶[25]就是通过多次循环冷冻方法制备的，简单来说，在一定温度下通过搅拌将 PVA 聚合物溶解到水中，以确保聚合物溶解并形成均匀溶液，然后通过超声波辅助聚合物溶液和 GO 分散液均匀混合，将 PVA/GO 溶胶放在−20℃下放置 12h 左右，然后在 25℃下解冻 4h，反复冷冻、解冻几次之后，即可形成物理交联的 PVA/GO 复合水凝胶。在冷冻过程中，PVA 的分子链在某一时刻运动状态发生"冻结"，接触的分子链可以发生相互作用及链缠结和折叠，通过范德华力和氢键等物理作用紧密结合起来，在某一微区不再分开，称为微晶区，在重新冻结时又有新的有序微晶区形成，这些微晶区称为物理交联点。GO 的加入给水凝胶网络内部提供了更多的物理交联点，使凝胶的机械性能和功能指标均得到提升，并且这些物理交联点容易受到外界条件的影响，如将温度升到一定程度时，凝胶会恢复到溶胶状态，具有一定的可逆性。在循环冻融的过程中可以使用液氮加速冷冻过程，快速的结晶过程容易形成更多的微晶区，导致复合水凝胶的机械性能略有不同。但是通过循环冻融法制备的石墨烯复合水凝胶交联网络不是很牢固，交联程度难以控制，受环境影响较大。

除氢键外，静电相互作用也普遍存在于石墨烯复合水凝胶网络中，氧化石墨烯表面亲水基团使其在水中呈电负性，能够通过静电作用吸引带正电的聚合物分子形成交联网络，促进凝胶形成。壳聚糖作为自然界中唯一一种天然的碱性多糖，经过质子化后，壳聚糖分子链上的氨基带正电，将壳聚糖溶液与 GO 分散液简单混合后，能够与 GO 表面的负电荷产生牢固的静电相互作用，实现壳聚糖分子之间的物理交联，获得均匀稳定的水凝胶[28]。CS/GO 复合水凝胶在受到近红外光的刺激后，会发生溶胀现象，撤去红外光后则会恢复原样，具有良好的可逆性。根据此红外响应性可用来制作远程红外控制器，与其他红外响应材料相比，制作方法简单且成本低廉的 CS/GO 复合水凝胶在实际生产中具有巨大的优势。

4.3.2 原位聚合法

原位聚合法可以使低分子量单体与石墨烯之间发生聚合反应形成水凝胶网络，按照引发的方式不同一般可分为：热引发原位聚合和光引发原位聚合。热引发聚合首先需要单体和 GO 水分散体的预混合，使单体插入 GO 片中，然后向其中添加热引发剂，如过硫酸铵（APS）和过硫酸钾（KPS），通过高温来诱导引发剂产生活性自由基，引发单体聚合，最终获得聚合物/石墨烯水凝胶。热引发容易进行，操作简单，以典型的 PAM/GO 复合水凝胶为例[24]，首先在超声波辅助下将 GO 分散在超纯水中形成分散均匀的分散液，之后加入丙烯酰胺（AM）和过硫酸钾（KPS），将前驱体溶液放在 70℃下聚合 4h 即可获得 PAM/GO 复合水凝胶（图 4-7）。原位聚合使石墨烯片在水凝胶中均匀分散，同时石墨烯片作为物理交联点，通过物理吸附与水凝胶的弹性链相互作用，可以实现在没有任何化学交联剂情况下的凝胶化。与化学交联 PAM 类似物相比，物理交联的 PAM/GO 水凝胶的储能模量和韧性增加，同时也具有一定的自愈性。

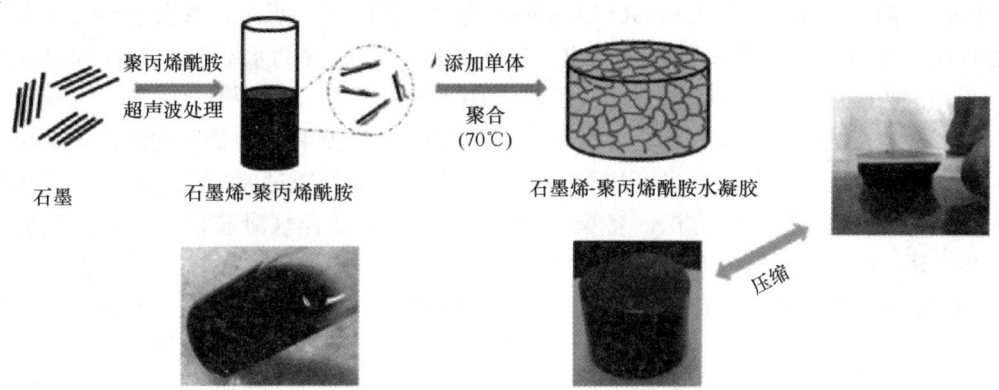

图 4-7 原位聚合法制备 PAM/GO 复合水凝胶示意图

与热引发聚合相比，光引发聚合需要低频率、高能量的各种光线作为能量源，引发剂则为光引发剂，如［2-羟基-4′-（2-羟乙氧基）-2-甲基苯丙酮，也称 2959，光引发剂］。光引发剂 2959 是一种高效不黄变的紫外光引发剂，用于引发不饱和预聚体系的紫外光引发聚合反应，特别适用于要求低气味、水性的丙烯酸酯和不饱和聚酯类树脂，分子中的活性羟基可以使它很容易与不饱和树脂发生反应。对于一些光敏性的高纯度单体则不需要加入光引发剂，仅单体自身在光辐射下就能形成聚合网络。辐射引发过程可以表述为，在高能辐射下，由 C-H 键形成的自由基通过聚合物水溶液的辐射进行均裂断裂，此外水分子辐解产生的羟基自由基可攻击聚合物链，形成大分子自由基。大分子自由基与聚合物链重排形成的共价键可以产生交联水凝胶。如 N-异丙基丙烯酰胺（NIPAM），与 GO 混合后，在 γ 射线下聚合 24h 后形成 PNIPAM/GO 复合水凝胶。

为了获得更好的水凝胶力学性能，通常在水凝胶的原位合成过程中也加入化学交联剂。与物理作用下的水凝胶相比，化学交联水凝胶的机械强度大大提高。GO 复合水凝胶网络中除了交联剂形成的共价交联点外，GO 作为添加材料可以作为物理交联剂与水凝胶分子发生物理相互作用（如氢键作用、p-p 相互作用等）形成物理网络。当外力作用于凝胶网络时，网络内部的物理交联网络首先遭到破坏断开，耗散部分外力，当外力撤除时，物理网络又重新恢复，使水凝胶具有一定的可恢复性。MBA 是最常用的化学交联剂。AM、AA、NIPAM 等单体与 MBA 混合后加入到 GO 的分散液中，加入引发剂在光照或加热的条件下即可形成化学交联的聚合物/石墨烯复合水凝胶。

除了亲水性聚合物单体，导电聚合物也被广泛用于复合水凝胶。然而，由于缺乏亲水性基团导致其在水中的溶解度较低，因此导电聚合物已被广泛应用于三维石墨烯水凝胶中以制备高性能电极。聚苯胺（PANI）作为一种导电聚合物，其具有良好的化学稳定性和较高的赝电容率。将苯胺单体与石墨烯混合，加入引发剂后，能够形成导电聚合物网络[29]。聚合物网络和石墨烯网络相互缠绕链接，显著提升其机械性能与电化学性能，多种类型的聚苯胺（包括纳米棒和纳米线）已被用于形成石墨烯/聚苯胺复合水凝胶，这些水凝胶比纯的石墨烯或者PANI有着较高的比电容，并且保留了水凝胶的基本特质。导电聚合物和GO也可以在交联剂的存在下形成复合水凝胶。在GO和苯胺单体的混合溶液中加入适量的植酸，引发聚合后制备聚苯胺/氧化石墨烯复合水凝胶[30]。植酸中含有6个带负电的磷酸基团，能够在苯胺和GO单体混合液中作交联剂，每个植酸分子可与多个PANI链连接，导致相互连接和交联，形成三维水凝胶，所形成的水凝胶具有高导电性和可加工性，这使其能够喷涂或喷墨打印，使其可用于各种电子器件领域。

原位聚合法与溶液混合法相比极大地扩宽了复合水凝胶聚合物基底的范围，跳出水溶性聚合物网络的限制，合成、半合成和天然聚合物，都可以通过原位聚合制备石墨烯复合材料。然而，使用原位聚合方法制备聚合物/石墨烯纳米复合水凝胶仍存在一些问题，在许多情况下，石墨烯或石墨烯衍生物的添加会极大地影响聚合过程，甚至会阻碍聚合反应。原位聚合过程中的聚合速率、交联程度以及最终聚合物产物的状态（如分子量）等难以控制。

4.3.3 熔融共混法

熔融共混法是指首先将高聚物加热熔融，再加入石墨烯纳米材料，在高温状态下，通过剪切作用可以有效处理石墨烯使其达到分散状态并融入聚合物基底中，混合均匀后采用挤出成型、注射成型、压缩成型等加工方法，在聚合物/石墨烯混合物熔融状态下制备聚合物-石墨烯纳米复合材料。由于聚合物熔体的黏度非常大，石墨烯和石墨烯衍生物容易聚集在一起，即使在强大的剪切力下也无法实现石墨烯片层聚集体的有效分离。溶液共混法和原位聚合法与熔融共混法相比，能更好地将石墨烯纳米片分散到聚合物基底中，促进聚合物基底与石墨烯纳米片之间的相互作用，从而提升石墨烯复合水凝胶的性能。尽管实现石墨烯在熔融聚合物中的良好分散仍然是一个巨大的挑战，但是熔融共混法具有无溶剂、低成本、高效率等优点，被认为是大规模制备聚合物/石墨烯纳米复合水凝胶最有前途的方法。目前，采用熔融共混法已经成功制备出各种聚合物/石墨烯纳米复合材料，如PP/石墨烯、聚对苯二甲酸乙二醇酯（PET）/石墨烯、超高分子量聚乙烯（UHMWPE）/石墨烯、PS/石墨烯、PC/石墨烯、聚环氧乙烷（PEO）/石墨烯、聚偏氟乙烯（PVDF）/石墨烯和聚乳酸/石墨烯[31]。不同石墨烯复合水凝胶制备方法见表4-2。

表4-2 不同石墨烯复合水凝胶的制备方法[32]

石墨烯复合水凝胶	制备方法	凝胶驱动力	性能和应用
GO/PVA	混合，超声波	氢键	pH响应性
GO/PVA	混合，冻融	氢键	pH响应性，自愈，热稳定性
GO-RCE/PVA	混合，冻融	氢键	pH响应性
GO/B-PVA/KCl	混合	共价键，氢键	导电性，自愈性
GO/SA/PVA	混合，冻融	氢键	高强度，高溶胀
GO/CS	混合	氢键，静电相互作用	高强度，pH响应性

续表

石墨烯复合水凝胶	制备方法	凝胶驱动力	性能和应用
GO/CMC	混合	氢键	pH响应性,药物输送
GO/PEI	混合,超声波	氢键,静电相互作用	吸附
GO/PNIPAM	聚合	共价键	光热响应
GO/PNIPAM/CS	聚合	共价键	拉伸性,导电性,自愈性
GO/PAA/cellulose	聚合	共价键	伤口敷料
GO/PAM	聚合	共价键	拉伸性
GO/PAA	聚合	共价键	高拉伸性,自愈性
GO/PSBMA	聚合	共价键	高拉伸性,润滑性,人造软骨
GO/PPy	聚合	共价键,p-p堆积	气体传感器

4.4 石墨烯复合水凝胶材料的特性及应用

4.4.1 生物医学领域

通常水凝胶是亲水性聚合物的网络,内部能贮藏大量的水,且结构与细胞外基质相似,并且能够对外界的刺激做出反应(如pH、温度等变化),因此在生物医学领域有巨大的应用潜力。同时由于GO表面上存在能够进一步功能化的官能团,具有两亲性,能够用来稳定疏水性药物,并且GO具有较大的比表面积,有利于其通过p-p堆积作用将化学结构上带有芳香环的药物固定在碳表面。结合两者的优点,将能够对外界刺激做出响应的高分子聚合物与独特二维结构的石墨烯结合起来,所制备的石墨烯复合水凝胶在具有良好生物相容性的同时还能实现药物的高效负载,并且还能对外界刺激发生相变来实现药物的控释过程,特别是抗癌药物的控制释放。

药物控制的主要目的是延长药物作用时间、降低药物毒性、减少给药次数。控释药物一般由药物和载体材料构成,石墨烯巨大的比表面积和良好的生物相容性使其常被用作药物载体。阿霉素(DOX)是一种用于治疗多种癌症疾病(如乳腺癌、胃癌和急性粒细胞白血病)的天然药物,在特定的pH下可以通过简单的超声、搅拌等物理方法组装到石墨烯表面。DOX上的苯环结构和GO之间存在稳定的p-p堆积相互作用能够实现药物的负载,并且在DOX的结构中存在的-OH和-NH_2可以与GO之间形成氢键,通过改变不同的pH实现药物的负载和释放,完成控释过程。在使用药物的时候人们希望药物能够作用于需要的地方,实现靶向输送。就拿常见的口服药物来说,裹上糖衣或淀粉外壳的目的就是为了使其能够在结肠中缓慢释放,减少在胃中的停留时间,这就是一种简单的药物控释手段,但是控制效果因人而异且效果不明显。因为人体胃和结肠内的pH不同,因此对外界pH变化能够发生体相转变的石墨烯复合水凝胶是实现药物控释的优良载体。在体外模拟人体内的胃部和结肠环境,将DOX负载于含GO的PAA复合水凝胶中并搭载DOX研究其控释过程[33]。研究结果表明,当复合水凝胶在pH=2(胃酸)的缓冲液中,由于PAA网络中的—COOH电离程度较低,水凝胶呈收缩状态,DOX的释放率为20%;而在pH=7.4(结肠)的缓冲液中,碱性环境促进了—COOH的电离,复合水凝胶呈溶胀状态,DOX的释放率达到了 80%。当然在实现药物控释的同时，良好的生物相容性也是必不可少的，利用具有 pH 响应性的天然聚合物海藻酸钠（SA）与魔芋葡甘聚糖（KGM）和 GO 复合，所制备的 GO/SA/KGM 复合水凝胶可以用于抗癌药物 5-氟尿嘧啶（5-FU）的控释，凝胶 pH=1.2 的盐酸缓冲液中，5-FU 在 6h 内的释放率为 38%，而在 pH=6.8 的磷酸盐缓冲液中，5-FU 在 12h 内的释放率为 84%[34]。

除了通过改变 pH 来实现药物的控释过程，开发体内生物可注射凝胶最有希望的方法之一是利用长波长光作为外部刺激的光学系统，与短波长光相比，长波长光允许更深的组织穿透和更少的细胞损伤，并且石墨烯的半导体性质能够通过近红外光吸收产生热量，通过加热释放药物，从而通过近红外光刺激控制药物释放。与口服药物不同，对于局部或静脉注射类药物而言，良好的注射性和可控释性是超分子石墨烯复合水凝胶必不可少的性能。使用 GO/缩氨酸复合水凝胶可以用作静脉注射药物载体[35]，当使用 808nm 的近红外光照射复合水凝胶时，凝胶内部的 GO 会发生光热转化现象，引起水凝胶温度上升。温度的升高会引起凝胶网络中的氨基酸发生解旋现象，促进结构转变，同时温度升高也会削弱 GO 与药物之间的 p-p 相互作用，这两种现象共同导致 DOX 的释放。不仅如此，GO/缩氨酸复合水凝胶能够对红外光做出快速响应进而达到药物的快速准确控释，且具有良好的重复性。不同石墨烯复合水凝胶的药物负载量见表 4-3。

表 4-3　不同石墨烯复合水凝胶的药物负载量[36]

石墨烯复合水凝胶	示范药	载药能力（%）
DOX-SS-GO-AG	DOX	253.50
GO@mSiO$_2$-CS	DOX	21.00
GO-AADH-HA	DOX	81.50
GO-ALG	5-FU	32.53
GO-CMCS-HP-b-CD	DOX	96.00
GO-CS-SA	DOX	70.19
GO-N=N-GO/PVA	CUR	20.64
GO-PAA	DOX	92.70
GO-PEG-HA	DOX	90.00
GO-SA	DOX	184.30
GP-SS-SA	DOX	97.00
PEG-GO	BER	75.00
PLA-PEG-PLA/GO（CS-GO）	DOX	110.0
a-CD@PEG-g-CS-Fe$_3$O$_4$@GO@mSiO$_4$	DOX	19.00

CUR：姜黄素；BER：黄连素

除了作为药物载体外，GO 复合水凝胶还可以用作伤口敷料、负载抗菌药物，促进伤口的愈合。在聚丙烯网络中添加 GO 和 BNC 制备 BNC/PAA/GO 复合水凝胶，通过改变 GO 的浓度改变其机械性能和黏附性能[37]。BNC/PAA/GO 水凝胶具有良好的生物相容性，可以促进细胞的黏附和增殖，有望作为长效创面敷料使用。壳聚糖、明胶和 GO 可以作为原料制备 CS/GM/GO 复合水凝胶，由于壳聚糖本身的抗菌能力和 GO 搭载抗菌药物的能力，使其在杀灭细菌和促进感染性伤口的愈合方面有着巨大的应用潜力[38]。

总之，石墨烯复合水凝胶已被广泛用于生物医学领域，特别是在抗癌药物输送系统中。氧化石墨烯的物理化学性质使其具有较高的抗癌载药能力，对亲水性和疏水性药物都具有较高的载药能力。更重要的是，未改性的氧化石墨烯对正常细胞的毒性很小。用天然或聚合物（如壳聚糖、海藻酸钠、羧甲基纤维素、聚丙烯酰胺和聚 N-异丙基丙烯酰胺）对氧化石墨烯进行改性，提高了机械性能，氧化石墨烯作为抗癌药物载体具有稳定性、生物相容性、良好的缓释特性。此外，一些氧化石墨烯水凝胶可以负载多种药物，如喜树碱和阿霉素。天然聚合物改性氧化石墨烯（如壳聚糖和羧甲基纤维素）改善了体内应用。氧化石墨烯的功能化也可以通过刺激响应材料（如海藻酸钠）来实现，海藻酸钠是一种 pH 响应聚合物，可在 pH 变化时触发药物释放。氧化石墨烯水凝胶的多功能性引起了更多的生物医学应用研究，人们期望在不久的将来实现其在人体中的实际应用。石墨烯复合水凝胶在生物医学领域示例见表 4-4。

表 4-4 石墨烯复合水凝胶用于生物医学领域示例[39]

石墨烯类型	凝胶剂和添加剂	响应能力	应用
石墨烯	PAAM	拉伸时药物释放	伤口愈合
石墨烯	PVA-borax, nanocellulose	应变传感器	人造皮肤
石墨烯	PVA, PAA, glycerol	电响应性	可穿戴电子产品
氧化石墨烯	PAAM, PEGDA	电响应药物释放 p	皮肤绷带
氧化石墨烯	PAAM, PAA, cellulose	pH 响应性	药物释放
氧化石墨烯	PVA, Ca^{2+}, silver nanowires	压力传感	人造皮肤
氧化石墨烯	Cross-linked PAAM	酶反应检测	组织再生
氧化石墨烯	Alginate, galactosidase	乳糖	无乳糖食品

borax：硼砂；nanocellulose：纳米纤维素；glycerol：甘油；cellulose：纤维素；silver nanowires：银纳米线；Alginate：海藻酸盐；galactosidase：半乳糖苷酶。

4.4.2 超级电容器

超级电容器是一种新型的储能系统，具有高功率密度或快速电荷传递能力、简单的储能机制和较长的循环寿命，在 UPS 系统、混合电动汽车和激光武器等方面有着良好的应用前景。根据储能机理可将超级电容器分为双电层超级电容器和赝电容超级电容器。双电层超级电容器主要通过纯电荷在电极表面进行吸附来储存能量；赝电容超级电容器主要通过在电极材料表面或附近发生的可逆氧化还原反应来产生法拉第准电容，从而实现能量的存储与转换。过渡金属氧化物（如 Mn、Ni、Co、Va、Fe 等的氧化物）和导电聚合物（如聚苯胺、聚吡咯等）是常见的赝电容器基本材料，因为它们是良好的电子供体或受体，可以参与快速氧化还原反应。与双电层超级电容器相比，赝电容超级电容器的能量密度更高一些，但其功率密度、充电速率和使用寿命相对较低。为了解决诸如低电容、低循环寿命等缺点，在单独使用双电层电容器和赝电容器时，结合低成本碳材料和赝电容材料的各种混合材料越来越多，与由单个组分制成的电极相比，二者结合起来能协同改善电极的电化学性能。实际生活中，超级电容器的性能优劣与否有许多因素影响和决定[40]：（1）高规格的电容量；（2）相当高的功率密度；（3）相对较高的能量密度；（4）优异的循环性能；（5）快速的充电/放电速度；（6）安全运行；（7）低成本。

水凝胶最近在超级电容器中的应用引起了广泛关注,因为其三维结构可用于均匀地容纳多个组件,这些组件可以大幅度提高电荷存储容量,改善影响超级电容器的性能。2018年,基于聚苯胺/石墨烯系统制造了全固态可拉伸超级电容器[41](图4-8),在33.71mW/cm³下,其电容量高达8.8mW·h/cm³。可拉伸电容器装置被改造成各种形状,如弹簧状结构或缠绕在玻璃棒上,然而电荷存储属性随形变变化没有发生改变。通过调节水凝胶材料的机械强度,可以很容易地用水凝胶材料制造出灵活、可伸缩的超级电容器,为下一代高科技可穿戴电子产品打开了大门。过渡金属氧化物和氢氧化物嵌入到石墨烯水凝胶中都具有电容效应和电池型扩散控制行为。这种电池型插层式电容在较高的扫描速率下由于扩散有限而损耗,而电容的贡献几乎保持不变。在存在过渡金属氧化物/氢氧化物/纳米颗粒的情况下,导电和多孔石墨烯网络围绕均匀分布的颗粒产生的协同效应为静电储存电容和快速氧化还原反应创造了高电活性的比表面积。最近,尽管大多数用于超级电容器的水凝胶都是以石墨烯为基础的,在这个可持续性和绿色化学变得越来越重要的时代,生物衍生材料正在取代传统的超级电容器电极材料。

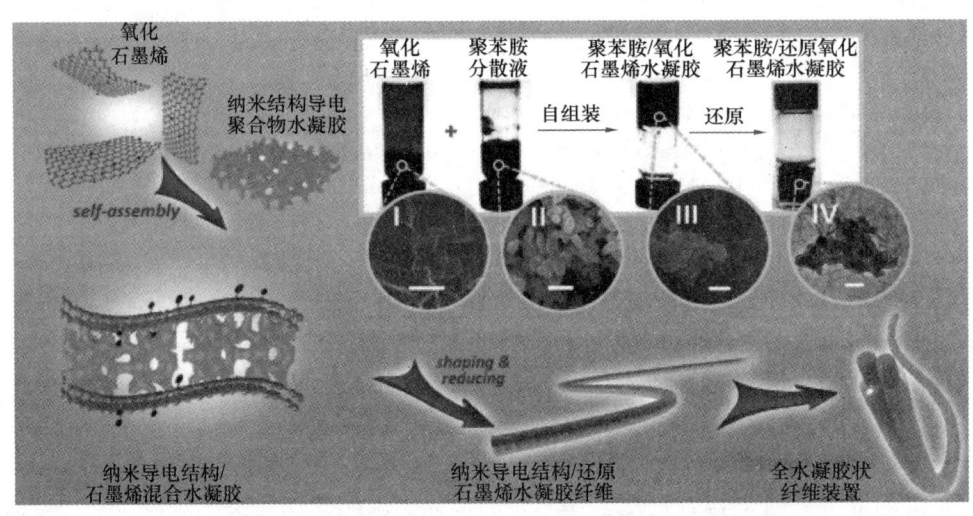

图4-8 PANI/GO混合水凝胶的形成和进一步成型/还原过程示意图

除了电极外,石墨烯复合水凝胶还用于固态超级电容器的凝胶电解质中。超拉伸自愈双交联水凝胶用作超级电容器电解质,由聚(2-丙烯酰胺基-2-甲基丙烷磺酸-co-N,N-二甲基丙烯酰胺)、聚(AMPS-co-DMAAm)为凝胶基底并采用合成锂皂石型黏土和氧化石墨烯(GO)交联制备的水凝胶具有良好的电化学性能[42]。黏土和GO中丰富的官能团,如—COOH、OH等,使其能够与断裂水凝胶界面处聚合物链中的基团(如—CONH₂)发生交联反应,从而在红外光和热条件下产生优异的、可重复的自愈合。GO和双交联的存在也赋予水凝胶极高的机械强度(34 kPa的拉伸强度和1173%的可拉伸性)和较高的导电性。最佳优化的双电极超级电容器即使在1000%应变下也能保持其原有的电化学性能,在300%应变下能承受2000次重复拉伸循环,其性能仅衰减2%。将其切成小块,然后通过红外线或加热可自我修复。修复后的超级电容器也可拉伸至900%应变,其性能仅下降15%,显示出优越的可拉伸性和自愈特性。

4.4.3 智能材料

石墨烯已被证明具有高光热转换效率的能力，导致石墨烯水凝胶复合材料也具有良好的光热刺激响应能力，石墨烯可以作为一种填充材料，在导电性和机械强度方面增强驱动性能，而水凝胶可以在刺激下可逆地改变其形状和尺寸。石墨烯复合水凝胶致动器的驱动过程通常是通过对环境变化（包括温度、pH、光和电场等）的响应引导膨胀或收缩来实现的。

PNIPAM 水凝胶是一种典型的温度响应水凝胶，具有较低的临界溶液温度（LCST），约为 32℃。在 LCST 以下，PNIPAM 水凝胶是亲水性的，可以吸收大量水，并以透明膨胀状态存在。当高于 LCST 时，它变得疏水，聚合物链以聚集状态存在。因此，GO 与 PNIPAM 的结合有望产生具有各种独特性质的近红外响应材料。使用 PNIPAM 和 GO 复合制备了一种纳米复合水凝胶作为远程光控液体微阀[43]，水凝胶中的 GO 能够有效地吸收 NIR 辐射并将其转化为热能，从而导致 PNIPAM/GO 水凝胶的温度比 PNIPAM 水凝胶高。如图 4-9（a）所示，在激光照射之前，复合水凝胶牢牢地卡在管内阻止两侧液体接触，保持稳定。激光照射之后，复合水凝胶发生收缩现象，导致两侧溶液接触混合引起图 4-9（b）所示的颜色变化。相比之下，当使用纯 PNIPAM 水凝胶时，激光照射前后颜色保持不变［图 4-9（c，d）］。结果表明，石墨烯复合水凝胶制备的远程光控液体微阀是能够稳定工作的，可以通过近红外激光进行远程控制。

图 4-9　PANIAM/GO 复合水凝胶光控液体微阀

PNIPAM/GO 水凝胶的这种光热转换能力还能用来制作智能致动器。同样，将 PNIPAM/GO 复合水凝胶和 PNIPAM 水凝胶复合在一起形成双层水凝胶致动器。PNIPAM/GO 复合水凝胶中的 GO 能够有效地吸收红外光并将其转化为热能，这会导致含有 GO 的水凝胶的温度比没有 GO 的水凝胶的温度增长更快且温度更高。双层结构水凝胶将各向同性体积收缩转化为各向异性弯曲。这种具有 GO 的水凝胶使制备一种具有高机械性能的致动器材料成为可能，这种材料可以通过 IR 进行控制，而无须直接接触。

4.4.4 环境领域

石墨烯具有二维层状结构、大的比表面积、边缘和基面上大量的含氧官能团和独特的共轭结构，能够和污水或空气中的污染物通过物理或化学作用结合起来实现对污染物的吸附，非常适合环境修复。具有高孔隙率的石墨烯水凝胶与石墨烯相比具有更多的优势，较高的比表面积能够有效提高其吸附能力,同时易于从溶液中分离,无须辅助磁性或离心技术,使其易于回收。

琼脂糖(AG)是一种亲水性的线性多聚物,化学式$C_{24}H_{38}O_{19}$,内部几乎不存在带电基团,对敏感的生物大分子极少引起变性和吸附,是理想的惰性载体。将 AG 与 GO 混合后可制备成 GO/AG 水凝胶,AG 吸附在 GO 的表面产生强氢键作用以及 GO 与 AG 的表面官能团(如羧基、羟基和环氧基等)的疏水相互作用共同导致形成稳定的水凝胶结构。选择 MG(一种三苯甲烷染料)作为模型有机染料,研究了 GO/AG 水凝胶对染料的吸附能力。水凝胶的吸附效率由含 MG 水溶液的紫外可见光谱测定。结果表明,12h 内有超过 50% 的 MG 被吸附在水中,7d 后 MG 的吸附量增加到 90%。与纯 AG 水凝胶相比,GO/AG 复合水凝胶具有良好的吸附效果[44]。

石墨烯与壳聚糖复合制备得到的石墨烯/壳聚糖复合水凝胶可作为一种环保的水中阳离子净化吸附剂。GO/CS 水凝胶是通过 GO 纳米片和 CS 链的自组装制成的,具有松散的三维网络结构[28]。水凝胶的多孔结构有助于吸附质在水凝胶内的扩散,从而提高 GO/CS 复合材料的吸附能力。因此,其对水中的染料和金属离子均具有良好的吸附能力,并且吸附能力随着组成的不同而发生变化。以亚甲基蓝和曙红 Y 为目标污染物,GO/CS 复合水凝胶中 GO 的含量越高,对亚甲基蓝的吸附能力越强;CS 含量越高,对曙红 Y 的吸附量越大。此外,由于 GO 和 CS 与各种金属离子的配位作用,GO/CS 复合水凝胶对某些重金属离子,如 Cu^{2+} 和 Pb^{2+},也表现出良好的吸附能力。

将 GO 添加到丙烯酰胺(AM)和海藻酸钠(SA)的混合溶液中,通过原位聚合制备 GO/SA/PAM 三元复合水凝胶[45]。水凝胶具有良好的机械性能,当 GO 含量为 5%(质量分数)时,能承受 1.57MPa 的压缩强度和 30.8kPa 的拉伸强度。三元水凝胶的弹性模量为 201.7 kPa,具有良好的弹性和自愈性,并且具有染料吸附能力。随着 GO 的引入,三元复合水凝胶的染料吸附能力显著增强。以铜催化叠氮炔环加成法制备了一种具有良好水溶性的磁性石墨烯纳米复合材料,然后添加到聚丙烯酸网络中,制备出具有高比表面积、超顺磁性和良好络合能力的 PAA/GO/Fe_3O_4 复合水凝胶[46]。室温下,将纳米复合水凝胶加入 50 mL 的塑料瓶中,加入重金属离子溶液,测量其吸附容量。结果表明,由于 Fe_3O_4 的超顺磁性,水凝胶具有较好的分离和回收能力,5 次循环之后,水凝胶对 Cd^{2+}、pb^{2+} 和 Cu^{2+} 的去除率仍在 85% 以上。

水处理方法中吸附是净化水最直观、最有效的方法之一。重金属离子、有机溶剂、油和染料是最常见的水污染物,这些污染物可以被新型石墨烯基水凝胶吸附。不同的添加物,如琼脂糖、壳聚糖,掺杂不同纳米材料,可以显著提高石墨烯基水凝胶的吸附和处理能力,同时水凝胶优异的机械性能使得石墨烯和其他功能添加剂与水凝胶本身的结合更加紧密。不同的环境中存在着不同种类的染料和重金属离子,因此水凝胶具有应用范围广、吸附性强的优点。此外,石墨烯及其功能衍生物可以显著地防止石墨烯片在复杂环境中的聚集。所以石墨烯水凝胶在水污染物处理方面应用潜力巨大。

硫化氢(H_2S)作为空气污染物中的重要组成部分,空气中的硫化氢主要来自农药、造纸、化肥、食品等行业。硫化氢是一种毒性很强的气体,具有臭鸡蛋的气味。由于它的密度比空气的密度大,所以一旦漏入空气中,就会沉积在空气的下层,很难扩散,造成很大的危害。硫化氢主要影响人的呼吸器官和中枢神经系统,使人嗅觉失灵、咳嗽,严重时会造成肺水肿、昏迷不醒甚至死亡。GO 复合气凝胶能够通过还原和吸附来处理空气中的硫化氢气体，实现空气净化。使用 La^{3+} 和聚乙二醇交联的 GO 气凝胶对 H_2S 的吸附量分别为 63.5mmol/L 和 46.7mmol/L，高于活性炭（20mmol/L）。同时 GO 气凝胶对 SO_2 之类的还原性气体也表现出较高的吸附能力，GO 气凝胶在常温常压下具有优良的吸附性能，可作为 SO_2 和 H_2S 等有毒气体的吸附剂得到实际应用，与常规吸附剂（如活性炭）相比具有很大的优势。

随着现代电子技术的飞速发展，电磁屏蔽材料越来越受到人们的重视。早在 2009 年，人们就发现石墨烯/聚合物复合材料由于其高导电率和大长径比而具有较高的电磁屏蔽效能。通过水热法制备的还原氧化石墨烯复合四氧化三铁（rGO/Fe_3O_4）复合气凝胶相对于纯 Fe_3O_4 和 rGO 具有更好的吸波性能[47]。三维的 rGO 气凝胶为固定单个 Fe_3O_4 颗粒提供了一个具有大接触面的优良基底，这将导致介电损耗和磁损耗。因此 rGO/Fe_3O_4 气凝胶的电磁屏蔽效果比纯 Fe_3O_4 和 rGO 气凝胶好得多，拥有独特性能的 rGO 复合气凝胶可以突破石墨烯原有的局限，成为一种新型有效的电磁屏蔽和微波吸收材料。

4.5　石墨烯复合水凝胶材料存在的问题

由于石墨烯的特殊性质，含石墨烯的聚合物水凝胶是一种很有前途的复合材料，石墨烯及其衍生物可以赋予水凝胶多种优异的性能。石墨烯基水凝胶良好的机械性能、优异的电化学性能、巨大的比表面积、出色的生物相容性和对外界环境刺激（pH、光照、温度）的快速响应性使其在生物医学、储能、智能材料和环境保护等领域具有广泛的应用前景。然而，石墨烯纳米复合水凝胶的性能和应用仍然存在一些局限性[48]。

（1）通过对氧化石墨烯（GO）的表面改性使其具有良好的亲水性，但在非极性溶剂中分散性较差。现有的改性方法包括胺化、羧基化和磺化，这些改性方法需要在极性溶剂中均匀分散，并与聚合物插层形成复合材料。因此，需要探索对 GO 进行表面修饰，使其在非极性溶剂中具有良好的分散性。

（2）与石墨烯结合形成复合水凝胶的高分子类聚合物主要有聚丙烯酰胺、聚阴离子、聚丙烯酸、聚氨酯、聚 N-异丙基丙烯酰胺、聚乙烯醇、壳聚糖和聚吡咯。由于种类有限，探索可以与石墨烯结合的材料以及开发含石墨烯聚合物复合水凝胶的其他性能，是非常有价值的课题。

（3）关于石墨烯复合水凝胶的光热性能、机械性能、电化学性能和生物相容性的研究很多。然而，它们仅停留在实验室阶段，距离实际应用还有很长的路要走。将其优良的性能与社会生产结合起来，将研究成果转化为经济效益，使它们不仅能用于实验室，而且能用于大规模实际应用的开发。如何降低石墨烯复合水凝胶的应用成本、提升其性价比，是解决问题的关键所在。

（4）虽然目前已有研究表明，石墨烯复合水凝胶具有较高或较快的自愈合性能，但同时具有高自愈合性能和快速自愈合性能的水凝胶仍然是一个巨大的挑战。石墨烯水凝胶的自愈合性能有待于进一步研究。

（5）由于工业废水的组成较为复杂（可能有重金属离子、有毒染料、有机溶剂等），因此寻找高吸附性的广谱吸附剂对于含石墨水凝胶的研究仍然是一个巨大的挑战。

4.6 思政小结

石墨烯是目前已知的世界上最薄、最坚硬、导电性最好的纳米材料，被誉为"新材料之王"。经过十年培育发展，我国石墨烯产业化进程全球领先，是我国在世界范围内具有相对竞争优势的战略性新兴产业之一。工信部发布《中国制造2025重点领域技术路线图》中，指出石墨烯材料集多种优异性能于一体，是主导未来高科技竞争的超级材料，广泛应用于电子信息、新能源、航空航天以及柔性电子等领域。纵观我国石墨烯成长历程，总体呈稳步发展态势。这其中政府发挥关键性引导作用。虽然石墨烯产业规模庞大，但是当前我国石墨烯仍处于产业化突破前期。创新转化渠道不畅，石墨烯发展仍待探索产学研协同路径。我国的石墨烯论文和专利数量已位居全球首位，但很多论文和专利难以转化为应用，尤其是我国高校在石墨烯领域发表的论文最多，但能从高校转化出来的成果寥寥无几。我国石墨烯发展急需一批既懂技术，擅于自主创新，又懂市场，能够推动科研成果产业化的复合型创新人才。习近平总书记在党的二十大报告中强调，加快实施一批具有战略性全局性前瞻性的国家重大科技项目，增强自主创新能力。努力破解技术和创新难题，争取形成"产学研用"紧密结合的学科发展特色。目前，我国已经出台政策鼓励科研人员入股企业，推动科研与市场、技术与资本紧密结合。在这种情况下青年学生要具有拼搏、担当的精神和勇于创新的意识，以产学研协同为导向，促进石墨烯复合材料的发展。

4.7 课后习题

1. 石墨烯的结构特点有哪些？有什么特性？
2. 石墨烯的制备方法有哪些？
3. 石墨烯复合水凝胶的制备方法有哪些？不同方法的适用范围是什么？
4. 石墨烯复合水凝胶的应用领域有哪些？
5. 说出一个你认为限制石墨烯复合水凝胶发展的最主要因素，并说明理由。

4.8 参考文献

[1] GEIM A K, NOVOSELOV K S. The rise of graphene[J]. Nature Materials, 2009, 6: 11-19.

[2] BENKA S G Two-dimensional atomic crystals[J]. Physics Today, 2005, 58(9): 9-9.

[3] HUANG X, QI X, BOEY F, et al. Graphene-based composites[J]. Chemical Society Reviews, 2012, 41(2): 666-686.

[4] GEIM A K. Graphene: status and prospects[J]. Science, 2009, 324(5934): 1530-1534.

[5] BALL D L, EDWRD J O. The kinetics and mechanism of the decom-position of Caro's acid I[J]. Journal of the American Chemical Society, 2002, 78(6):

1125-1129.

[6] ANNETT J CROSS, LW G Self-assembly of graphene ribbons by spontaneous self-tearing and peeling from a substrate[J]. Nature, 2016, 535(7611): 271.

[7] CIESIELSKI A, SAMORI P. Graphene via sonication assisted liquid-phase exfoliation[J]. Chemical Society Reviews, 2014, 43(1): 381.

[8] HERNANDEZ Y, NICOLOSI V, LOTYA M, et al. High-yield production of graphene by liquid-phase exfoliation of graphite[J]. Nature Nanotechnology, 2008, 3(9): 563-568.

[9] HERNANDEZ Y, LOTYA M, NICOLOSI V, et al. Liquid phase production of graphene by exfoliation of graphite in surfactant/water solutions[J]. 2008.

[10] BRODIE B C. On the atomic weight of graphite[J]. Proceedings of the Royal Society of London, 1859(10): 11-12.

[11] HUMMERS J W S, OFFEMAN R E. Preparation of graphitic oxide[J]. Journal of the American Chemical Society, 1958, 80(6): 1339.

[12] SONG J, KANG S W. Regulating the catalytic function of reduced graphene oxides using capping agents for metal free catalysis[J]. ACS Applied Materials & Interfaces, 2017, 9: 1692-1701.

[13] BAI H, LI C, SHI G. Functional composite materials based on chemically converted graphene[J]. Advanced Materials, 2011, 23, 1089-1115.

[14] SOMANI P R, SOMANI S P, Umeno M. Planer nano-graphenes from camphor by CVD[J]. Chemical Physics Letters, 2006, 430(1-3): 56-59.

[15] 李斌. 化学气相沉积法制备石墨烯薄膜及其光谱表征[D]. 郑州：郑州大学, 2019.

[16] AN A, AM B, SCM A. Graphene and its sensor-based applications: A review[J]. Sensors and Actuators A: Physical, 2018, 270: 177-194.

[17] LI Z, XU Z, LIN Y, et al. Multifunctional non-woven fabrics of interfused graphene fibres[J]. Nature Communications, 2016(7): 13684.

[18] YAN X, BIN W. A label-free quantification method for measuring graphene oxide in biological samples [J]. Analytica Chimica Acta, 2019, 1079: 103-110.

[19] CASTRO A H, et al. The electronic properties of graphene[J]. Reviews of Modern Physics, 2009.

[20] XU Y, SHENG K, Li C, et al. Self-Assembled Graphene Hydrogel via a One-Step Hydrothermal Process[J]. Acs Nano, 2010, 4(7): 4324-4330.

[21] BI H, YIN K, XIE X, et al. Low temperature casting of graphene with high compressive strength[J]. Advanced Materials, 2012, 24(37): 5123-5123.

[22] BAI H, LI C, WANG X, et al. On the gelation of graphene oxide[J]. The Journal of Physical Chemistry, 2011, 115(13): 5545-5551.

[23] HUANG, H, LU, et al. Glucono-d-lactone controlled assembly of graphene oxide hydrogels with selectively reversible gel-sol transition[J]. Soft Matter, 2012, 8

(17): 4609-4615.

[24] DAS S, IRIN F, MA L, et al. Rheology and morphology of pristine graphene/polyacrylamide gels[J]. ACS Appl Mater Interfaces, 2013, 5(17): 8633-8640.

[25] BAI H, LI C, WANG X, et al. A pH-sensitive graphene oxide composite hydrogel[J]. Chemical Communications, 2010, 46(14): 2376-2378.

[26] SUN S, WU P. A one-step strategy for thermal- and pH-responsive graphene oxide interpenetrating polymer hydrogel networks[J]. Journal of Materials Chemistry, 2011, 21(12): 4095-4097.

[27] YI W, HAO W, WANG H, et al. Interconnectivity of Macroporous Hydrogels Prepared via GrapheneOxide-Stabilized Pickering High Internal Phase Emulsions[J]. Langmuir the Acs Journal of Surfaces & Colloids, 2016, 32(4): 982.

[28] ZHAO H, JIAO T, ZHANG L, et al. Preparation and adsorption capacity evaluation of graphene oxide-chitosan composite hydrogels[J]. Science China Materials, 2015, 58(10): 811-818.

[29] CHEN J, SONG J, FENG X. Facile synthesis of graphene/polyaniline composite hydrogel for high-performance supercapacitor[J]. Polymer Bulletin, 2016, 74(1): 1-11.

[30] PAN L, GUIHUA Y, DONGYUAN Z, et al. Hierarchical nanostructured conducting polymer hydrogel with high electrochemical activity[J]. Proceedings of the National Academy of Sciences of the United States of America, 2019, 109: 9287-9292.

[31] WANG J, JIN X, LI C, et al. Graphene and graphene derivatives toughening polymers: Toward high toughness and strength[J]. Chemical Engineering Journal, 2019, 370: 831-854.

[32] 李佩鸿,张春玲,戴雪岩,等. 氧化石墨烯/聚合物复合水凝胶的研究进展[J]. 高等学校化学学报, 2021, 42(6): 10.

[33] LIU J, CUI L, KONG N, et al. RAFT controlled synthesis of graphene/polymer hydrogel with enhanced mechanical property for pH-controlled drug release[J]. European Polymer Journal, 2014, 50: 9-17.

[34] WANG J, LIU C, SHUAI Y, et al. Controlled release of anticancer drug using graphene oxide as a drug-binding effector in konjac glucomannan/sodium alginate hydrogels[J]. Colloids & Surfaces B Biointerfaces, 2014, 113: 223-229.

[35] WU J, CHEN A, QIN M, et al. Hierarchical construction of a mechanically stable peptide-graphene oxide hybrid hydrogel for drug delivery and pulsatile triggered release in vivo[J]. Nanoscale, 2015, 7(5): 1655-1660.

[36] GHAWANMEH A A, ALI G, Algarni H, et al. Graphene oxide-based hydrogels as a nanocarrier for anticancer drug delivery[J]. Nano Research, 2019, 12(5): 18.

[37] WU J, CHEN A, QIN M, et al. Hierarchical construction of a mechanically sta-

ble peptide-graphene oxide hybrid hydrogel for drug delivery and pulsatile triggered release in vivo[J]. Nanoscale, 2015, 7(5): 1655-1660.

[38] LIANG Y, CHEN B, LI M, et al. Injectable antimicrobial conductive hydrogels for wound disinfection andinfectious wound healing[J]. Biomacromolecules, 2020, 21(5): 1841-1852.

[39] ADORINNI S, ROZHIN P, MARCHESAN S. Smart hydrogels meet carbon nanomaterials for new frontiers in medicine[J]. Biomedicines, 2021, 9(5): 570.

[40] ANJALI J, JOSE V K, LEE J M. Carbon-basedhydrogels: synthesis and their recent energy applications[J]. Journal of Materials Chemistry A, 2019, 7(26).

[41] LI P, JIN Z, PENG L, et al. Stretchable all-gel-state fiber-shaped supercapacitors enabled by macromolecularly interconnected 3D graphene/nanostructured conductive polymer hydrogels[J]. Advanced Materials, 2018, 30(18): 1800124.

[42] LI H, LU T, SUN H, et al. Ultrastretchable and superior healable supercapacitors based on a double cross-linked hydrogel electrolyte[J]. Nature communications, 2019, 10(1): 1-8.

[43] ZHU C, LU Y, PENG J, et al. Photothermally sensitive poly(N-isopropylacrylamide)/graphene oxide nanocomposite hydrogels as remote light-controlled liquid microvalves[J]. Advanced Functional Materials, 2012, 22(19): 4017-4022.

[44] WANG Y, ZHANG P, LIU C, et al. A facile and green method to fabricate graphene-based multifunctional hydrogels for miniature-scale water purification[J]. Rsc Advances, 2013, 3(24): 9240-9246.

[45] FAN J, SHI Z, LIAN M. Mechanically strong graphene oxide/sodium alginate/polyacrylamide nanocomposite hydrogel with improved dye adsorption capacity[J]. Journal of Materials Chemistry, A. Materials for Energy and Sustainability, 2013.

[46] HAO L, ZHANG S, LEI G, et al. Applications of graphene-based composite hydrogels: A review[J]. RSC Advances, 2017, 7(80): 51008-51020.

[47] YU K, ZENG Y, WANG G, et al. rGO/Fe_3O_4 hybrid induced ultra-efficient EMI shielding performance of phenolic-based carbon foam[J]. RSC Advances, 2019, 9(36): 20643-20651.

[48] PAN C, LIU L, GAI G. Recent progress of graphene-containing polymer hydrogels: preparations, properties, and applications. [J]. Macromolecular Materials & Engineering, 2018, 302(10): 1700184.

5 碳纳米管复合水凝胶材料

5.1 碳纳米管复合水凝胶材料研究现状

5.1.1 碳纳米管材料介绍

碳纳米管（CNTs）是碳的一种同素异形形式，它具有与石墨烯相似的性质。在结构上，碳纳米管是围绕中心按照一定角度弯曲成的 sp^2 杂化的石墨烯薄片，形成独特的无缝中空管状结构，其管壁大部分是由六边形碳原子网格组成。根据不同的管壁层数，将碳纳米管分为单壁碳纳米管（SWCNTs）和多壁碳纳米管（MWCNTs）。随着内层的数量变化，碳纳米管的性能也会发生改变，不同类型的碳纳米管如图 5-1 所示[1]。SWCNTs 由单层石墨烯薄膜构成，直径为 1~2nm，在制备过程中控制催化条件是获得高质量和高纯度 SWCNTs 的必要条件。双壁碳纳米管（DWCNTs）是由两个不同的内管和外管构成的。外管和内管的直径分别约为 2~4nm 和 1~3nm。DWCNTs 具有与 SWCNTs 相似的性能，包括类似的直径、电性能和机械性能。多壁碳纳米管由多层石墨烯薄膜组成，轧制直径为 2~50nm，外层直径可达 100nm，内层直径小于 1nm。根据石墨烯薄片在同心圆筒中的排列方式，SWCNTs 可分为不同的结构模型，如俄罗斯套娃和羊皮纸模型。碳纳米管的构型可以分为锯齿形、扶手椅形和螺旋形 3 种，它们通过碳六边形沿轴向的不同取向来区分。映射过程出现的夹角会使碳纳米管中的网格产生螺旋现象，从而使螺旋的碳纳米管具有手性。没有手性的锯齿形和扶手椅形单壁碳纳米管，则是因为其六边形网格和轴向的夹角分别为 0°或者 30°而不产生螺旋。而角度在 0°~30°之间的单壁碳纳米管，其网格有螺旋，可以根据手性把它们分为右螺旋和左螺旋两种。

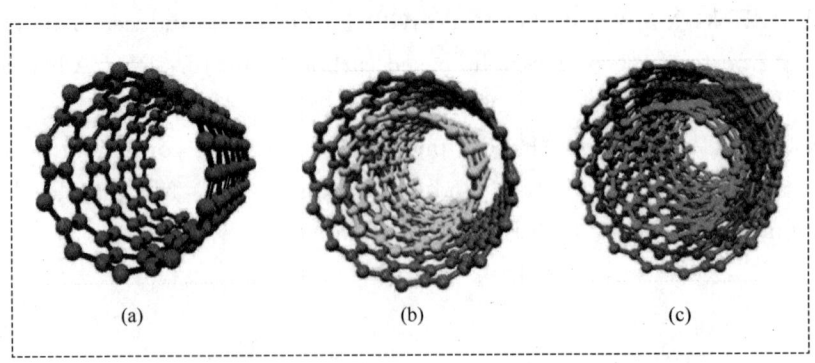

图 5-1　单壁碳纳米管、双壁碳纳米管和多壁碳纳米管结构示意图
(a) 单壁碳纳米管；(b) 双壁碳纳米管；(c) 多壁碳纳米管

5.1.2 碳纳米管的制备方法

目前，制备碳纳米管的常用方法有三种[2]，分别是电弧放电法、激光烧蚀法和化学气相沉积法。其中生产碳纳米管的主要方法是电弧放电法。具体来说，电弧放电法是将反应容器内充满氮气或氩气并将石墨电极置于其中，在两极之间激发出电弧，此时反应器内温度可以达到4000℃，石墨在这种条件下会蒸发，生成富勒烯（C60）、无定型碳和单壁或多壁的碳纳米管三种产物。几种产物的相对产量，可以通过控制催化剂和容器中的氢气含量进行调节。这种制备碳纳米管的方法在技术上比较简单，但是生产的碳纳米管纯度较低且难以分离，并且得到的大多是多层碳纳米管，而实际研究中人们往往需要的是单层碳纳米管。此外，此方法在制备过程中需要耗费巨大的能量。研究发现，将阳极石墨材料换为熔融的氯化锂，能够有效地降低反应中消耗的能量，而且更加容易纯化产物。

相比于电弧放电法，激光烧蚀法能量消耗较少。首先将一根金属催化剂/石墨混合的石墨靶放置在一长条石英管中间，并把该管置于一加热炉内。当炉温温度升至一定高度时，在管内充入惰性气体，并使一束激光聚焦在石墨靶上。管中的石墨随着激光的照射生成气态碳，在催化剂的作用下，这些被气流从高温区带向低温区的气态碳与催化剂粒子反应生成CNTs。生长温度、催化剂组分和其他条件的改变，会使平均粒子直径和直径分布也随之改变。这种方法与电弧放电法相比，单壁碳纳米管的产率更高，并且更容易分析其生长机理，催化剂的种类在很大程度上决定着碳纳米管的产率。

化学气相沉积法（CVD法）是将烃类或含碳氧化物引入到含有催化剂的高温管式炉中经过催化分解后形成碳纳米管。化学气相沉积法在一定程度上克服了电弧放电法的缺陷。这种方法具有一些突出的优点：气体作为残余反应物，容易离开反应体系，可以使碳纳米管纯度较高。同时反应不需要很高的温度，在一定程度上减少了能量消耗。但弊端是碳纳米管管径不整齐，形貌不规则，并且催化剂在制备过程中是必不可少的。值得注意的是，虽然石墨烯和碳纳米管都能用到CVD法制备，从生成机理上看两者却有很大差异。碳纳米管的生长过程是一个吸附催化和裂解扩散的过程，石墨烯的生长是一个裂解吸附的过程。其次工艺参数差很多，石墨烯的生成温度比较高，大约在1000℃，碳纳米管的制备温度可以根据管径的大小，其温度范围为600～1000℃。制备石墨烯的时间要比生成多壁碳纳米管的时间短，与生产单壁碳纳米管时间相似。

在碳纳米管制备方法中，利用模板复制扩增的方法一般指聚合反应合成法。类似有机合成反应，通过聚合反应合成法制备碳纳米管的过程中也会产生复杂多样的副反应，反应过程难以控制，很难保证制备的碳纳米管的形貌和尺寸完全均一。研究发现，在超声波、强酸作用下，可以先将碳纳米管断裂为几段，再通过一定的纳米尺度催化剂颗粒作用进行增殖延伸，从而得到延伸后与模板的卷曲方式相同的碳纳米管。于是科学家设想，如果把碳纳米管通过这种类似于DNA扩增的方式进行增殖，那么只需找到少量的扶手椅式纳米管或锯齿形碳纳米管，就可以在短时间内复制、扩增出几千倍甚至几万倍与模板同类型的碳纳米管。这种高效、高质量的方法可能会成为制备高纯度碳纳米管的新方式。在电弧放电法和激光烧蚀法中，碳源在3000～4000℃处理生成柱状碳纳米管，而化学气相沉积方法是碳源在600～1000℃温度范围内热解生成碳纳米管，聚合反应合成法则有利于实现量产碳纳米管。碳纳米管的物理化学性质受合成方法的影响很大。

碳纳米管具有一些特殊的电学性质，这是由于碳纳米管上碳原子的 p 电子形成大范围的离域 p 键产生显著的共轭效应。碳纳米管具有一维中空管状结构，管壁由单层或多层石墨烯片围成，管径为纳米级，管长为微米级，长径比巨大，其性质会因石墨烯片的卷曲方式不同而发生变化，体现出金属性或半导体性质。就导电性来说，碳纳米管既可以是金属性的，也可以是半导体性的，甚至由于结构不同，在同一根碳纳米管的不同部位，也会表现出不同的导电性，而且碳纳米管的导电性与其手性和直径关系密切。碳纳米管还具有杰出的机械性能，抗拉强度约为钢的 100 倍，达到 $50\sim200$GPa，而密度则比钢小得多；碳纳米管的杨氏模量与金刚石一个量级，约为 1TPa，是钢的 5 倍。碳纳米管的机械性能如此优异归因于碳纳米管中碳原子的排列方式。碳纳米管网络中碳原子多为 sp^2 杂化，相比 sp^3 杂化，sp^2 杂化中 s 轨道成分比较大，使碳纳米管具有高模量、高强度[3]。虽然碳纳米管的结构与高分子材料的结构相似，但其结构的稳定性却比高分子材料更好。碳纳米管是目前可制备出的具有最高比强度的材料。若将以其他工程材料为基体与碳纳米管制成复合材料，可使复合材料表现出良好的弹性、强度、抗疲劳性及各向同性。碳纳米管传热性能良好，因为 CNTs 具有非常大的长径比，因此在其纵向具有较高的导热性能，其相对垂直的方向则导热性能较差，通过合适的排列，可以将碳纳米管组合成各向异性的热传导材料。另外，碳纳米管因其结构形式和合成工艺使碳纳米管具有显著的导热性能。单壁结构和多壁结构的不同，导致包括声子和电子转移在内的原子的集体振动有差异，碳纳米管的热导率范围可以从 $6000\sim0.1$W/(m·K)不等[4]。

多层碳纳米管的结构存在缺陷，有利于表面功能化，而且这些缺陷随着多层碳纳米管中卷制的石墨烯片数量的增加而增加。多壁碳纳米管由于其优异的化学、热学、机械、电学和可变的结构性能和功能，在各个领域有着广泛的应用。此外，碳纳米管还具有半导体和超导电子输运性质。碳纳米管良好的生物相容性和抗菌性能对其在伤口敷料和抗菌治疗中得到广泛应用。

碳纳米管结构表面较多的缺陷位置大大提升了其功能化的潜力，可以通过多种技术方法提高碳纳米管的表面性能，如可变电荷、分散性、溶解性、亲水性、疏水性等。共价修饰法和非共价修饰法是碳纳米管功能化的两种方法。通过化学反应在碳纳米管表面增加不同的含氧基团的是共价修饰法。通过在碳纳米管表面生成更多的羟基和羧基使其与亲水分子或聚合物共轭，可增加碳纳米管的亲水性。然而，在非共价修饰中，碳纳米管的疏水性被用于包覆两亲性分子，如聚合物、蛋白质、DNA、生物凝胶等[5]，根据设计性能需求选择性吸附所需部分来实现。这些表面改性技术拓宽了碳纳米管材料的性能和应用范围。

5.1.3　碳纳米管/水凝胶复合材料

水凝胶具有可调节的物理、化学、生物性质及高生物相容性和多功能性等特点，在许多领域具有广阔的应用前景。尽管水凝胶具有这些显著的特点，但它仍然存在着机械强度低、应变小、热稳定性差等缺点，使其在各个科学技术领域难以完美发挥出其真正的作用。基于这种现状，科学家和研究人员进行了大量的试验，重新设计和开发具有改进和独特性能的新型水凝胶。在过去的几十年里，无机（如二氧化硅、黏土、碳纳米管）或有机（聚合物）纳米材料与水凝胶材料[6-7]吸引了许多人的注意，因为它们具有其他复合材料无法具备的一些性能。

当前，由于其优异的性能，碳纳米管（CNTs）成为了一种被广泛应用于聚合物水凝胶基质中的无机材料，使水凝胶的固有性能得到提高。碳纳米管能够在纳米复合水凝胶中占有一席之地，是因为其具有高导电性、规则的孔结构、明确的一维结构、良好的电化学稳定性、高机械强度、低质量密度和高比表面积等优良性能。虽然碳纳米管具有以上提及的优良性能，但是使碳纳米管有效掺入和分散在聚合物水凝胶的基质中，仍然是一个巨大的挑战。碳纳米管可以通过外力（如超声波作用或机械搅拌）分散在大多数溶剂中。由于碳纳米管表面是惰性的，不溶于任何极性溶剂和非极性溶剂，使其在聚合物基底中难以实现良好的分散，导致基底与碳纳米管之间产生较弱的相互作用，使复合材料的导电性能、力学性能、热学性能与预期目标相差甚远，使其应用受到了极大的限制。因此，为了增加其在聚合物基底中的分散性，近年来人们发展了各种方法进行碳纳米表面的功能化设计，用以改善基底界面与碳纳米管的相互作用，最后有利于碳纳米管/凝胶复合材料获得优异的导电性能、力学性能、近红外响应性能以及耐热性能。

5.2 碳纳米复合水凝胶的制备方法

碳纳米管在水和有机溶剂中难以分散，基本不溶。为此，制备碳纳米管基聚合物水凝胶首先需要对碳纳米表面进行修饰处理。根据碳纳米管修饰方法的不同，可以分为共价键修饰法和非共价键修饰法。共价键修饰法主要是通过一些化学反应将一些亲水性的功能基团如羧基、羟基、氨基以及磺酸基等连接到碳纳米管表面，以使功能化碳纳米管易于分散到水溶液中。非共价键修饰方法基于碳纳米管具有大的π-π共轭体系，可以与具有共轭体系的小分子或聚合物通过π-π相互作用增强其亲水性能，通过非共价键作用使功能性分子如表面活性剂、生物大分子、两亲性聚合物等包裹在碳纳米管表面，从而使碳纳米管能够在水溶液中均匀分散。

5.2.1 共价键修饰碳纳米管水凝胶制备

碳纳米管的侧壁及端帽部位通常是共价功能化处理碳纳米管作用位置，通过氧化法在碳纳米管表面连接羟基、羧基等基团，使表面形成官能团化。在此基础上，可以通过酯化、酰胺化等化学反应，将有机基团连接到碳纳米管表面以实现表面有机化。最后可以根据需要，通过缩聚、接枝等有机反应在碳纳米管表面桥接聚合物，形成表面聚合物化的碳纳米管。

在制备水凝胶复合材料的过程中，官能团化的碳纳米管最为常用，碳纳米管官能团化常见的方法包括：氟化法、氧化法、加成反应法等[8]。主要作用位置在碳纳米管的侧壁位置的修饰碳纳米管的方法是氟化法。氟化法是较早出现的处理碳纳米管的技术，氟化法处理技术由于氟的氧化过程较为缓和，制备的官能团化的碳纳米管具有良好的微观形貌，其功能化反应程度可以通过控制催化剂的催化效率来实现。碳纳米管表面最常见的修饰方法是氧化法，碳纳米管表面及端帽等位置受到强氧化剂的攻击后会桥接上羟基、羧基等集团，同时打开碳纳米管的端帽，将碳纳米管的长度降低，此过程会使碳纳米管的形貌发生一定的改变。常见的氧化剂主要包括 O_3、H_2O_2、$KMnO_4$、无机酸等，其中应用最广泛的是无机酸处理法。加成反应则是通过亲电、亲核以及环化等反应来完成碳纳米管的功能化。

共价键修饰的碳纳米管通常易于在水溶液中均匀分散,并且可以得到稳定分散的高浓度碳纳米管水溶液,这一性质对制备碳纳米管基水凝胶来说是十分有利的。此类水凝胶的制备经常通过强酸修饰得到羧基化碳纳米管,不过强酸氧化后的碳纳米管的部分结构会遭到破坏,致使一定程度地降低功能化碳纳米管的导电性能和力学性能。

水凝胶的复合可以通过将聚合物单体和功能化碳纳米管混合,然后通过化学交联将聚合物交联成碳纳米管基复合水凝胶。羧基化的单壁碳纳米管(SWCNTs-COOH)可以有效地分散在透明质酸水溶液中,然后通过二乙烯基砜交联将其转化为杂化水凝胶[9]。原始凝胶和多壁碳纳米管复合凝胶都表现出剪切变稀行为,而 SWCNTs 复合凝胶则表现出更好的黏弹性,黏弹性的改善是由于 SWCNTs 官能团化的表面参与二乙烯基砜与透明质酸的交联。然而,天然凝胶和复合凝胶的高吸水能力几乎没有变化,即使在 SWCNTs-COOH 含量为 2%(质量分数)时,仍然具有较高的吸水能力。因此,这种混合凝胶因其独特的吸水能力和黏弹性增加等特性,在组织工程中具有潜在的应用前景。将羧基化的多壁碳纳米管(MWCNTs-COOH)与 CS 混合后制备可溶于稀醋酸的碳纳米管-壳聚糖(CS-CNT)复合物,然后将此复合材料引入壳聚糖(CS)凝胶网络,通过加入戊二醛交联,制备出具有半互穿网络的 CS-CNT/CS 凝胶[10]。力学性质测试表明 CS 凝胶的机械强度可以通过加入 CS-CNT 显著提高,凝胶所能承受压力的强度随着 CS-CNT 含量的增加而增大。此外 CS 水凝胶本身的 pH 敏感性并不会因为加入 CS-CNT 而改变,CS-CNT/CS 凝胶的平衡溶胀率在酸性介质中较大,而在中性或碱性介质中,CS-CNT/CS 凝胶的平衡溶胀率较小。

利用非共价键相互作用,如氢键等物理相互作用,制备碳纳米管复合水凝胶。例如,在 40℃下将明胶溶液与多壁碳纳米管按适当比例混合,经过一定时间的超声波处理后,无须进一步的化学交联,倒入培养皿中进行凝胶成型,制备明胶/MWCNTs 杂化水凝胶[11]。纯明胶凝胶比混合凝胶更快地达到溶胀平衡。但混合凝胶起始溶胀比高于天然明胶凝胶,说明 MWCNTs 抑制了凝胶基质的溶胀。用冷冻/解冻法将碳纳米管加入到聚乙烯醇(PVA)水凝胶中[12]。碳纳米管/聚乙烯醇混合水凝胶与单纯的聚乙烯醇水凝胶相比,在力学性能和溶胀性能方面都有显著改善。用聚乙烯吡咯烷酮(PVP)包裹多壁碳纳米管,在聚乙烯醇存在下形成复合水凝胶[13]。当聚乙烯吡咯烷酮的质量分数小于 2% 时,复合水凝胶的拉伸强度、模量、韧性、撕裂强度、摩擦系数等力学性能均有显著提高,并且复合水凝胶的摩擦系数减小,这是由于聚乙烯吡咯烷酮的润滑效果与碳纳米管浓度无关。

此外,还可以将聚合物单体与功能化碳纳米管混合均匀后,通过原位自由基聚合得到碳纳米管基水凝胶。以丙烯酰胺(AM)和 MWCNTs 或羟基官能化 MWCNTs(MWCNTs-OH)为原料,将其超声波分散均匀后,加入引发剂、交联剂、催化剂等,在 40℃下聚合 2h,制备 PAM/MWCNTs 多孔杂化水凝胶[14]。该水凝胶具有良好的平衡吸水性、高压缩性、良好的 pH 和温度响应性,适合作为药物载体材料使用,聚丙烯酰胺网络紧密地覆盖在 MWCNTs-OH 表面,形成了不同的微孔或亚微孔结构,在 MWCNTs-OH 和 PAM 网络的存在下,在分子间氢键或其他非共价键相互作用的基础上构建超分子,进一步影响了复合化水凝胶的力学性能和溶胀性能。Sankar[15] 等利用官能化单壁碳纳米管

(f-SWCNTs)作为增强材料，通过分子间季胺化反应，将 vinylimidazole（VIM）与丙烯酸（AA）共聚，制备出一种新型 pH 敏感的聚两性电解质纳米凝胶。使用各种显微镜和光谱测试了聚两性电解质纳米凝胶的性能。这些研究表明，f-SWCNTs 掺入到聚乙烯基咪唑-丙烯酸（PVI-co-AA）的交联共聚物中，形成了物理性能增强的聚两性电解质纳米凝胶。试验结果表明，在 PVI-co-AA 中引入 f-SWCNTs 对纳米凝胶的热稳定性有显著影响。流变学研究表明，纳米凝胶比天然凝胶具有更强的黏弹性。MTT 法测定结果表明，所制备的聚两性电解质凝胶具有生物相容性和细胞活性。该纳米凝胶还可用于载入盐酸异丙嗪等水溶性药物。

5.2.2 非共价键修饰碳纳米管水凝胶制备

对碳纳米管表面进行物理处理的方法被叫作非共价功能化，主要通过范德华力、静电吸引和氢键等作用来修饰碳纳米管的表面，表面有机化及表面聚合物化的碳纳米管可以通过非共价键功能化得到。该类处理方法的优点是，可以在不损伤碳纳米管结构特性的情况下，使碳纳米管均匀稳定地分散在溶剂中。

物理吸附法是非共价键功能化方法中常见的一种，该方法采用两性分子亲水-疏水聚合物类表面活性剂来改善碳纳米管的溶解性，两亲性物质的疏水部分通过物理吸附固定在碳纳米管表面，极性溶剂可以与外端的亲水部分相互作用，从而有效地防止碳纳米管团聚成束，并且使碳纳米管的溶解性得到有效提升，碳纳米管的分散程度是由亲水基团的类型和表面活性剂官能团的长度决定的。常见的表面活性剂包括十四烷基三甲基溴化铵（TTAB）、溴化十六烷基三甲胺（CTAB）、十二烷基磺酸钠（SDBS）等。此外碳纳米管中存在大量的同时 sp^2 和 sp^3 混合杂化状态的碳原子，形成了具有高度离域化的大 p 键，能够与一些芳香族分子通过 π-π 相互作用相互结合，来达到功能化的目的[16]。

在许多情况下，将非共价键修饰的纳米管和聚合物凝胶混合形成前驱体后，才能诱导凝胶的形成。例如，Chen[17]等人通过对二茂铁接枝的聚对苯乙炔单壁碳纳米管的非共价键官能化与氯仿等有机剂混合获得了稳定的凝胶-纳米复合材料。聚对苯乙炔与纳米管表面之间强烈的 π-π 堆积作用导致了广泛的交联。因此，用这种方法得到的复合凝胶非常稳定，即使在超声波作用下也不能在任何有机溶剂中再分散。使用十二烷基苯磺酸钠（SDBS）分散 MWCNTs，然后与生物大分子明胶溶液混合，制备了明胶/碳纳米管水凝胶薄膜[18]。

制备碳纳米管基超分子水凝胶也可以使用低分子量凝胶因子。Ogoshi[19]等使用芘修饰的 b-环糊精（Py-b-CD）分散 SWCNTs，然后与十二烷基修饰的聚丙烯酸溶液混合，十二烷基与 β-环糊精之间会形成主客体络合物，从而物理交联得到超分子水凝胶。芘衍生物 β-CD（(Py-β-CD)）通过 π-π 堆积相互作用锚定在单壁碳纳米管表面，β-CD 的水溶性使单壁碳纳米管复合材料在水中分散均匀。β-CD 的空腔可以与客体分子结合，并通过这些主体分子-客体聚合物（PAA）的相互作用，衍生出混合水凝胶。因此，添加竞争性客体分子（如金刚烷羧酸钠或竞争性主体分子如 α-CD）可选择性地诱导凝胶-溶胶转变。Tan 等[20]使用生物表面活性剂脱氧胆酸钠（sodium deoxycholate，NaDC）分散 SWCNTs，当 NaDC 在水溶液中的浓度超过其临界胶束浓度时，会自发形成纤维状的聚集体，若将 NaDC 功能化的 SWCNTs 分散到高浓度的 NaDC 水溶液中，经过一段时间老化后就可以形成超分子水凝胶,其具有优异的弹性,能够拉伸到自身长度的50倍。

5.2.3 功能化碳纳米管交联制备复合水凝胶

将分子识别原理应用于聚合物基凝胶-碳纳米管复合材料的制备。You 等[21]人报道了通过多步迈克尔加成反应使多壁碳纳米管具有超支化聚酰胺基团的功能化,以促进它们之间的聚集。在线性聚酰胺存在下,通过外部超声波刺激,分子间氢键诱导二甲基甲酰胺自组装形成复合有机水凝胶。多壁碳纳米管均匀分散于这种凝胶中,通过加热和超声波处理实现溶胶-凝胶转换。超声波破坏了单个碳纳米管之间的范德华相互作用,导致其在有机介质中分解和扩散。这些凝胶对外界刺激有反应,如加热、剧烈搅动、加水、酸和盐(NaBr),这些都可以将凝胶转化为溶胶。Li 等[22]人利用表面功能化的 SWCNTs 与含二醇聚合物和含苯基硼酸聚合物动态共价交成聚合物凝胶,创建了具有可逆溶胶-凝胶过渡的混合体系,通过苯基硼酸酯连接剂的可逆形成和破坏,这种混合体系以可逆的化学聚合物凝胶的形式出现,这种凝胶-溶胶转化现象取决于介质的 pH。复合凝胶的储能模量比天然高分子凝胶提高了 1285%（7.58~105kPa）,而官能化 SWCNTs 含量仅为 0.02%（质量分数）,说明碳纳米管具有增强作用,当碳纳米管含量增加到 0.06%（质量分数）时,储能模量进一步增加到 176kPa。研究表明,聚合物需要与 SWCNTs 表面结合,以显示这种黏弹性的增加。此外,还观察到杂化凝胶具有有趣的自愈合特性,它在温和条件下自主发生,不需要任何添加剂。

通过吡啶重氮盐与碳纳米管反应,合成了吡啶官能化碳纳米管,并将其作为交联剂和通过氢键作用与聚丙烯酸形成碳纳米管水凝胶[23]。由于吡啶环与碳纳米管之间的静电相互作用,可以确定碳纳米管表面官能团的位置和分布。吡啶官能化的单壁碳纳米管很容易分散在含 PAA 聚合物的水溶液中,调节溶液 pH=5.8 时,吡啶官能化的单壁碳纳米管与聚合物 PAA 开始出现凝胶化,可以通过调节 pH 来诱导凝胶的形成,而原始单壁碳纳米管在聚合物溶液中在改变 pH 时没有形成凝胶。这表明吡啶官能化的单壁碳纳米管可以通过氢键与聚合物相互作用,而在原始单壁碳纳米管中这种相互作用是不存在的。碳纳米管复合水凝胶的几种合成方法见表 5-1。

表 5-1 碳纳米管复合水凝胶的几种合成方法

碳纳米管复合水凝胶	合成方法
PVA-CNTs	CNTs 分散到 PVA 中反复冻融
PMAA/MWCNTs-COOH	MWCNTs-COOH、MAA 单体和 MBAA 混合后化学聚合
CS-CNTs	CNTs 与十六烷基三甲基溴化铵在 CS 溶液中的分散
Hemicellulose/CNTs-COOH	羧基化的 MWCNT、纤维素、MBAA 和引发剂混合物经过自由基聚合
N-isopropylacrylamide-MWCNTs	MWCNTs、N-异丙基丙烯酰胺、丙烯酰胺、AIBN 和 TEMDMA 混合物与乙醇作为溶剂聚合
Bacterial cellulose (BC) /sodium	将 BC 薄膜浸入氢氧化钠中以去除细菌细胞碎片并彻底清洗。然后,将 BC 薄膜压碎成 BC 浆料。将 BC 浆料与 SA 溶液混合以获得 BC/SA。此后将各种 MWCNTs 浓度与 BC/SA 分散体和 $CaCl_2$ 交联剂混合
Kappa-carrageenan/CNTs	MWCNT 分散在含有 κ-角叉菜胶、MBAA 和 APS 的去离子水中

续表

碳纳米管复合水凝胶	合成方法
Graphene/MWCNTs/palladium	MWCNTs 与氧化石墨烯（GO）水分散体混合以获得 GO/MWCNTs。然后，将 $PdCl_2$ 添加到 GO/MWCNTs 中，进行超声波处理并添加葡萄糖以获得稳定的均质后溶剂热反应
PAAM/MWCNTs	MWCNT 分散在 AAM、MBAA、KPS 和 TEMED 水溶液中，化学聚合

5.3 碳纳米管复合水凝胶材料的溶胀、热学和力学性能

5.3.1 溶胀性能

水凝胶的溶胀与收缩是由渗透内压引起的，在水凝胶网络内水-聚合物和聚合物—聚合物之间相互作用的竞争控制着水凝胶的溶胀能力和收缩性能，而水凝胶的溶胀行为主要是通过水分子和聚合物链中基团之间形成氢键而吸收水来实现的。近年来，含官能团的环境敏感聚合物水凝胶受到了广泛关注。由于这些纳米复合水凝胶能够根据环境刺激（如 pH、温度、电场和离子强度）改变其体积和性质，因此它们在许多工程技术和生物医学领域都有着广泛的应用，包括药物输送系统、传感器和执行器以及不同的分离技术等。然而，在许多情况下，不适当的溶胀和机械性能不足限制了水凝胶的有效使用。为了建立具有合适溶胀度和优异力学性能的水凝胶，许多科学家和研究人员进行了大量的研究。

对于含有 CTNs 材料的水凝胶，溶胀在开始时发生得很快，然后变慢。相比之下，纯水凝胶的溶胀速度相当均匀，CNTs 纳米材料的浓度对水凝胶的溶胀率起着关键的影响。以 PVA/CNTs 复合水凝胶为例，为了具体地了解 CNTs 对水凝胶溶胀行为的影响，测试了 PVA/CNTs 复合水凝胶在不同温度下的溶胀行为，结果如图 5-2 所示[12]，复合水凝胶的溶胀行为明显不同于纯 PVA 水凝胶。首先，在溶胀的早期阶段，在 PVA 中 CNTs 含量较低时，试样比纯水凝胶的溶胀速度慢，而其他 CNTs 含量高的复合水凝胶的溶胀速度快；其次，所有复合水凝胶在 400min 时的溶胀率均高于纯 PVA 水凝胶。此外，当

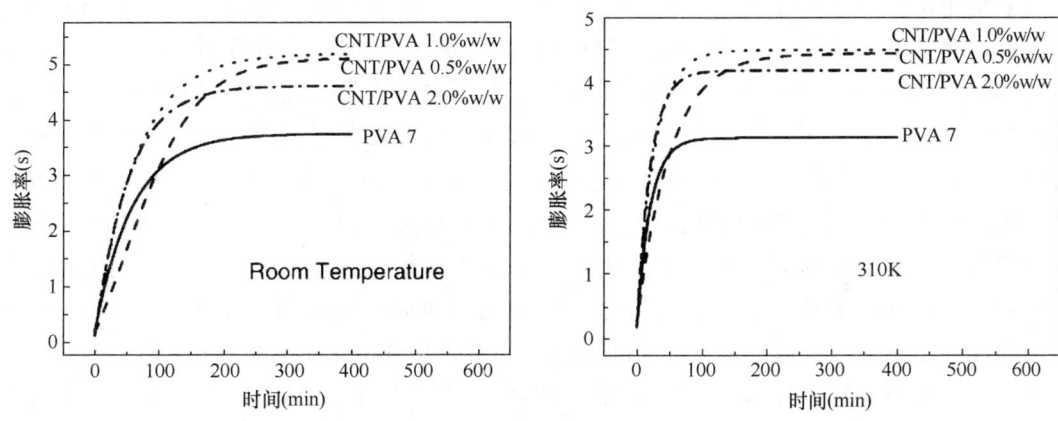

图 5-2 CNTs/PVA 复合水凝胶部分试样在不同试验温度下的溶胀行为

试验温度升高时，所有试样的溶胀率降低，但相对而言，含 CTNs 的复合水凝胶降低幅度较小。温度对水凝胶溶胀率的影响是因为在温度升高时部分水凝胶将溶解在温水中，当添加碳纳米管时，PVA 分子与碳纳米管之间的强相互作用阻止了 PVA 分子进入水中，溶解效果变弱。碳纳米管的加入可以有效地提高 PVA 水凝胶的力学性能，同时也增强了 PVA 水凝胶的溶胀能力及其稳定性。

对于不同的水凝胶基底，CNTs 的加入对凝胶的性能影响不同。在 PVA 基底中加入 CNTs 会提升凝胶的溶胀能力，而在明胶基底中，CNTs 的加入则会导致溶胀率降低。明胶/CNTs 复合水凝胶和明胶水凝胶具有相同的总体膨胀趋势。复合凝胶达到溶胀平衡的速度慢于纯明胶凝胶。但在前 5min 内，复合凝胶的溶胀率高于天然凝胶，这是由于基质中碳纳米管的毛细现象，这有助于溶剂扩散到凝胶基质中。5min 后，混合凝胶的溶胀率明显低于纯凝胶，说明 MWCNTs 对凝胶基质的溶胀有抑制作用。这些不同的结果可能是由不同的水凝胶基质与 CNTs 或水凝胶基底与水之间不同的相互作用引起的。Yang 等通过原位自由基聚合方法制备了聚（甲基丙烯酸）（PMMA）/MWNTs 纳米杂化水凝胶[24]。研究表明，合成的碳纳米管复合凝胶在中性和碱性溶液中具有较高的平衡溶胀率，这归因于水凝胶的孔径、内表面积以及相邻羧基阴离子之间的电荷排斥作用。MWNTs 附着到 PMMA 网络上，这进一步导致比空白 PMMA 样品更高的溶胀速率。功能化的碳纳米管对水凝胶的性能影响更为显著，将加入羧基功能化碳纳米管（MWNTs-COOH）加入到聚（丙烯酰胺—甲基丙烯酸钠）P（AM-co-SMA）水凝胶中，由 P（AM-co-SMA）交联网络和适当的 MWNTs-COOH 负载组成的 P（AM-co-SMA）/MWNTs-COOH 纳米复合水凝胶具有良好的溶胀性能、较高的 pH 敏感性、良好的重复性[25]。与 P（AM-co-SMA）水凝胶相比，其具有良好的可逆性和对外界刺激的快速反应能力。此外，这些纳米复合水凝胶在 MWNTs-COOH 存在下显示出相当大的压缩强度和弹性力学性能，以及良好的可恢复应变。

溶胀现象及其动力学研究由来已久。球形凝胶的溶胀动力学是 Tanaka 和 Fillmore 根据合作扩散理论提出的，在此基础上，Tanaka 等人（1973 年）做出了一些假设：在测量过程中，多孔介质中的扩散系数不变；介质均为多孔介质；水扩散进入凝胶引起的溶胀量，凝胶密度和体积变化引起的对流团多孔介质中气体的自然对流效应被忽略。与渗透压缩模量相比，剪切模量可以忽略不计。Peters 和 Candau（1998）通过引入不可忽略的剪切模量，建立了描述球形、圆柱形和圆盘形聚合物凝胶溶胀动力学的通用模型。后来，Li 和 Tinaka（1990）在认识到凝胶的膨胀和收缩都不能被认为是纯扩散过程后，提出了一种双过程机制[26]。荧光法可用于监测碳纳米管复合水凝胶在不同温度下在水中的溶胀动力学。Evingur 等[27]利用稳态荧光技术考察了多壁碳纳米管（MWNTs）浓度对聚丙烯酰胺（PAM）纳米复合水凝胶溶胀行为的影响，并采用 Stern-Volmer 方程结合 Li—Tinaka 方程阐明了 PAM/MWNTs 纳米复合水凝胶在不同温度下的溶胀行为，并且测定了不同 MWNTs 含量的纳米复合水凝胶的溶胀时间常数和协同扩散系数。在 MWNTs 和 PAM 网络的存在下，基本构建了基于分子间氢键或其他非共价相互作用的复合材料，这进一步影响了复合材料的膨胀性能，并且发现在 PAM/MWNTs 的高导电刚性区域，溶胀过程的能量消耗远低于低导电弹性区域。

5.3.2 力学性能

众所周知，CNTs 的理论和试验弹性模量在 0.1~1TPa 范围内，轴向强度在 10~150GPa 范围内，这使它成为了理想的增强水凝胶机械性能的材料。决定增强元件能否有效地将其优良性能传递给基体的关键因素包括增强元件在基体中的分布和界面黏附性。通过界面聚合成功制备的由单壁碳纳米管（SWCNTs）、聚吡咯（PPy）和聚乙二醇二丙烯酸酯（PEGDA）水凝胶组成的高质量导电复合水凝胶[28]，如图 5-3 所示，测得纯 PEGDA 水凝胶的压缩模量为 183kPa，而 SWCTNs/PEGDA 复合水凝胶的压缩模量达到 659kPa。在制备过程中，单个 SWCNTs 在复合水凝胶中分散良好。这种均匀的微观结构有利于提高水凝胶材料的机械韧性。在施加载荷作用下，水凝胶基体将力分配到单壁碳纳米管上，由于单壁碳纳米管与 PEGDA 基体之间具有良好的界面黏附性，单壁碳纳米管可以承受大部分的作用力。在这种情况下，PEGDA 网络中的 SWNTs 在承受作用力方面起着至关重要的作用，从而大大提高了 SWNTs/PEGDA 水凝胶的压缩模量。

聚合物水凝胶的力学性能还与物理参数有关，如孔隙率和交联密度等。复合水凝胶结构由微孔（<2nm）组成，介孔（2~50nm）和大孔（>50nm）三种尺度。微孔和介孔结构导致水凝胶具有较大的孔隙率并提供了高比表面积，而大孔洞有利于快速离子传输。CNTs 纳米添加剂或交联剂的加入对凝胶的孔洞有主要影响。例如，聚合物基质中高比例的 CNTs 通常会导致大量紧致的小孔结构，而纯凝胶则多显示为松散的多孔结构。在复合水凝胶中均匀分散的碳纳米材料有助于形成亚微米至数百微米孔径的均匀微观结构，提高了水凝胶的力学拉伸性和断裂韧性。已经确

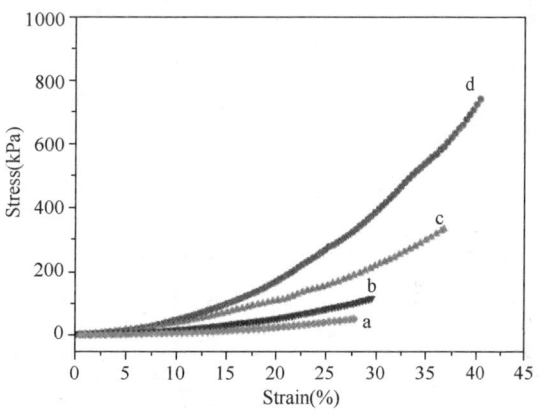

图 5-3 PEGDA（a）；SWCNTs/PEGDA（b）；PPy/PEGDA（c）；SWCNTs/PPy/PEGDA（d）的压缩应变-应力曲线

定的是微通道多孔结构在提升凝胶力学性能方面是有利的。一些研究评估了将 CNTs 引入水凝胶的效果。将 CNTs 添加到 PVA 水凝胶中，经过多次冻融循环过程制备 PVA/CNTs 复合水凝胶[13]，在 CNTs 含量为 0.5%（质量分数）时，复合水凝胶与纯 PVA 水凝胶相比拉伸模量、拉伸强度和断裂应变分别提高了 78.2%、94.3% 和 12.7%。虽然 CNTs 的掺加比例是提升机械性能的关键，但通常与力学性能不成比例，CNTs 的含量越高可能会导致力学性能的下降，因此需要调整碳纳米管的比例以获得平衡。Evingur 等[27]人报道了多壁碳纳米管（MWCNTs）排列对力学性能起始行为的影响。在 MWCNTs 含量较低（1%~5%，质量分数）时，当应变超过 0.6% 后 PAM/MWCNTs 的应力急剧增加，这是由于加载过程中的 MWCNTs 的定向排列对齐造成的。在 MWCNTs 含量较高（5%~50%，质量分数）时，MWCNTs 的随机运动阻碍了排列，因此应力没有显著增加。

为了获得均匀分散的 CNTs，人们已经开发了共价修饰和非共价修饰两种方法，从而可以获得理想的复合材料性能。从修饰效果上看，共价功能化似乎更受欢迎。利用吡啶重

氮盐对 SWCNTs 进行功能化，使其与聚丙烯酸（PAA）形成氢键，制备了具有 pH 响应性聚电解质复合水凝胶。其中关键的一点是，接枝有 SWCNTs 的吡啶基团与聚合物的羧酸基团之间的氢键不仅有助于形成水凝胶，而且为凝胶网络提供了强有力的支撑骨架。然而由于碳纳米管的共价官能化常常使碳纳米管的结构和性质发生或多或少的不可逆变化，非共价修饰方法也发展起来，如聚合物包覆法。用聚乙烯基吡咯烷酮（PVP）包裹 MWCNTs，然后用于增强聚乙烯醇（PVA）水凝胶。功能化处理能有效地分散碳纳米管，改善 PVA 与 MWCNTs 之间的界面性能。未经 PVP 处理，分散不均匀的碳纳米管和不良的界面黏附性只能产生缺陷而不能增强水凝胶。聚乙烯吡咯烷酮的刚性链干扰了聚乙烯醇的结晶和凝胶形成，降低了力学性能。最终，未改性的 MWCNTs 与 PVA 凝胶结合后复合材料为脆性材料，拉伸长度降低 11%，拉伸韧性降低了 31%[29]。

总之，由于水凝胶基底聚合物网络与 CNTs 纳米颗粒之间存在多重非共价效应，CNTs 纳米材料在水凝胶网络中能够起到延缓裂纹扩展的作用，从而有助于延长水凝胶完全断裂的伸长率。水凝胶基体中 CNTs 的浓度、分散性能度，对机械性能显著的影响。为了获得优异的力学性能，必须调整注入水凝胶基质中的碳纳米管数量和交联密度。通常可以获得良好的机械性能，大多数碳纳米管复合水凝胶通过将碳纳米管的浓度固定在 0.01%~1%（质量分数）。同样，为了最大限度地提高复合水凝胶的强度和刚度，CNTs 良好的分散性、大的长径比、排列和界面应力传递是非常关键的[30]。

5.3.3 热学性能

CNTs 复合水凝胶除了具有溶胀能力和力学性能外，其热稳定性也非常重要。一般情况下，当一种复合水凝胶表现出热不稳定性时，这意味着在制造过程中的热处理和在室温下长期使用可能导致机械性能的退化，高分子化合物水凝胶和碳纳米管的相互作用通常会引起热性质的变化，所报道的大多数研究表明，添加碳纳米管水凝胶比传统水凝胶更好地增强了水凝胶的热稳定性。例如，以咪唑基聚离子液体（PILs）为原料，采用非共价官能化方法合成碳纳米管/聚合物离子液体凝胶，得到了黑色均匀沉淀的单壁碳纳米管凝胶，该凝胶形态能很好地分散在水溶液中，没有任何聚集[31]。单壁碳纳米管凝胶的形成可以用单壁碳纳米管表面和 PIL 矩阵之间的静电作用或 p-p 相互作用键来解释。通过 PIL 与 SWCNTs 的阴离子交换反应，使 PIL 中的亲水阴离子被疏水阴离子所取代，从而有效地将 SWCNTs/PIL 水凝胶转移到有机凝胶中。结果还表明，碳纳米管能有效地提高纳米复合凝胶的导电性和热稳定性。PIL 与 SWCNTs 之间的强相互作用导致 SWCNTs/PIL 凝胶复合材料的热性能发生变化。在不同 SWCNTs 含量的 SWCNTs/PIL 凝胶复合材料上所测的 TGA 曲线如图 5-4 所示。在 300~400 ℃ 温度范围内观察到，单壁碳纳米管凝胶复合材料和原始聚合物的分解，随着聚合物中单壁碳纳米管含量的增加，聚合物分解的起始温度逐渐升高。这一结果表明，单壁碳纳米管的加入延缓了 SWCNTs/PIL 凝胶中 PIL 的热降解速率，这可能是单壁碳纳米管与 PIL 强相互作用的结果。

将多壁碳纳米管（MWCNTs）按不同比例添加到聚丙烯酰胺（PAM）水凝胶中，以调节其热力学性能和力学性能[27]。结果显示了 PAM 和 MWCNTs/PAM 复合水凝胶的热稳定性经历了两个阶段转变的明显变化。复合水凝胶与 PAM 水凝胶相比具有较好的热稳定性。温度计显示质量在 230℃ 左右有所下降，这可能是由于挥发物和低聚物的损失所

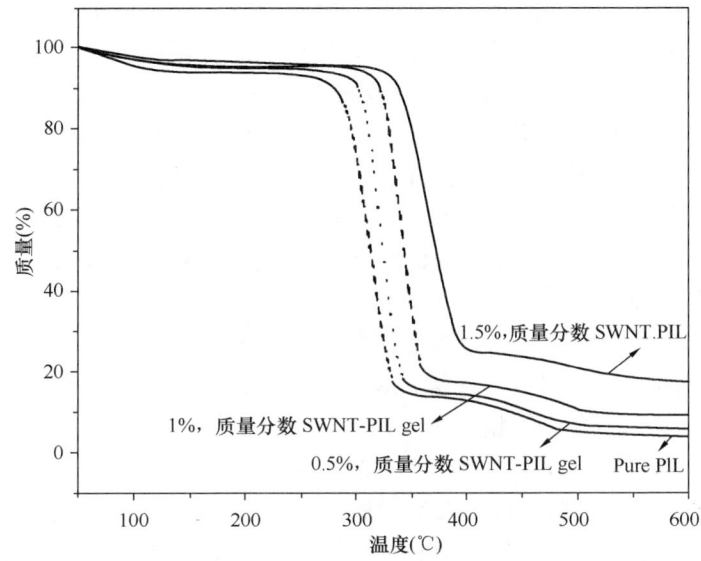

图 5-4 SWCNTs/PIL 有机凝胶的热重分析法图与单壁碳纳米管负载水平的函数关系
（凝胶复合材料 SWCNTs 的含量分别为 0，0.5%，1%，1.5%，质量分数）

致。330℃以后，凝胶开始降解，但纳米复合水凝胶的降解温度低于聚丙烯酰胺水凝胶。在 400℃以上的较高温度下，复合材料的失重率随着碳纳米管浓度的增加而降低。当 MWCNTs 含量为 0.8% 时，复合水凝胶比其他水凝胶稳定得多，且失重率较低。这可能是因为 PAM 网络和 MWCNTs 之间有合适的交叉连接。因此，MWCNTs 的加入导致水凝胶的热稳定性增加，这与聚丙烯酰胺网络中的 MWCNTs 的耐热性有关。

5.4 碳纳米管复合水凝胶材料的特性及应用

5.4.1 用于生物医学领域的碳纳米管复合水凝胶

纳米材料与生物相容性聚合物的结合已经成为伤口愈合应用的一个新兴领域。通常，使用两种类型的方法，其中纳米材料要么作为药物，要么作为载体传递药物。银、金、锌、金、铜和钛等材料以纳米颗粒的形式被用作药物。然而，在另一种方法中，纳米材料被用于输送抗生素、生长因子、核酸和抗氧化剂。一些学者已经研究了无机导电材料与非导电聚合物结合的发展，以支持增殖和电刺激反应细胞活动。这些材料主要是碳基材料（CNTs 和 GO）和金属，具有潜在的生物医学应用性能。碳纳米管材料可以大规模生产，这可能是开发工业规模生物医学设备的另一个优势。

碳纳米管材料具有抗菌性能，CNTs 对多种细菌的抗菌活性已被广泛研究。CNTs 可直接损伤细菌细胞膜或增加活性氧（ROS）的产生，导致细菌活力降低。SWCNTs 主要聚集在细胞壁上，然后诱导细胞膜破裂，阻碍 DNA 复制。也有人提到，CNTs 的表面电荷在细胞膜中致细菌失活具有重要作用，CNTs 表面正负电荷点均具有抗菌活性。CNTs 的结构与细菌介质也影响着抗菌活性，长度约为 $5\mu m$ 的单壁碳纳米管具有更好的聚集性，并显示出更强的抗菌活性。并且在固体和液体介质中观察到不同的活性。在固体介质中，短（<1μm）碳纳米管比长碳纳米管显示出更为有效的抗菌活性。然而，在液体介质中，较长的CNTs对细菌细胞损伤更有效。因为碳纳米管具有特殊的结构及与细菌细胞膜强大的范德华力，碳纳米管和细菌细胞膜之间的聚集或相互作用是不可避免的。碳纳米管的管径也影响其抗菌活性，更小的直径意味着更好地与细胞壁的相互作用，这是影响抗菌能力的重要因素。CNTs的纳米尺寸、形状、比表面积、化学成分和表面结构是影响其抗菌性的重要因素[32]。已证实，表面面积越大，与微生物的接触面积越大，增加了抗菌能力。分散的CNTs对细菌细胞的毒性作用明显大于聚集的CNTs。通过在纳米材料表面添加官能团，提高碳纳米管的分散性，将金黄色葡萄球菌、大肠杆菌和枯草芽孢杆菌的失活能力从30%～50%提高到90%～100%。据观察，与MWCNTs相比，SWCNTs在杀死大肠杆菌方面更实用，与MWCNTs相比，SWCNTs直径更小、比表面积更大，因此具有更好的细胞壁穿透能力，这有助于更好地与细胞表面相互作用。

　　CNTs与纳米颗粒联合后，抗菌效果明显改善。已有多项研究报道了壳聚糖和银纳米颗粒复合CNTs的抗菌效果，与AgNPs结合的CNTs对大肠杆菌具有优越的抗菌性能。这是由于与AgNPs结合的CNTs存在时，细胞膜受到了更明显的破坏。Castle等[33]制备了MWCNTs/AgNPs复合材料，并评估了其生物相容性和抗菌潜力，复合材料具有良好的生物抗菌性和相容性能，并为了研究CNTs的抗菌性能制备纳米复合膜，合成了CNTs/聚（L-赖氨酸）或聚（L-谷氨酸）复合膜，并就其对大肠杆菌和表皮葡萄球菌的抑菌潜力进行了评价，复合膜的杀菌效果达到90%。Lu等[34]合成了聚乳酸（PLA）/AgNPs/CNTs复合材料，并检测了其对溶血葡萄球菌的抗菌潜力。该复合材料对溶血葡萄球菌具有较好的抗菌性能。他们观察到两种纳米填料的结合显示了其对聚合物基体的协同特性，该纳米复合材料还具有显著的热机械性能和抗菌性能。

　　伤口愈合是对任何皮肤损伤作出反应的自然生理过程。这一复杂的机制涉及细胞类型、凝血因子、结缔组织、细胞因子、生长因子和血管系统之间复杂的相互作用，在经过止血期、炎症期、增殖期和成熟期四个阶段后完成愈合过程。由于CNTs与生物分子、细胞和附近组织的独特相互作用模式，CNTs增强了创面愈合材料的生物活性，能够促进伤口愈合。He等[35]开发了一系列基于CEC、PF127和CNTs的多功能水凝胶，将它们的光热性能、电导率、自愈合性能和黏附性作为伤口愈合材料，用于细菌感染的伤口修复。采用小鼠全层皮肤伤口感染模型进一步验证了CEC/PF/CNT水凝胶在感染创面光热治疗（PTT）过程中增强的伤口愈合性能，愈合结果和组织形态学评价表明，PTT组的治疗效果与抗生素负载组相同。将CEC溶液与PF127/CNTs分散体混合制备水凝胶。通过将PF127—CHO聚合物的—CHO基团与CEC的—NH$_2$基团之间的席夫碱键结合形成水凝胶网络，并将PF127胶束物理交联在一个体系中形成复合水凝胶。该水凝胶具有合适的凝胶时间、稳定的力学性能、止血性能、高吸水性能和良好的生物降解性。在负载抗生素盐酸莫西沙星后，水凝胶表现出pH响应的释放性和良好的抗菌活性。水凝胶的组织黏附特性使其在小鼠肝外伤模型、小鼠肝切口模型和小鼠截肢模型中均有良好的止血效果。CNTs的加入赋予水凝胶具有体外/体内光热抗菌活性和良好的导电性。在小鼠全层皮肤伤口感染模型的体内实验表明，水凝胶具有良好的治疗效果，可显著促进伤口愈合、胶原沉积和血管生成，这些导电光热自愈合纳米复合水凝胶作为多功能创面敷料在治疗感染创面方面显示出巨大的潜力。

除了抗菌和促进伤口愈合外，由于CNTs独特的大π离域结构，能够通过π-π相互作用负载多种芳香族药物，并通过水凝胶体积改变或相变过程实现药物的释放，CNTs复合水凝胶在药物释放方面具有广阔的前景。在Giri等[36]的一项研究中，在不同水平的多壁碳纳米管下合成了羧甲基瓜尔胶（CMG）/化学修饰的多壁碳纳米管杂化水凝胶，作为双氯芬酸钠持续透皮释放的潜在器件。根据他们的研究，利用光谱、形态学、热重和流变学分析证明，在0.5%和1%（质量分数）水平下，CMG/MWCNTs存在较强的相互作用。此外，他们的研究结果表明，随着MWCNTs的加入，药物包封程度逐渐增加，在1%的MWNT水平下，药物包封率达到最大值。此外，与纯CMG相比，含有0.5%（质量分数），1%和3%（质量分数）MWCNTs的水凝胶的透皮释放速度较慢，这是由于凝胶黏度略高，药物包封率更高。近红外光诱导的CNTs的放热性能在聚合物或小分子有机凝胶或水凝胶组成的凝胶纳米复合材料中也能表现出来。因此，在这种凝胶-纳米复合材料中，SWCNTs通过光热转换起到分子加热器的作用，从而提高了凝胶的局部温度。SWCNTs和PNIPAM水凝胶形成的凝胶/纳米复合材料常用于药物吸收和释放研究，SWCNTs作为药物载体，能够有效地结合抗肿瘤药盐酸阿霉素等亲水分子[37]。然而，在降低pH后，SWCNTs吸附的阿霉素分子被释放回水溶液中。由于SWCNTs的光热转换效应，在近红外光照射下阿霉素从凝胶/纳米复合材料中释放。

5.4.2 用于电化学领域的碳纳米管复合水凝胶

目前，由于CNTs具有较高的导电性和热性能，人们对其作为非导电聚合物水凝胶基质中填充纳米材料的兴趣日益浓厚。许多研究人员和科学家探索了几种制备不同类型的CNTs纳米复合水凝胶的策略，以提高其导电能力。Liu等[38]将CNTs和壳聚糖沉积在生物电化学系统（BES）中的碳纸电极上，设计了一种便携式导电CNTs纳米复合水凝胶。经过表征和电化学性能测试，结果表明，CNTs/壳聚糖纳米复合水凝胶具有良好的电化学活性。此外，在BES测试中，与对照组相比，CNTs纳米复合水凝胶的微生物燃料电池（MFC）的发电量和最大功率密度分别提高了23%和65%。进一步指出，碳纳米管优异的导电性及其表面大量官能团的存在，实际上是由于水凝胶阳极改善了电子传递，提高了MFC的发电能力。在Wu等人进行的一项研究中[39]，通过在预制的大孔PNIPAAM水凝胶支架孔壁上沉积致密的CNTs层，制备了一种包覆CNTs的大孔PNIPAAM水凝胶。根据他们的发现，制备的水凝胶显示了一种电流敏感性，这种电流敏感性来自电热转换。同样，他们的研究表明，当施加电流时，这些纳米复合水凝胶可以电加热，然后显示热诱导收缩。在Noel和他的同事们的一项研究中，研究了不同含量碳纳米管的海藻酸钠水凝胶微球，扫描电化学显微镜（SEM）测试表明，海藻酸钠水凝胶微球与碳纳米管之间存在局部导电性。他们观察到在低碳纳米管含量时，碳纳米管聚集在一个直径约为5mm的单独分离的胶束中，由于碳纳米管含量低，水凝胶微球的导电性不够。然而，在较高的浓度下，碳纳米管的分布更加均匀，并且微球是一个紧密重叠的纳米电极网络，表现为粗糙的宏观电极。此外，他们的研究结果表明，碳纳米管网络具有足够的活性，允许长距离排空，这使得海藻酸钠/碳纳米管水凝胶微球能够用作软3D电极。表5-2展示了不同CNTs纳米复合水凝胶的导电能力[30]。

表 5-2　不同 CNTs 导电能力的纳米复合水凝胶

基于导电碳纳米管的复合水凝胶	碳纳米管类型	碳纳米管含量	电导率(mS/cm)
Collagen-SWCNTs embedded with HDF	SWCNTs	0.8%, 2.0%, 4.0%(质量分数)	3~7
Gellan gum-CNTs(second region)	MWCNTs	0.1w/v, 0.25w/v, 0.5w/v	0.1
Gellan gum-CNTs(third region)	MWCNTs	0.1w/v, 0.25w/v, 0.5w/v	5.3
MWCNTs-infused Nafion/PAAM(swollen state)	MWCNTs	0.11%, 0.53%, 0.97%, 1.67%	0.015
Silica gel doped with DWCNTs	DWCNTs	0.10%, 0.15%, 0.2%(质量分数)	0.5
Cellulose-CNT aerogel	MWCNTs	3%~10%(质量分数)	0.23~22
PNIPAAM-TAC-dep-CNT	CNTs-COOH	4.2%(质量分数)	0.52
PNIPAAM-dep-CNT	CNTs-COOH	0.5%(质量分数)	0.0017
PAAM/MWCNTs	MWCNTs	0.80%	0.76

5.4.3　用于环境治理领域的碳纳米管复合水凝胶

开发新型非常规、高效的吸附剂，用于废水处理和水溶液中重金属的去除，已受到广泛关注。碳纳米管的高纵横比、大比表面积和高孔隙率为有害阳离子、阴离子和其他有机和无机杂质提供了足够的吸附位置。在过去数十年间，原有及改性的碳纳米管作为吸附剂，在去除水溶液中的染料及重金属方面受到广泛关注。在聚合物水凝胶的基质中扩大了碳纳米管的应用范围，以便有效地吸附不同材料。Sun 等人[40]在一项研究中发明了一种基于半纤维素和碳纳米管的无机-有机复合水凝胶。研究了水凝胶用量、接触时间、初始浓度和盐浓度对以亚甲基蓝为模型有害物质制备的纳米复合水凝胶吸附性能的影响。研究结果表明，亚甲基蓝的去除率随吸附剂用量的增加而增加。Chatterjee 等人[41]也开发了用不同浓度的碳纳米管浸渍的壳聚糖水凝胶珠（CBs）。这些研究人员采用了四种不同的策略，将碳纳米管分散在 CBs 的矩阵中，制备了纳米复合水凝胶并对其脱除刚果红的性能进行了评价。研究结果表明，由于不同方法中采用的碳纳米管分散剂不同和反电荷化合物的存在，这些纳米复合水凝胶对碳纳米管的吸附能力各不相同。碳纳米管水凝胶核壳表现出最高的吸附容量（375.94mg/g）。表 5-3 展示了不同碳纳米管水凝胶的吸附能力。

表 5-3　不同碳纳米管水凝胶的吸附能力

碳纳米管纳米复合水凝胶吸附剂	碳纳米管类型	碳纳米管含量	吸附能力(mg/g)
CS/CNTs beads	MWCNTs	0.001%~0.05%（质量分数）	450.4
Kappa-carrageenan/CNTs	MWCNTs	0.03%（质量分数）	104
Hemicellulose/CNTs-COOH	MWCNTs	10%, 10%, 10%, 15%	222
CSBN1	MWCNTs	0.01%（质量分数）	199.98
CSBN2	MWCNTs	0.05%（质量分数）	191.15
CSBN2	MWCNTs	0.01%（质量分数）	124.97
CSBN4	MWCNTs	0.05%（质量分数）	370.97

近年来，石油泄漏造成的污染已成为环境污染的一个主要原因。吸油剂由于具有很高

的清洗效率而引起了人们的极大兴趣。Kim[42]等人研究了聚合物基凝胶-碳纳米管复合材料的吸油性能。以甲基丙烯酸十二酯为原料,用不同质量百分比的1,4-丁二醇二甲基丙烯酸酯、乙烯基修饰的聚甲基丙烯酸甲酯为引发剂,通过交联聚合法合成了碳纳米管型有机凝胶,用于油脂吸附剂的回收。它能吸附不同极性的有机溶剂和10%的原油。凝胶的溶胀行为保证了对油的吸附,与不含任何碳纳米管的聚合物凝胶因子相比,碳纳米管凝胶因子的溶胀率更大。以乙烯基改性碳纳米管为例,每1g吸油剂对甲苯和原油的吸附量分别为42.6g和36.0g。

5.4.4 用于生物燃料和太阳能电池的碳纳米管复合水凝胶

传统燃料电池技术的巨大市场推动了生物燃料电池设备的发展,生物催化修饰电极材料,特别是传感器的应用已经成为研究热点。生物催化修饰金属电极的这些研究活动为目前生物燃料电池的发展提供了重要的技术基础。用于生物燃料电池装置的CNTs纳米复合水凝胶的制备取得了相当大的成功。Choi和他的同事[43]在一项研究中制造了酶修饰的三维微电极阵列,用于微流体生物燃料电池的应用。这些微电极阵列是利用碳纳米管增强Nafion纳米复合材料和水凝胶微模板技术研制的。将氧化碳纳米管分散在Nafion溶液中制备CNT/Nafion纳米复合材料,同时采用光刻、软微影技术和毛细管力刻蚀法制备水凝胶模板。在CNT/Nafion纳米复合材料和水凝胶微模板制备后,采用等离子体刻蚀工艺将CNT/Nafion纳米复合材料和水凝胶微模板结合在一起,形成微孔结构。酶修饰的微孔三维微电极在微流控生物燃料电池中的应用,提高了生物燃料电池的性能。Kumar和他的同事开发了CNTs/GO/PNIPAAM水凝胶,可能用于微生物燃料电池(MFCs)[44]。根据他们的研究结果,这些CNT/GO/PNIPAAM纳米复合水凝胶具有良好的电化学活性。同样,这些纳米复合水凝胶所表现出的电解质-电极界面性质的增强也归因于PNIPAAM水凝胶电荷转移阻力的降低以及CNTs和GO之间的协同作用。

除了用于生物燃料电池系统的纳米复合水凝胶外,还在加大力度开发用于太阳能电池的纳米复合水凝胶。到目前为止,据我们所知,只有Nath等人[45]对用于太阳能电池装置的基于CNTs的纳米复合水凝胶进行了研究。利用聚乙烯醇(PVA)、多壁碳纳米管(MWCNTs)和聚苯胺(PANI)制备纳米复合凝胶电解质,制备了染料敏化太阳能电池(DSSCs)。阻抗和伏安分析结果表明,多壁碳纳米管和聚苯胺对电阻的降低和离子电导率的提高有很大的贡献。他们进一步确定,光伏器件参数的电流密度角色塑造显示了令人满意的光电转换效率(PCE)结果。

5.4.5 用于致动器的纳米复合水凝胶

将外部刺激转化为能够执行工作的机械运动是围绕微型机器人制造、人造肌肉和适用于各种应用的先进智能执行器系统。刺激响应材料,如形状记忆合金、介电聚合物、电活性聚合物和聚合物水凝胶是吸引这些新兴应用的材料框架。聚合物水凝胶致动器是一种可以通过外部刺激改变其尺寸的材料,这些凝胶体积的可逆变化可以通过将凝胶浸泡在不同的溶剂中,通过改变溶液pH或通过改变溶液盐浓度来实现。凝胶驱动的机理可以通过考虑维持凝胶处于膨胀状态的作用力来理解。驱动凝胶体积的变化来源于交联网络中单个分子片段的"线圈-球状"转变。当聚合物链段之间相互排斥时,"膨胀螺旋"构象产生,而聚合物链段之间的吸引力导致聚合物链形成"塌缩球"状。然而，有人则指出MWCNTs与聚乙烯醇简单混合后形成的纳米复合水凝胶实际上是第一个被合成的致动器。Shin等[46]人专注于CNTs纳米复合水凝胶致动器（图5-5），成功地将排列整齐的CNTs引入柔性和生物兼容的水凝胶中，这些水凝胶具有优异的各向异性导电性。然后通过在碳纳米管微电极集成的水凝胶结构上培养心肌细胞来构建生物驱动器。由此得到的心肌组织细胞组织均匀，细胞-细胞耦合和成熟程度提高，这种厘米级的生物致动器具有良好的机械完整性，嵌入微电极，并具有自发的致动行为。生物混合型机器可由集成碳纳米管微电极阵列所提供的外部电场控制。

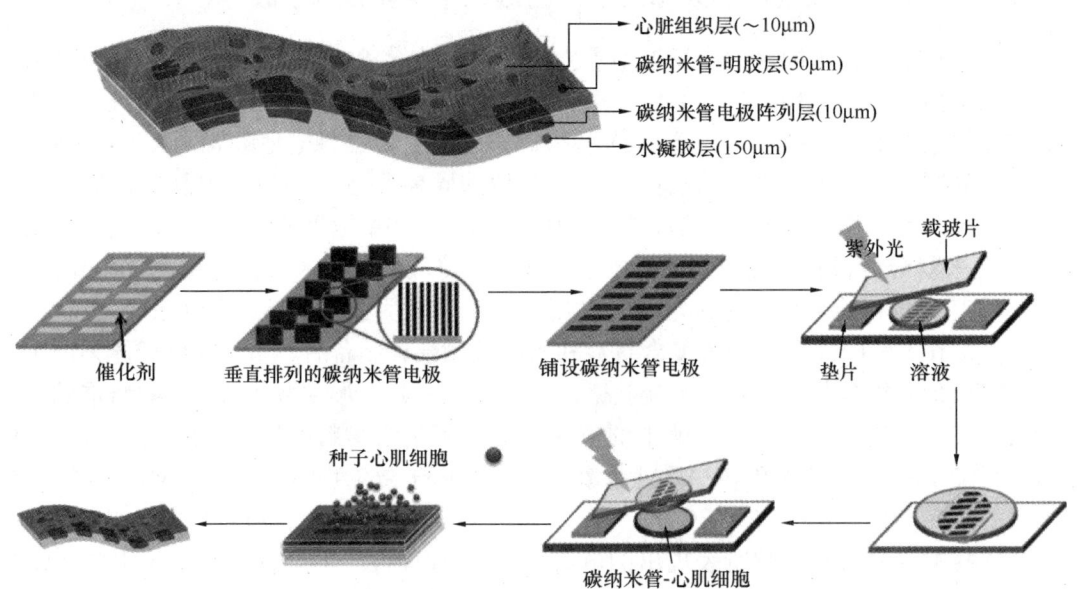

图5-5　CNTs纳米复合水凝胶致动器的制作步骤示意图

聚（N-异丙基丙烯酰胺）（PNIPAAM）已经成为热响应聚合物应用中研究最广泛的水凝胶体系之一。该材料系统的一个关键特点是较低的临界溶解温度（LCST），发生在32~33℃，与生理和环境条件可触发的温度范围相当。当加热到LCST以上时，水凝胶从亲水状态变为疏水状态，导致水凝胶体积发生剧烈变化。在某些情况下，水凝胶负载功能纳米材料，改变辐射或化学反应的响应，以驱动LCST转变。这些特性使PNIPAAM水凝胶成为各种生物和能源应用的优秀模板。Zhang等人[47]提出了一种简单的方法来制备可逆、热和光响应的CNTs纳米复合水凝胶致动器。这些致动器由负载SWCNTs的聚（N-异丙聚丙烯酰胺）（PNIPAAM）制成。根据他们的研究，当浓度为0.75mg/mL的SWCNTs嵌入PNIPAAM水凝胶时，SWCNTs/PNIPAAM水凝胶致动器的热响应提高了约5倍，热响应的增强是由于改善了水分子的质量传输。嵌入的SWCNTs允许有效吸收近红外辐射，从而产生超快近红外光学响应水凝胶，能够实现近红外光驱动能力。

5.5　思政小结

我国在碳纳米管材料的基础研究方面处于领先地位，结构均一性的控制方法和理论不断创新。十三届全国委员会第四次会议第 1095 号提案称，下一步，应将主攻方向放在重大关键技术突破和创新应用需求方面。通过产业政策引导的强化，将碳基材料纳入"十四五"原材料工业相关发展规划，并将碳化硅复合材料、碳基复合材料等纳入"十四五"产业科技创新相关发展规划，为提高碳基新材料等产品质量，推进产业基础高级化、产业链现代化，全面突破关键核心技术，攻克"卡脖子"品种。人的创新能力最旺盛的时期是青年时期，作为新时代青年要树立远大目标，立鸿鹄志，在激烈的国际创新竞争中不甘人后。随着国家对科研投入的不断增长，各级政府充分重视科技创新与人才引进，我国科研界有条件、有能力实现"弯道超车"，在一些前沿领域进入并跑、领跑阶段，从而加快解决制约科技创新发展的一些关键问题。坚持科技是第一生产力、人才是第一资源、创新是第一动力，深入贯彻实施党的二十大报告提出的人才强国战略。培育创新文化，弘扬科学家精神，涵养优良学风，营造创新氛围。

5.6 课后习题

1. 碳纳米管的制备方法有哪些？
2. 碳纳米管的修饰方法有哪些？功能化碳纳米管的目的是什么？
3. 碳纳米管复合水凝胶制备方法有几种？
4. 碳纳米管复合水凝胶领域都在哪些方面？

5.7 参考文献

[1] RATHINAVEL S, PRIYADHARSHINI K, PANDA D. A review on carbon nanotube: An overview of synthesis, properties, functionalization, characterization, and the application[J]. Materials Science and Engineering: B, 2021, 268.

[2] MA A, SRPSA B. Low temperature growth of carbon nanotubes-A review[J]. Carbon, 2020, 158: 24-44.

[3] PRATO M, KOSTARELOS K, BIANCO A. Functionalized carbon nanotubes in drug design and discovery[J]. Accounts of Chemical Research, 2010, 39(16), 60-68.

[4] VAISMAN L, WAGNER H, MAROM G. The role of surfactants in dispersion of carbon nanotubes[J]. Adv Colloid Interface, 2006, 128(none): 37-46.

[5] TASIS D, TAGMATARCHIS N, BIANCO A, et al. Chemistry of carbon nanotubes[J]. Chemical Reviews, 2006, 106(3): 1105-1136.

[6] DATTA KK R, ACHARI A, Eswaramoorthy M. Aminoclay: A functional layered material with multifaceted applications[J]. Journal of Materials Chemistry A, 2013, 1(23): 6707-6718.

[7] WEI L, HU N, ZHANG Y. Synthesis of polymer—mesoporous silica nanocomposites[J]. Materials, 2010, 3(7).

[8] 马宇良，方雪，苏桂明，等. 碳纳米管的表面功能化修饰机理及方法研究[J]. 化学

工程师，2016(4)：5.

[9] BHATTACHARYYA S, GUILLOT S, DABBOUE H, et al. Carbonnanotubes as structural nanofibers for hyaluronic acid hydrogel scaffolds[J]. Biomacromolecules, 2008, 9(2): 505-9

[10] 唐金春, 黄可龙, 于金刚, 等. 壳聚糖-碳纳米管/壳聚糖半互穿网络水凝胶的机械性能及pH敏感性[J]. 化学学报, 2008, 66(5)：4.

[11] LI H, WANG D, LIU B, et al. Synthesis of a novel gelatin-carbonnanotubes hybrid hydrogel[J]. Colloids & Surfaces B Biointerfaces, 2004, 33(2): 85-88.

[12] TONG X, ZHENG J, LU Y, et al. Swelling and mechanical behaviors of carbonnanotube/poly (vinyl alcohol) hybrid hydrogels[J]. Materials Letters, 2007, 61(8-9): 1704-1706.

[13] XIN T, ZHEN Z, YAN C, et al. Swelling and Mechanical Behavior of Poly(vinyl alcohol)/Bentonite Hybrid Hydrogels[J]. The Chinese Journal of Process Engineering, 2006.

[14] LUO Y, ZHANG C, CHEN Y, et al. Preparation andcharacterisation of polyacrylamide/MWCNTs nanohybrid hydrogels with microporous structures[J]. Materials Research Innovations, 2013, 13(1): 18-27.

[15] SANKAR R, SEENI M K M, et al. The pH-sensitivepolyampholyte nanogels: Inclusion of carbon nanotubes for improved drug loading[J]. Colloids Surf B Biointerfaces, 2013, 112(12): 120-127.

[16] HIRSCH A. The era of carbon allotropes[J]. Nature Materials, 2010, 9(11): 868-871.

[17] JIAN C, XUE C, RAMASUBRAMANIAM R, et al. A new method for the preparation of stable carbonnanotube organogels[J]. Carbon, 2006, 44(11): 2142-2146.

[18] 程亚玮, 李欢军, 张公正. 碳纳米管基聚合物水凝胶研究进展[J]. 中国科技论文, 2013, 8(9)：6.

[19] OGOSHI T, TAKASHIMA Y, YAMAGUCHI H, et al. Chemically-responsive sol-gel transition ofsupramolecular single-walled carbon nanotubes (SWNTs) hydrogel made by hybrids of SWNTs and cyclodextrins[J]. Journal of the American Chemical Society, 2007, 129(16): 4878-4879.

[20] TAN Z, OHARA S, NAITO M, et al. Supramolecular hydrogel of bile salts triggered by single-walled carbon nanotubes[J]. Advanced Materials, 2011, 23(35): 4053-4057.

[21] YOU Y, YAN J, YU Z, et al. Multi-responsive carbonnanotube gel prepared via ultrasound-induced assembly[J]. Journal of Materials Chemistry, 2009, 19(41): 7656-7660.

[22] LI W, LIU M, CHEN H, et al. Phenylboronate-diol crosslinked polymer/SWCNT hybrid gels with reversible sol-gel transition[J]. Polymers for Advanced Technologies, 2014, 25(2): 233-239.

[23] BAYAZIT M, CLARKE L, COLEMAN K, et al. Pyridine-functionalized single-walled carbonnanotubes as gelators for poly (acrylic acid) hydrogels[J]. Journal of the American Chemical Society, 2010, 132(44): 15814-15819.

[24] YAN L, LUO, F, et al. Preparation and characterization of PMAA/MWCNTs nanohybrid hydrogels with improved mechanical properties[J]. Journal of Biomedical Materials Research Part B: Applied Biomaterials, 2010.

[25] LIU Z, YANG Z, LUO Y. Swelling, pH sensitivity, and mechanical properties of poly (acrylamide-co-sodium methacrylate) nanocomposite hydrogels impregnated with carboxyl-functionalized carbon nanotubes[J]. Polymer Composites, 2012.

[26] EVIVGUR G A, PEKCAN O. Effect of multiwalled carbon nanotube (MWNT) on the behavior of swelling of polyacrylamide-MWNT composites[J]. Journal of Reinforced Plastics and Composites, 2014, 33(13): 1199-1206.

[27] EVINGUR G, PEKCAN O. Elastic percolation of swollenpolyacrylamide (PAAm)-multiwall carbon nanotubes composite[J]. Phase Transitions, A Multinational Journal, 2012, 85(6): p.553-564.

[28] XIAO Y, HE L, CHE J. An effective approach for the fabrication of reinforced compositehydrogel engineered with SWNTs, polypyrrole and PEGDA hydrogel[J]. Journal of Materials Chemistry, 2012, 22(16): 8076-8082.

[29] HUANG Y, ZHENG Y, SONG W, et al. Poly (vinylpyrrolidone) wrapped multi-walled carbon nanotube/poly (vinyl alcohol) composite hydrogels[J]. Composites Part A: Applied Science and Manufacturing, 2011, 42(10): 1398-1405.

[30] ADEWUNMI A, ISMAIL S, SULTAN A. CarbonNanotubes (CNTs) nanocomposite hydrogels developed for various applications: A critical review[J]. Journal of Inorganic & Organometallic Polymers & Materials, 2016, 26(4): 717-737.

[31] HONG S, TUNG T, LE K, et al. Preparation of single-walled carbonnanotube (SWNT) gel composites using poly(ionic liquids)[J]. Colloid & Polymer Science, 2010, 288(9): 1013-1018.

[32] PATIL T, PATEL D, DUTTA S, et al. Carbon nanotubes-based hydrogels for bacterial eradiation and wound-healing applications[J]. Applied Sciences, 2021, 11(20): 9550.

[33] CASTLE A, GRACIA E E, Nieto-Delgado C, et al. Hydroxyl-functionalized and N-doped multiwalled carbon nanotubes decorated with silver nanoparticles preserve cellular function.[J]. Acs Nano, 2011, 5(4): 2458-66.

[34] ASLAN S, DENEUFCHATEL M, Hashmi S, et al. Carbon nanotube-based antimicrobial biomaterials formed via layer-by-layer assembly with polypeptides[J]. Journal of Colloid & Interface Science, 2012, 388(1): 268-273.

[35] HE J, SHI M, LIANG Y, et al. Conductive adhesive self-healingnanocomposite hydrogel wound dressing for photothermal therapy of infected full-thickness skin wounds - ScienceDirect[J]. Chemical Engineering Journal, 2020, 394, 124888.

[36] GIRI A, BHOWMICK M, PAL S, et al. Polymerhydrogel from carboxymethyl guar gum and carbon nanotube for sustained trans-dermal release of diclofenac sodium. [J]. International Journal of Biological Macromolecules, 2011, 49(5): 885-893.

[37] SATARKAR N, JOHNSON D, MARRS B, et al. Hydrogel-MWCNT nanocomposites: Synthesis, characterization, and heating with radiofrequency fields[J]. Journal of Applied Polymer Science, 2010, 117(3): 1813-1819.

[38] LIU X, HUANG Y, SUN X, et al. Conductive carbonNanotube hydrogel as a bioanode for enhanced microbial electrocatalysis[J]. ACS Applied Materials & Interfaces, 2014, 6(11): 8158.

[39] WU J, REN Y, SUN J, et al. Carbonnanotube-coated macroporous poly(N-isopropylacrylamide) hydrogel and its electrosensitivity. [J]. Applied Materials & Interfaces, 2013, 5(9): 3519-3523.

[40] SUN X, YE Q, JING Z, et al. Preparation of hemicellulose-g-poly(methacrylic acid)/carbon nanotube composite hydrogel and adsorption properties[J]. Polymer Composites, 2013, 35(1): 45-52.

[41] CHATTERJEE S, MIN W, WOO S. Adsorption ofcongo red by chitosan hydrogel beads impregnated with carbon nanotubes[J]. Bioresource Technology, 2010, 101(6): 1800-1806.

[42] POURJAVADI A, DOULABI M, SOLEYMAN R. Novel carbon-nanotube-based organogels as candidates for oil recovery[J]. Polymer international, 2013, 62(2): 179-183.

[43] CHOI S, CHOI J, KIM Y, et al. Enzyme immobilization on microelectrode arrays of CNT/Nafion nanocomposites fabricated using hydrogel microstencils[J]. Microelectronic Engineering, 2015, 141(jun. 15): 193-197.

[44] KUMAR G, HASHMI S, KARTHIKEYAN C, et al. Graphene oxide/carbon nanotube composite hydrogels-versatile materials for microbial fuel cell applications [J]. Macromolecular Rapid Communications, 2014, 35(21): 1861-1865.

[45] NATH B, GOGOI B, BORUAH M, et al. High performance polyvinyl alcohol/multi walled carbonnanotube/polyaniline hydrogel (PVA/MWCNT/PAni) based dye sensitized solar cells[J]. Electrochimica Acta, 2014, 146: 106-111.

[46] SHIN S, SHIN C, MEMIC A, et al. Aligned carbon nanotube-based flexible gel substrates for engineering biohybrid tissue actuators[J]. Advanced Functional Materials, 2015, 25(28): 4486-4495.

[47] ZHANG X, PINT C, LEE M, et al. Optically-and thermally-responsive programmable materials based on carbon nanotube-hydrogel polymer composites[J]. Nano Letters, 2011, 3239-3244.

6 MXenes 复合水凝胶材料

在现有的 2D 纳米材料中，蓬勃发展的过渡金属碳化物、氮化物或碳氮化物（MXenes）家族因其独特的金属导电性、溶液加工性、高长径比和广泛可调等特性组合脱颖而出。通常，MXenes 的化学式为 $M_{n+1}X_nT_x$ ($n=1\sim4$)，其中 M 和 X 分别代表早期过渡金属（例如 Ti、V、Nb、Mo 等）和碳/氮。而 T_x 表示不同的表面确定的官能团（例如，OH、O、F）。到目前为止，MXenes 在储能、传感、光电子、催化和生物医学等领域已经表现出了非常好的性能。此外，关于水凝胶应用，MXenes 因其优异的机械强度、优异的亲水性和丰富的表面化学，为设计具有特定应用特性的 MXenes 基水凝胶提供了多功能平台。当 MXenes 被纳入水凝胶系统中时，通过其优异的特性增强了水凝胶在各种应用中的性能。本章将从 MXenes 的制备方法、特性、应用及其衍生物等几个方面进行学习了解。

6.1 MXenes 的制备方法及特性

在 2D 材料中，过渡金属碳化物、氮化物和碳氮化物（称为 MXenes）于 2011 年首次被报道。在过去十年中，它们的合成和应用出现了相应的扩展[1-2]。MXenes 通常采用自上而下的蚀刻工艺，以层状三元 MAX 相为前驱体合成。MAX phase 是一个通用术语，用于表示 100 多种不同类型的金属碳化物或/和氮化物，它们遵循 $M_{n+1}AX_n$ 的公式。它是由 2D 层状结构的结合和堆叠形成的 3D 晶体结构。这里，M 代表早期过渡金属，A 是主要的族元素（主要是族 13 和族 14），"X" 可以是 C 或 N，$N=1\sim4$。在最大相位，由 $[XM_6]$ 组成的变形八面体以边缘共享配置横向延伸，形成 "M-X" 层结构。A 层位于"M-X"结构的两侧，在 A 和 M 原子之间有金属键。通过从 MAX 相移除 A 层而产生的 2D 层状材料（此后称为 MXenes）具有 $n+1$ 层 M 和 n 层 X 的交替排列结构，具有丰富的表面终端，例如—F，—OH，—Cl（表示为 T_x）。图 6-1 显示了用于合成 MXenes 的元素周期表。目前，已成功合成了 30 多种不同构型，并预测了 100 多种 MXenes 的化学计量组成。

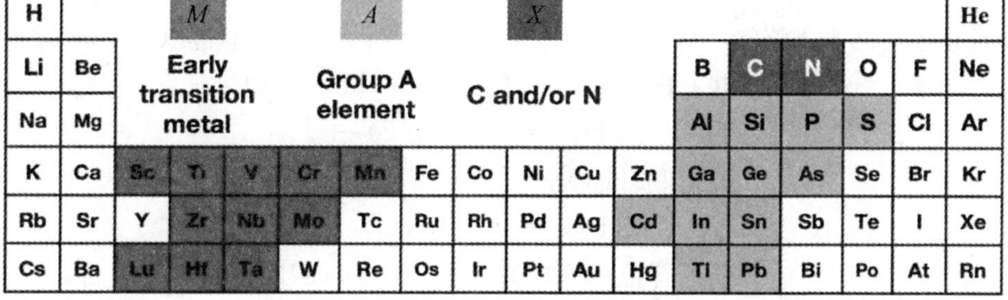

图 6-1 已知形成最大相位的元素[2]

有效的合成路线能够拓宽 MXenes 材料应用范围。自 2011 年发现 MXenes 以来，使用各种化学和物理路线合成 MXenes 的方法已经得到了充分的研究。目前已经开发了各种合成策略来蚀刻最大相位，以实现 MXenes 的丰富配置和独特特性[3-4]。MAX 最大相的 X 键主要是共价键和离子键，结合强度高。相比之下，MAX 键主要是金属键，结合强度相对较弱。因此，可以使用适当的蚀刻剂从 MAX 相选择性地蚀刻"A"层。Khazaei 等人计算了几十个 MAX 相的力常数和静态剥落能，以预测其蚀刻和剥落的可能性[5]。结果表明，MAX 相中 A 原子的总力常数与剥落能线性相关，能预测黏结强度和剥离可能性。相邻原子对 A 原子的总作用力常数越小，剥离能越低。多层叠层 MXenes 的产生伴随着一层原子的脱落和与蚀刻剂或介质反应的表面终端的装饰。图 6-2 显示了为获得 MXenes 而提出的各种合成策略，本章从 MXenes 的制备和性质等方面进行介绍。

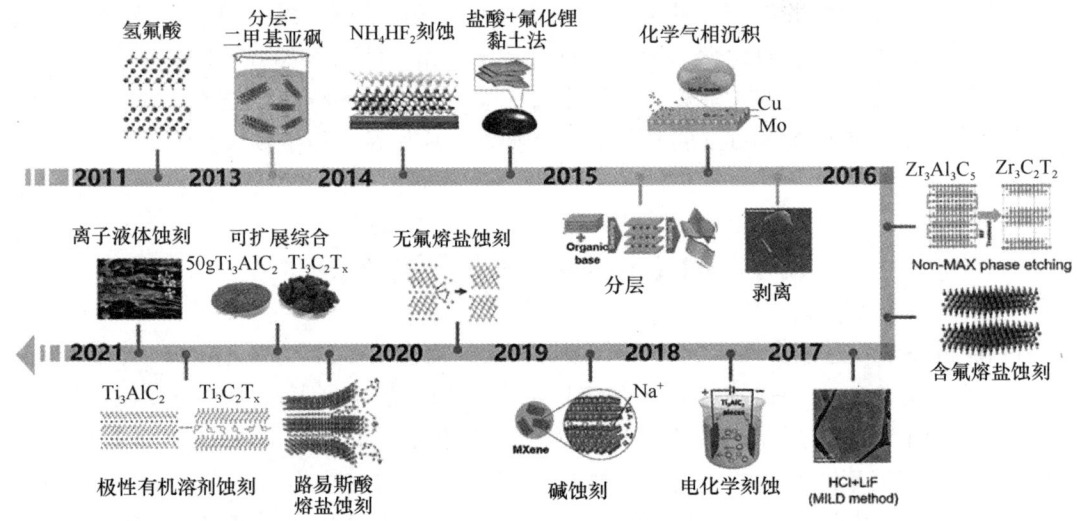

图 6-2 MXenes 合成进展时间表[1]

6.1.1 氢氟酸蚀刻法

氢氟酸（HF）是首次报道的从其相应的 MAX 前驱体中获得 MXenes 的蚀刻剂。2011 年，Gogotsi 和 Barsoum 等人发现 Ti_3AlC_2 中的 Al 原子层可以使用 50% 的 HF 选择性蚀刻，这是因为含 Al 的最大相与 F 离子之间具有高反应性，从而形成具有范德华力的手风琴状 $Ti_3C_2T_x$ 粉末和各层之间表面基团形成的氢键。所得 $Ti_3C_2T_x$ 粉末的化学计量比和晶体结构与相应的 Ti_3AlC_2 MAX 相一致，但 Al 原子层除外[6]。此外，该水性蚀刻工艺使 MXenes 具有丰富的表面终端，如—F、—OH 和—O。蚀刻工艺可通过以下反应确定：

$$Ti_3AlC_2 + 3HF \Longrightarrow AlF_3 + 3/2H_2 + Ti_3C_2 \tag{6-1}$$

$$Ti_3C_2 + 2HF \Longrightarrow Ti_3C_2(F)_2 + H_2 \tag{6-2}$$

$$Ti_3C_2 + 2H_2O \Longrightarrow Ti_3C_2(OH)_2 + H_2 \tag{6-3}$$

$$Ti_3C_2 + 2H_2O \Longrightarrow Ti_3C_2(O)_2 + 2H_2 \tag{6-4}$$

图 6-3（a）显示了蚀刻前后样品的 XRD 图谱[6]。在与 HF 蚀刻剂反应后，以 39°为中心的 Ti_3AlC_2 相的特征峰消失，而（002）峰向下移动到较低的角度，表明基于 Bragg 方

程的层间间距增加。图 6-3（b）显示了 Ti_3AlC_2 MAX 相和几种 MAX 衍生物的形态[7]，即 $Ti_3C_2T_x$、Ti_2CT_x、$Ta_4C_3T_x$、$TiNbCT_x$ 和 Ti_3CNT_x。如图 6-3（b）所示，所有产品均显示出手风琴状的多层结构，表明 HF 在蚀刻含铝 MAX 相时的普遍性。HF 蚀刻后的一个重要步骤是清洗过程，以去除多余的酸和副产物，通常通过离心清洗。离心后，手风琴状 MXenes 会沉淀到底部，同时将无色上清液丢弃，重复此过程，直到上清液接近中性。

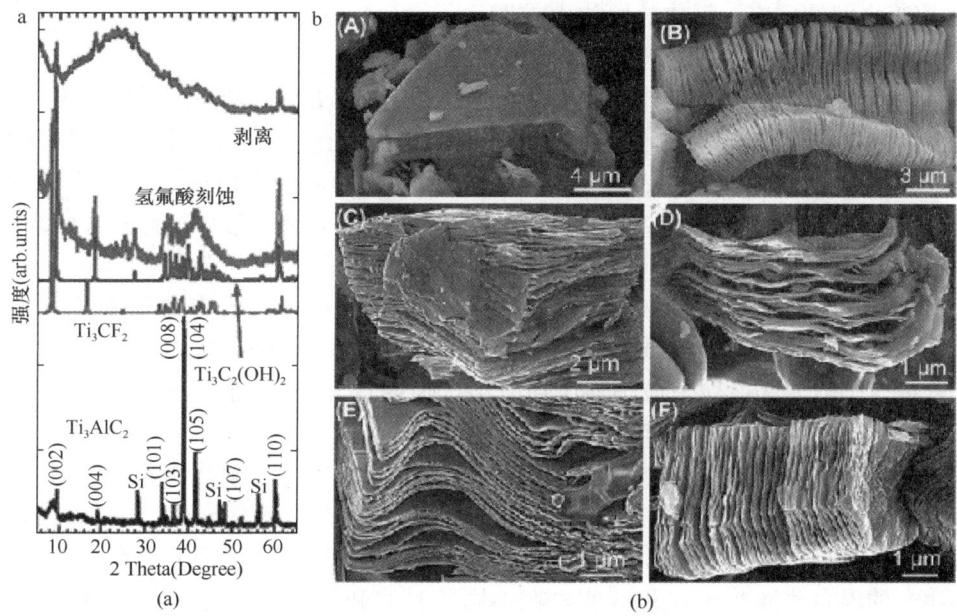

图 6-3 蚀刻工艺图谱

(a) MAX 和 MXenes 的 XRD 分析[6]；(b)（A）Ti_3AlC_2 颗粒（典型的未反应最大相）；(B) $Ti_3C_2T_x$ SEM 图；(C) Ti_2CT_x SEM 图；(D) $Ta_4C_3T_x$ SEM 图；(E) $TiNbCT_x$ SEM 图；(F) Ti_3CNT_x SEM 图 SEM 图[7]

研究表明，该开创性程序适用于不属于最大相组的其他碳化物前驱体，如 $Zr_3Al_3C_5$ 和 Mo_2Ga_2C。然而，HF 程序使用了有害的化学溶液，这阻碍了其在放大过程中的使用[8-10]，HF 蚀刻的 MXenes 不是单层材料，而是通过弱范德瓦尔斯键堆叠在一起的多层薄片[8]。为了增强 MXenes 剥落能力，由于层间距离会对一些应用产生影响，例如 2D 材料中的电化学性能[11]，研究集中在层间范德华键的削弱上。Mashtalir 及其同事已经验证了不同物质的可能用途，如尿素、二甲基亚砜（DMSO）和异丙胺等插层物质。DMSO 成功用于 $Ti_3C_2T_x$，异丙胺用于 Nb_2CT_x、$NB_4C_3T_x$ 和 $Ti_3C_2T_x$。还研究了其他插层物质，如 NH_4HF_2、四丁基氢氧化铵（TBAOzH）、四甲基氢氧化铵（TMAOH）和水中的芳基重氮盐，层间距离增加了三倍。这些插层方法的使用，使 HF 刻蚀的 MXenes 得到了广泛应用[12]。

HF 刻蚀方法操作简单，反应温度低，最适合刻蚀含有 MAX 相的铝和部分非 MAX 相。然而，HF 蚀刻剂具有高度腐蚀性、毒性、操作风险和不良环境影响等缺点。此外，蚀刻产品表面有大量的—F 基团，这对能量储存不利。因此，有必要探索和开发新的蚀刻方法，用更温和、毒性更小、环境友好的方法取代 HF 蚀刻工艺。

6.1.2 原位 HF 成形刻蚀方法

为了解决 HF 蚀刻剂的腐蚀以及刻蚀的多层问题，还探索了可原位形成 HF 蚀刻剂的替代蚀刻路线。在原位 HF 形成过程中，由于 F 离子与含 Al 的 MAX 相之间的高反应性，F 离子可以与 MAX 前驱体的 Al 原子反应，形成氟化物、H_2 和目标 MXenes。由于可以避免直接使用 HF，原位 HF 成形方法比传统 HF 方法具有操作简单、能耗低、蚀刻过程中化学风险小等优点。

Ghidu 和他的同事探索了 Ti_3AlC_2 与含有盐酸（HCl）和氟化盐（如 LiF、NaF 和 KF）的溶液之间的反应，氟化盐原位生成 HF[13]：

$$LiF + HCl = HF + LiCl \tag{6-1}$$

该路线的优点是：(1) 与 HF 相比，反应物的侵蚀性更小；(2) 较低的超声波处理时间（即至少四次）；(3) 较高的剥落率，约 70% 的薄片具有一层或两层；(4) 较低的空位量；(5) 高度可塑性和柔性的黏土状 MXenes。换言之，由于剥离率高，HCl+LiF 法不需要剥离剂（如 DMSO 或 TBAOH），这与 HF 法不同。Hope 等人证实了这种低缺陷含量的 HCl-LiF 合成路线，并对 Mo_2CT_x MXenes 进行了验证[14]。此外，MXenes 形态在 HCl-LiF 路线中从手风琴状（HF）结构转变为更紧密的结构，没有可见的分层。此外，将反应物摩尔比（Ti_3AlC_2：LiF：HCl）从 1.0：5.0：11.7 更改为 1.0：7.5：23.4，产生了一种更安全的方法，称为最小强度层分层（轻度），该方法已成功应用于 $Ti_3C_nT_x$ 和 $Ti_3C_2T_x$ 的剥离，并可能在未来广泛使用。

目前，将氟化物盐与酸混合已成为刻蚀最大相的成熟方法。氟化物盐的变化可以调节 MXenes 的层间间距，以满足预期的应用要求。除了氟化锂，其他氟化物盐也被用作蚀刻剂。现阶段已经将 HCl 与各种氟化物盐（即 LiF、NaF、KF、NH_4F）结合，形成用于蚀刻 Ti_3AlC_2 的混合溶液[15]。结果表明，在不同的时间和温度下，每种混合蚀刻剂都适用于生成 MXenes。发现 HCl/NH_4F 混合物能够以最短的蚀刻时间（24h）和最低温度（30℃）将 Ti_3AlC_2 相完全蚀刻成 $Ti_3C_2T_x$。同样将氟化物盐与其他酸杂混也可制备 MXenes。郭等人认为，用 H_2SO_4 代替 HCl，位于 $Ti_3C_2T_x$ 表面的—SO_4 基团可以提高反应速度，这是一种大尺寸静电终端[16]。当采用 H_2SO_4/LiF 蚀刻策略来蚀刻 Ti_3AlC_2 时，—SO_4 终端在不影响所制备 MXenes 导电性的情况下扩大了层间间距。此外，Halim 等人首次提出了 NH_4HF_2 作为蚀刻剂在室温下对 Ti_3AlC_2 薄膜进行蚀刻的应用。用氟化氢盐腐蚀来得到 MXenes[17]，在腐蚀过程中，从氟化氢盐中分离出来的水合阳离子可以吸附到 MXenes 的带负电表面，从而增大层间间距。其腐蚀机理可概括为：

$$Ti_3AlC_2 + 3NH_4HF_2 = (NH_4)3AlF_6 + 3/2H_2 + Ti_3C_2 \tag{6-2}$$

$$Ti_3C_2 + aNH_4HF_2 + bH_2O = (NH_3)c(NH_4)dTi_3C_2(OH)_xF_y \tag{6-3}$$

此后 Karlsson 等人将 Ti_3AlC_2 浸泡在 1 M NH_4HF_2 溶液中 5d，然后清洗、过滤和干燥后获得 MXenes[18]。在这种情况下，NH_4^+ 和水分子插层到 MXenes 夹层中，从而扩大了层间间距。除 NH_4HF_2 外，还报告了一些其他氟化氢盐，即 $NaHF_2$ 和 KHF_2，作为蚀刻 Ti_3AlC_2 和获得 $Ti_3C_2T_x$ 的蚀刻剂[19]。

6.1.3 电化学腐蚀法

电化学腐蚀法制备 MXenes 涉及在一定电压下以 MAX 相为电极选择性去除 Al 原子层。电化学方法可用于使用 NaCl、HCl 或 HF 作为电解系统的最大相的碳化物衍生碳

(CDC)[20]。一个典型的电化学通过在 0～2.5V 之间的循环伏安图来表述蚀刻过程。M-A 键的断裂允许去除在 MAX 相中的 A 层 [图 6-4 (a)]。通过将蚀刻电压窗口（蚀刻电势）控制在 A 层和 M 层之间的反应电势范围内并控制适当的蚀刻时间，可以实现选择性地去除 A 原子，从而允许精确合成 MXenes。由于工作电极通常由 MAX 相组成，蚀刻过程首先在 MAX 电极表面实现，这通常会导致表面 CDC 的形成，阻碍后续的蚀刻进程。因此，刻蚀电压的调制应该是有效刻蚀最大相位的关键因素。Sun 等人使用三电极系统在 0.6 V (vs Ag/AgCl) 下对最大相进行电化学蚀刻[21]。大块 Ti_2AlC 被切割成薄长方体块作为工作电极，而 Ag/AgCl、Pt 和 HCl 分别用作参比、反电极和电解系统。电化学蚀刻过程中 Ti_2AlC 转化为 Ti_2CT_x 和 CDC 层，其中 Ti_2AlC 表面上的 CDC 层限制进一步蚀刻，形成 MXenes 覆盖的 MAX。增加的电化学蚀刻逐渐将 MAX 相完全转化为 CDC。

尽管电化学方法具有一些优点，如反应温度低、能耗低、腐蚀性酸用量最少，但它经常因 MXenes 上伴随的 CDC 层而受到影响，从而导致产率降低。Yang 等人采用了双电极系统，使用 Ti_3AlC_2 MAX 片作为工作电极和对电极，同时分别使用 H_2SO_4、HNO_3、NaOH、NH_4Cl 和 $FeCl_3$ 作为电解液，该研究强调了不同电解液对蚀刻过程的影响[22]。尽管无氯酸（如 H_2SO_4 和 HNO_3）可以很好地腐蚀铝箔，但在电化学系统中，这些酸不能从最大相蚀刻铝原子层。相反，含铝和含氯电解质之间的强相互作用使得在最大相位中铝层能够充分蚀刻。在这种情况下，基于蚀刻产物与前驱体的质量比，蚀刻产率约为 40%。为了增加 MAX 相的内部可接近性，使其与电解液充分接触并确保连续蚀刻反应，可以通过插入剂插入 MAX 相以增加层间距并允许电解液离子的连续扩散。例如，使用 1mol/L NH_4Cl 和 0.2mol/L TMAOH 作为混合电解液，在 5 V (vs SCE) 下获得 $Ti_3C_2T_x$，蚀刻时间为 5h[22]。TMAOH 可以很容易地插入 MAX 相的夹层中，增加了对铝层的电解液可及性。Cl^- 和 Al^{3+} 的结合破坏了 Ti—Al，从而允许有效蚀刻最大相位。随后，非充电 NH_4OH 的插入也可以扩展 Ti_3AlC_2 的边缘，同时促进内部 MAX 相的蚀刻。刻蚀反应可定义如下：

$$Ti_3AlC_2 - 3e^- + 3Cl^- = Ti_3C_2 + AlCl_3 \qquad (6-4)$$

$$Ti_3C_2 + 2OH^- - 2e^- = Ti_3C_2(OH)_2 \qquad (6-5)$$

$$Ti_3C_2 + 2H_2O = Ti_3C_2(OH)_2 + H_2 \qquad (6-6)$$

虽然这种方法可以减少腐蚀过程中 CDC 层的干扰，但插层剂的毒性是一个实验安全问题。香港理工大学开发了一种新的热辅助电化学蚀刻方法，该方法也可以在不添加插层剂的情况下实现高效蚀刻[23]。使用三电极系统，分别以 1M HCl、Pt 和甘汞电极作为电解液、对电极和参比电极，蚀刻不同的 MAX 相（即 Ti_2AlC、V_2AlC 和 Cr_2AlC）该方法探索 Ti_2AlC 最大相以及在不同 HCl 浓度、温度和反应时间下蚀刻的产物形态。当蚀刻时间在 3～9h 范围内时，在 50℃[图 6-4(d)～(g)]的温度下可以观察到手风琴状结构，而当温度降低到 25℃[图 6-4(c)]时，蚀刻 9h 后产品没有明显分层。在 9h 的刻蚀时间内，可以实现最小的 CDC 层生成，并提高效率[图 6-4(b)～(g)]。电化学腐蚀是一种绿色、安全、低能耗的合成方法。然而，除了产量不足之外，CDC 层的存在仍然是一个需要克服的困难。虽然作为电极的最大相可以多次循环使用，但典型的蚀刻工艺会导致 MXenes 的产量较低，不适合大规模制备。

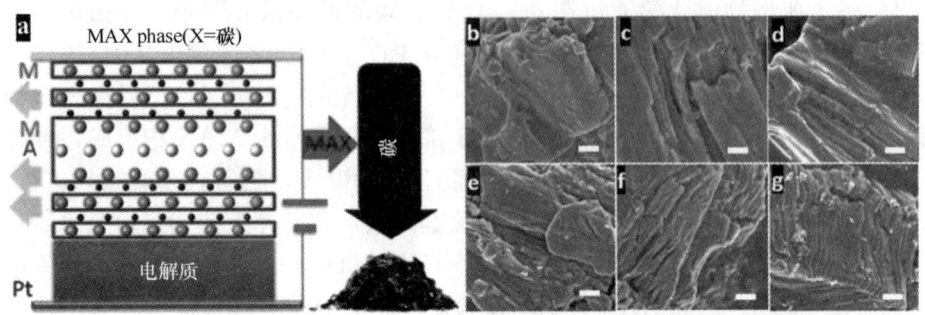

图 6-4 电化学腐蚀的工作原理及产物的形貌
(a) 从最大相位合成 CDC 的示意图[20];在不同蚀刻条件
(1M HCl、反应温度、时间和电压) 下产生的 Ti_2CT_x 的 SEM 图像:
(b) 未经蚀刻的 Ti_2AlC;(c) 25℃/9h/0.3V;(d) 50℃/3h/0.3V,无炭黑;
(e) 50℃/3h/0.3V;(f) 50℃/6h/0.3V;(g) 50℃/9h/0.3V。标尺设置为 $1\mu m$[23]

6.1.4 其他腐蚀法

与前面讨论的涉及化学蚀刻的其他路线相反,Xu 等人报告了一种自下而上的方法来生产 MXenes。他们通过化学气相沉积(CVD)合成了高质量的 Mo_2C 晶体[24]。该化合物是迄今为止通过自下而上策略生产的唯一一种没有终止的化合物。尽管合成方案复杂且能耗高,但考虑到其对碳化物和氮化物的通用性和适用性,尚不清楚为什么没有通过 CVD 技术合成其他化合物[12]。

之前的方法大多使用酸来蚀刻 A 原子层。实际上,碱也有望实现 MAX 相的选择性刻蚀。重庆大学李莉[25]报告了一种两步蚀刻工艺,涉及将 Ti_3AlC_2 在 1M NaOH 溶液中浸泡 100h,然后在 80℃下在 $1M H_2SO_4$ 溶液中浸泡 2h,从而允许将 MAX 相的表面蚀刻到 $Ti_3C_2T_x$ 中。在这个过程中,碱被用来去除 MAX 相层中的铝原子,其中 H_2SO_4 负责去除表面暴露的铝原子。该工艺允许使用低浓度碱作为蚀刻剂对 MAX 相进行有效蚀刻,但只有 MAX 相的超薄层可以极低的 MXenes 产率进行蚀刻。此外,将蚀刻的 MXenes 与其 MAX 相前驱体分离也是一项挑战。

除此之外,使用水热方法也是刻蚀 MXenes 的一种方法。当使用 2 M KOH 在 200℃下使用水热反应蚀刻 Ti_3SiC_2 时,核-壳 $MAX@K_2Ti_8O_{17}$ 复合物形成[26],而 NaOH 的使用导致在 MAX 相表面形成 $Na_2Ti_7O_{15}$,阻碍了该过程产生纯 MXenes。当碱浓度和温度升高到一定程度时,碱与 MAX 相的反应会发生质的变化。例如,可以在 270℃下使用 27.5 M NaOH 从 Ti_3AlC_2 中成功去除 Al 层,以获得产率为 92% 的 $Ti_3C_2T_x$[27]。主要反应途径是铝转化为氢氧化铝,然后在碱性介质中溶解。在蚀刻过程中发生的反应如下:

$$Ti_3AlC_2 + OH^- + 5H_2O \Longrightarrow Ti_3C_2(OH)_2 + Al(OH)_4^- + 2.5H_2 \qquad (6-7)$$

$$Ti_3AlC_2 + OH^- + 5H_2O \Longrightarrow Ti_3C_2O_2 + Al(OH)_4^- + 3.5H_2 \qquad (6-8)$$

在这种情况下,高温和浓 NaOH 很容易溶解氢氧化铝,形成无氟 MXenes。此外可以通过使用高浓度 KOH 在 180℃下蚀刻 Ti_3AlC_2 24h 来获得 MXenes 纳米带(≈93.3%,质量分数)[28],使用浓碱蚀刻 MAX 相是有效的,并且可以获得具有无 F 端接的高度亲水性产品。然而，使用高浓度碱和高温的危险性限制了其大规模制备 MXenes 的适用性。此外，所获得的产物通常是具有手风琴状形貌的多层 MXenes，这需要进一步的插层和分层以制备单层 MXenes 纳米片。

为了追求 MXenes 的绿色、高效和安全生产，需要不断探索各种合成路线的工程，现在有熔盐腐蚀法、使用卤素作为 MAX 蚀刻的蚀刻剂等方法，在这里就不多做赘述。MXenes 的刻蚀和制备过程虽然已经逐渐成熟，但是人们依然在不断地探索和改进，相信在不久的将来会探索出绿色、环保、产率喜人的方法。

6.1.5 MXenes 的特性

在独特的 MXenes 性能中，高的杨氏模量、热导率和导电率以及可调节的带隙是显著的。值得注意的是，MXenes 具有高金属导电性的亲水表面与大多数 2D 材料（包括石墨烯）不同。最后，可通过成分（例如，固溶体形成和不同过渡金属"M"和"X"元素）、表面功能化（通过化学和热处理）和结构/形态改变来调节其性能。MXenes 系列的主要特性如下：

1. 电子电气性能

MXenes 的两个主要性能，即电子和电气性能，可以通过官能团改变、化学计量或固溶体形成来调节。在试验上，MXenes 压盘的导电性类似于多层石墨烯（电阻从 22Ω 到 339Ω，取决于"n"指数及其化学式），高于碳纳米管和还原石墨烯氧化物材料。此外，不同化合物电阻率值随着层数和官能团的存在而增加，所测量的 $Ti_3C_2T_x$ 电导率范围为 850～9880S/cm，这主要归因于以下几个原因：(1) 缺陷浓度；(2) 表面官能团；(3) 分层率；(4) MXenes 薄片之间的间距；(5) 每个蚀刻程序引起的横向尺寸的差异。通常，较低的 HF 浓度和蚀刻时间会产生缺陷较少、横向尺寸较大的 MXenes，从而产生较高的电子导电性（例如，较高的薄片尺寸会产生比小尺寸 MXenes 大五倍的导电性）[29]。此外，在相对湿度感应材料的应用中，环境湿度也可能对它们电导率产生影响。通过热处理和碱处理进行表面改性是提高电性能的有效方法，试验表明，电导率可增加两个数量级。

2. 机械性能

由于 M-C 和 M-N 是最强的键，MXenes 展现出极好的机械性能。它的弹性常数 (C11) 至少比其他 2D 材料（如 MoS_2）大两倍。然而，尽管 C11 值比石墨烯低 2～4 倍 (1060 GPa)，但其弯曲刚度更高，这表明其可用于复合材料中的增强材料。此外，由于官能团的存在，MXenes 在复合应用中与聚合物基体的相互作用优于石墨烯。钛基 MXenes 薄片表现出亲水性，接触角在 27°～41°（$Ti_3C_2T_x$ 的接触角为 35°）[30]。现在的研究中发现的一个重要的现象是 MXenes 碳化物和氮化物的杨氏模量随着层数（"n"）的增加而降低[31]。此外，氮化物基化合物具有比碳化物更高的值。终端的存在大大降低了 C11 的值（按以下顺序：O、F 和 OH），但增加了其临界变形。这些值远高于石墨烯值，石墨烯值是柔性电子的一个重要特征。例如，虽然 Ti_2C 在双轴拉伸下可变形高达 9.5%、18% 和 17%，但 Ti_2CO_2 可达到 20%、28% 和 26.5%（石墨烯为 15%、24% 和 20%）。最近，沿 [0001] 方向验证了层间的机械性能。$Ti_3C_2(OH)_2$ 的杨氏模量在 SH 和 Bernal 叠加中分别为 158GPa 和 226GPa[32]。最后，预测了 W_2C 的负泊松比，这可能会在先进技术领域得到应用，如汽车和飞机中的抗断裂部件。最近试验测得 $Ti_3C_2T_x$ 单层杨氏模量

为 333 ± 30 GPa。该值接近 $Ti_3C_2(OH)_2$ 之前的 300GPa 模拟值和 $Ti_3C_2O_2$ 的 386GPa 模拟值，仍然比 MoS_2 和氧化石墨烯高出约 60%。

3. 光学性能

可见光和紫外光吸收对于光催化、光伏、光电和透明导电电极器件都非常重要。MXenes 薄膜可以吸收 300~500nm 的紫外可见光，5nm 厚度薄膜的透射率高达 91.2%。此外，根据薄膜厚度，它可能在 700~800nm 左右呈现出强而宽的吸收带，这导致薄膜呈淡绿色，对光热疗法（PTT）应用非常重要。值得注意的是，可以通过改变其厚度和离子插层来优化透射率值。例如，联胺、尿素和二甲基亚砜降低了 $Ti_3C_2T_x$ 薄膜的透射率，而四甲基氢氧化铵（NMe_4OH）将其从 74.9% 提高到 92.0%[33]。第一原理模拟指出，官能团的存在也会影响这些 2D 化合物的光学性质。事实上，与氧端相比，氟化端和羟基端呈现出类似的特征。例如，在可见光范围内，—F 和—OH 终端会降低吸收率和反射率，而在 UV 区域，与原始 MXenes 相比，所有终端都会提高反射率[34]。最近，研究表明，MXenes 薄片的横向薄片尺寸减小可降低吸光度值。由于其在可见光区域的光学透明度和金属导电性，MXenes 是柔性透明电极应用的潜在候选材料，而其在紫外线区域的高反射率指向抗紫外线涂层材料。最后，指出了其优异的光-热转换效率（~100%），用于生物医学和水蒸发。尽管如此，一些光学相关特性，如发光效率、发射颜色、等离子体和非线性光学特性，仍需阐明，以便进一步开发 MXenes 应用。

4. 其他性能

由于磁化可能性不同于最大相位，研究扩展了对 MXenes 磁性的评估。据预测，几种原始化合物具有磁矩，如 Ti_4C_3、Ti_3CN、Fe_2C、Cr_2C、Ti_3N_2、Ti_2N、Zr_2C 和 Zr_3C_2。然而，在终止时，必须对每个 MXenes 和功能化基团进行单独分析。例如，$Ti_3C_nT_x$ 和 $Ti_4C_3T_x$ 与官能团是非磁性的，而 Cr_2Ct_x 和 Cr_2Nt_x 在室温下保持铁磁性，OH 和 F 基团附着，Mn_2NT_x 是铁磁性的[12]。然而，报告的磁矩仍然只是计算预测，尚未通过试验观察到。

研究人员已经证明，由于 $Ti_3C_2T_x$ 具有显著的抗菌性能[35]，使用 $Ti_3C_2T_x$ 可以成功地去除水中的铅、磷、铜和铬。这可归因于 MXenes 膜中非常小的层间距（~6Å），其能够吸附和排斥半径大于层间距的离子/分子。由于其尺寸连续小型化，MXenes 的导热系数和热膨胀系数仍然是个问题。对于电子和与能量相关的散热装置而言，由于其尺寸连续小型化，对 MXenes 的导热系数和热膨胀系数仍然很稀少。模拟研究预测了较低的热膨胀系数和磷光体和 MoS_2 单层更高的热导率。例如，室温下 Ti_2CO_2、Zr_2CO_2、HF_2CO_2 和 SC_2CF_2 的预测导热系数在 22~472W/($m^1\cdot K^1$) 之间变化[12]。

6.2 MXenes 复合水凝胶的制备方法

水凝胶由于其在软电子、人机界面、传感器、致动器和柔性储能等方面的潜在应用，最近引起了人们极大的兴趣。当二维（2D）过渡金属碳化物/氮化物（MXenes）复合到水凝胶体系中时，得益于其令人印象深刻的亲水性、金属导电性、高长径比形态和广泛可调节的性能组合，它们为基于 MXenes 的软材料的设计提供了一个多功能平台，具有可调的特定应用特性[36]。MXenes 水凝胶的特性，在某些情况下，其独特特性由复杂的凝胶结构和凝胶机制决定,这需要在纳米尺度上进行深入研究和工程设计。另一方面,将MXenes配制成水凝胶可以显著提高MXenes的稳定性,这通常是许多基于MXenes应用的限制因素。此外,通过简单的处理,可以获得MXenes水凝胶的衍生物,如气凝胶,从而进一步扩大其多功能性。本节将从MXenes复合水凝胶的制备来阐明各种含MXenes的水凝胶系统。

6.2.1 纯MXenes水凝胶

由于范德华层间强烈的吸引力,MXenes纳米片不可避免地会聚集和重新堆积,因此MXenes很难单独形成凝胶。水凝胶的制备情况则更具挑战性,因为MXenes的表面部分具有优越的亲水性。因此,水凝胶基质中通常需要交联剂,以平衡MXenes的亲水性并维持2D纳米片的3D组装。Lin等人通过对分层MXenes悬浮液进行真空辅助过滤,成功制备了完全由MXenes组成的水凝胶,MXenes是唯一的凝胶剂[37]。这是制备MXenes膜的一种常见的制备方法,当多孔膜上没有留下胶体溶液,便立即断开真空,从而获得MXenes水凝胶膜。他们将水凝胶膜短暂浸入丙酮中以促进其剥离。未移动的预插层水分子的大量存在导致MXenes片材之间的动态物理交联,从而促使凝胶状结构的形成。然而,这种力无法承受范德华层间作用力。因此,为了防止MXenes纳米片的重新堆积,上述每项研究都采用了不同的策略,以避免形成的水凝胶崩塌。Lin等人简单地将未干燥的水凝胶膜浸入热稳定的离子液体中,即1-乙基-3-甲基咪唑双(三氟甲基磺酰)酰亚胺(EMI-TFSI),以允许溶剂交换[37]。在80℃下真空干燥后,离子液体保留在MXenes膜中,这阻止了重新填充并增加了层间间距,形成$Ti_3C_2T_x$离子凝胶而不是水凝胶。在另一项研究中,Lukatskaya等人通过在H_2SO_4电解液中浸泡3d来保存所获得MXenes水凝胶的结构,之后将其直接用于电化学测量,发现有预插层水分子的MXenes结构,具有质子能够快速传输的能力[38]。

6.2.2 GO辅助MXenes纳米复合水凝胶

除了上述物理衍生凝胶机制外,其他物理和化学相互作用也有助于形成MXenes水凝胶,并形成额外增强骨架。交联剂将悬浮在水中的独立MXenes纳米片组装成连接良好3D结构的能力对于凝胶化过程至关重要。然而,由于MXenes表面上的活性交联位点有限,因此选择合适的交联剂(凝胶剂)仍然具有挑战性。因此,暴露更易接近的交联位点对于获得组装良好的水凝胶网络至关重要。这可以通过另一种基于2D材料的凝胶剂GO来实现,该凝胶剂允许与MXenes纳米片的界面相互作用,而不是点对面相互作用。Chen等人首次通过有机物自聚集过程报道了MXenes和rGO纳米片之间的这种紧密界面交联[39]。当与GO溶液混合时,MXenes能够将亲水性GO还原为更疏水的rGO,这是由于去除了部分GO片材表面上丰富的含氧表面官能团。MXenes作为还原剂的显著能力归因于其Ti的多价性,其可以从低价转变为表面终止的高价态。在凝胶化过程中,由于MXenes和rGO之间的氢键驱动,使得MXenes和rGO之间的静电斥力减小,从而有助于MXenes纳米片自聚集到各向异性组装的rGO框架中。类似的GO辅助界面交联也用于通过利用MXenes的氧化还原能力将Pd离子还原为金属Pd来制备Pd修饰的MXenes水凝胶,Pd离子逐渐沉积在MXenes板上。为了在GO辅助凝胶化过程中进一步增加可接近比表面积，Shang 等人引入了层间间隔物乙二胺（EDA），这导致 rGO 层和 MXenes 纳米片之间形成化学键[40]。与 $Ti_3C_2T_x$ 诱导 GO 还原同时，EDA 通过打开 GO 板上的环氧环促进氧的悬空键的形成。MXenes 随后与这些悬垂键连接，形成 MXenes-rGO 杂化结构，通过杂化纳米片之间的自发层间吸引力转变为水凝胶，与仅 GO 水凝胶相比，MXenes-rGO 纳米复合材料（NC）水凝胶更厚、更灵活。

6.2.3 MXenes-聚合物纳米复合（NC）水凝胶

由于 MXenes 纳米片的亲水性，将其纳入聚合物水凝胶网络，使其具有突出的多功能性。迄今为止，已经制备了几种 MXenes-聚合物 NC 水凝胶，并在许多应用中进行了开发。通常，MXenes 纳米片与水凝胶网络中其他聚合物之间的相互作用来自聚合物链缠结、离子相互作用、氢和/或共价键。然而，MXenes 纳米片在已报道的 MXenes-聚合物 NC 水凝胶凝胶化过程中的作用从非介入到引发凝胶化或作为交联剂有很大不同。原则上，与"经典"聚合物水凝胶类似，合成 MXenes-聚合物 NC 水凝胶需要三个组成部分，即单体、引发剂和交联剂。在凝胶化伴随的聚合步骤中，如果涉及单个单体，则三维组装网络称为 MXenes-均聚 NC 水凝胶。而由两种或两种以上不同单体物种在 MXenes 纳米片存在下形成的交联网络称为 MXenes-共聚 NC 水凝胶。例如，Wan 等人通过将丙烯酰胺（AAm）单体和聚乙烯醇（PVA）溶解在含有 MXenes 纳米片的水中，制备了 MXenes-共聚物水凝胶［图 6-5（a）］[41-42]。十水四硼酸钠（硼砂）用作 PVA 链之间的动态交联剂，其中-OH 基团通过四官能团硼酸盐（$B(OH)_4^-$）相互连接。随后在 60℃下通过 AAm 单体的原位聚合获得聚丙烯酰胺（PAAm）网络。在凝胶形成过程中，由于聚合物链"缠结"，MXenes 纳米片成功地并入水凝胶网络中，通过 PVA 和 MXenes 纳米片亲水表面部分之间的氢键等超分子相互作用，MXenes 纳米片充当另一种交联剂。同时，MXenes 的羟基也与 $B(OH)_4^-$ 键合。MXenes-PAAm-PVA NC 水凝胶形成后，通过简单溶剂置换获得相同 NC 的有机水凝胶。另一方面，使用几种聚合物（例如 PVA、纤维素、壳聚糖和丙烯酸酯聚合物）制备了不同的 MXenes 均聚 NC 水凝胶。例如，使用一种简单的制备方法来获得 MXenes-PVA NC 水凝胶。在一个典型的试验中，将通过离心 MXenes 悬浮液获得的 MXenes（沉淀物）摊铺在 PVA 水凝胶上，然后手动轧制和压平几次，直到获得均匀的黑色 MXenes-PVA 水凝胶。

MXenes 与 PVA 网络的结合是通过 MXenes 丰富的亲水表面部分与 PVA 的羟基之间的氢键实现的。另一种 MXenes-PVA 水凝胶是通过将 MXenes 纳米片直接分散到 PVA 水溶液中获得的［图 6-5（b）][42]。为了协助凝胶化过程，将四硼酸钠溶液作为交联剂添加到混合物中，在 PVA 链的官能团之间形成双二醇键。在凝胶化过程中，MXenes 的含氧表面基团与 $B(OH)_4^-$ 和 PVA 链共价键合。此外，使用纤维素作为交联剂，通过氢键和共价键连接 MXenes 纳米片，制备了另一种基于 MXenes 的均聚物 NC 水凝胶[43]。为制备 MXenes-纤维素 NC 水凝胶，该研究将悬浮在水中的 MXenes 纳米片与作为交联剂的环氧氯丙烷（ECH）制备的纤维素溶液混合。MXenes 纳米片的加入并未中断纤维素链与 ECH 的交联反应，从而形成结构良好的 MXenes-纤维素水凝胶。此外，由于其独特的导电性、亲水性和力学性能，MXenes 与壳聚糖之间进行静电自组装，可以产生出色的机械强度[44]。在所有上述论述中，MXenes 纳米片主要用作多功能纳米填料，赋予主体聚合物

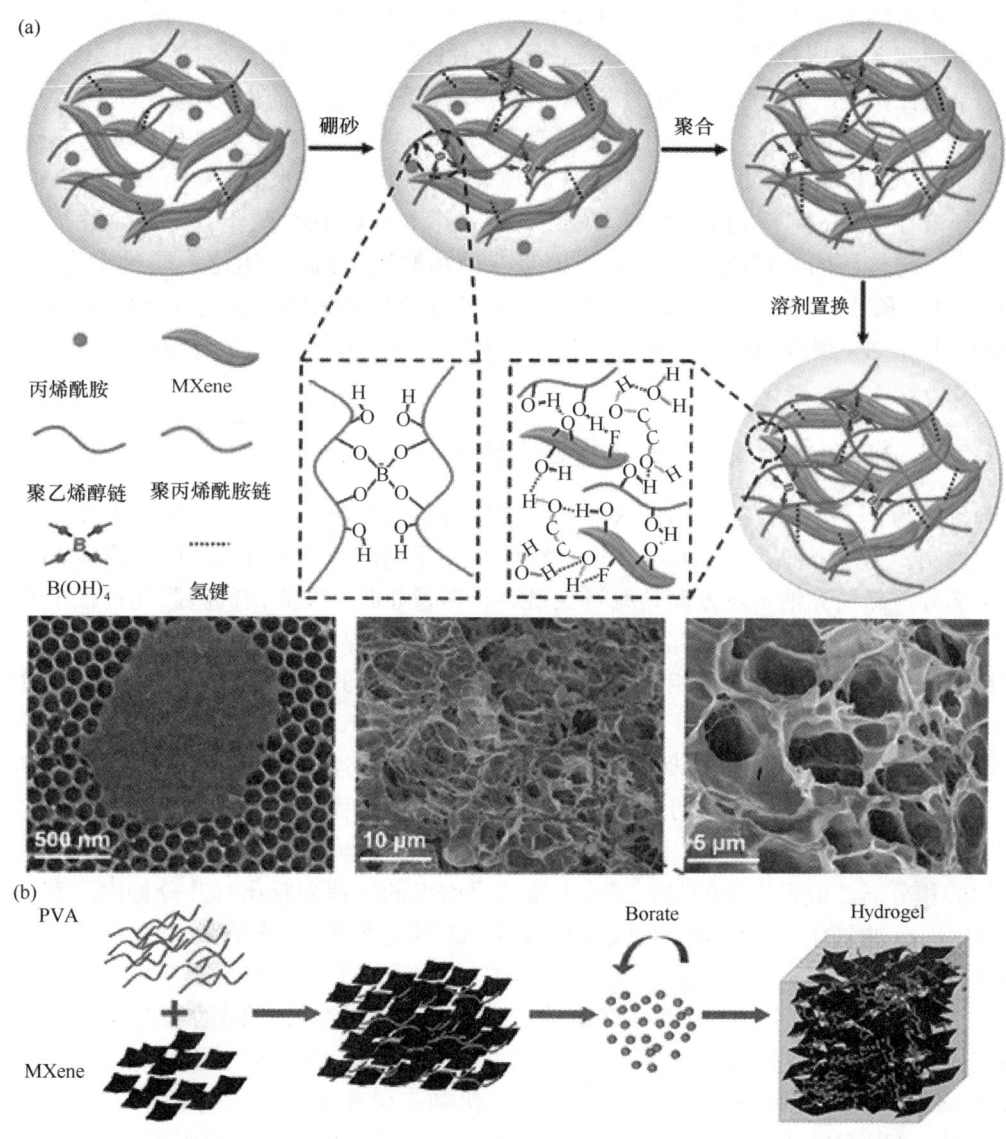

图 6-5 聚合物 MXenes 水凝胶合成示意图
(a) MXenes-PAAm-PVA NC 水凝胶的合成[41];(b) MXenes-PVA NC 水凝胶的合成[42]

水凝胶特殊的性能。尽管如此,它们对 MXenes-聚合物水凝胶凝胶化的贡献仍然是微乎其微的。

MXenes 纳米片还可以作为引发剂进行聚合和几种丙烯酸单体的凝胶化,以形成不同的 MXenes-聚丙烯酸酯 NC 水凝胶[45]。一系列单体的聚合,包括丙烯酰胺、N-异丙基丙烯酰胺(NIPAM)、N,N-二甲基丙烯酰胺(DMA)、甲基丙烯酸甲酯(MMA)和甲基丙烯酸羟乙基乙酯(HEMA)由过氧化物修饰的 MXenes(p-$Ti_3C_2T_x$)纳米片引发。p-$Ti_3C_2T_x$ 纳米片通过超声波辅助蚀刻工艺获得。相应的 MXenes-聚合物 NC 水凝胶的聚合和随后的凝胶化在几分钟内发生(约 5min)。值得一提的是 $Ti_3C_2T_x$(无须超声处理获得)不能引发聚合,这突出了 p-$Ti_3C_2T_x$ 纳米片表面结合的过氧化物在丙烯酸单体聚合中的作用。形成的水凝胶网络的交联是通过氢键、聚合物链"缠结"和聚合物引发的疏水相互作用协同实现的接枝聚合物的 MXenes 纳米片。共价接枝聚合物的空间稳定性赋予 $Ti_3C_2T_x$-聚合物 NC 水凝胶高稳定性。除了能够启动凝胶化过程外，MXenes 纳米片最近还被用作交联剂，来替代传统的有机交联剂，以形成 MXenes-聚合物 NC 水凝胶。杨修洁等人使用 $Ti_3C_2T_x$ 作为交联剂制备了 $Ti_3C_2T_x$-聚丙烯酰胺 NC 水凝胶[46]。$Ti_3C_2T_x$ 纳米片的水悬浮液在 N_2 气氛下在过硫酸钾（KPS）存在下与丙烯酰胺混合引发丙烯酰胺单体的原位聚合。与传统的有机交联 N，N-亚甲基双丙烯酰胺（BIS）相比，通过聚合物链的-$CONH_2$ 基团和 $Ti_3C_2T_x$ 纳米片的亲水基团（-OH 和 F）之间的氢键实现交联-聚丙烯酰胺水凝胶，$Ti_3C_2T_x$-聚丙烯酰胺水凝胶以其较低的交联密度和较高的聚合物链分子量而被人们所熟知。

6.2.4　MXenes-金属杂化纳米复合水凝胶

到目前为止，依靠自凝胶的 MXenes 纳米片的物理驱动组装仍处于探索阶段，需要优化结构控制。另一方面，使用 GO 和聚合物作为交联剂已证明在实现 3D 互连 MXenes 水凝胶和部分重新填充纳米片方面具有重大潜力。尽管如此，在先前的凝胶化过程中的氧化导致形成的 MXenes 水凝胶的部分性能退化。因此，为了减轻氧化效应，需要更快的凝胶化过程，以加速 MXenes 与水相分离，并有效抑制纳米片的再堆积。在这方面，现阶段已经有人利用二价金属离子（如 Fe^{2+}）作为交联剂促进 MXenes 的快速凝胶化，以形成组装良好的 MXenes-金属杂化水凝胶[47]。二价离子被用作连接 MXenes 纳米片的连接点，依赖于它们与—OH 表面基团的强相互作用（图 6-6）。当添加到金属盐溶液（即 $FeCl_2 \cdot 4H_2O$）中时，Fe^{2+} 和—OH 基团之间的强键降低了带负电的 MXenes 的亲水性，并促进了它们的相分离。值得注意的是，二价金属离子引发的快速凝胶化（几分钟内）有效地防止了 MXenes 的氧化。为了进一步验证金属离子扩散对 MXenes 纳米片凝胶化的影响，还检查了其他多价金属离子（Mg^{2+}、Co^{2+}、Ni^{2+}、K^+ 和 Al^{3+}）。结果表明，二价（Mg^{2+}、Co^{2+}、Ni^{2+}）和三价（Al^{3+}）离子都能够破坏 MXenes 纳米片之间的静电相互作用，并通过表面-OH 基团将它们结合在一起。另一方面，添加的单价 K^+ 未能启动凝胶化过程，并导致 MXenes 纳米片的凝固。这是由于与二价和三价离子相比，一价离子的水化能较差。然而，Al^{3+} 辅助的 MXenes 水凝胶显示了一个较弱的 3D 网络，其中存在聚集的 MXenes 纳米片。MXenes 纳米片之间的静电力被与三价离子相关的额外正电荷以更快的方式破坏。

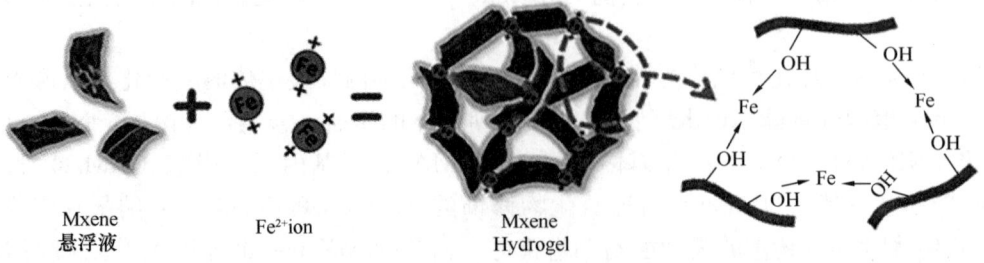

图 6-6　MXenes 纳米片的 Fe^{2+} 引发凝胶过程示意图[47]

6.3 MXenes复合水凝胶的应用

所有MXenes复合水凝胶都包含了MXenes和主体凝胶基质的优点。一旦凝胶化完成，基于MXenes复合水凝胶的性能可能依赖于所含组分的功能性总和，也可能源于这些组分之间的协同作用，从而实现各种潜在应用。本节将从储能、生物医学应用、催化、电磁干扰屏蔽、传感、能量收集几个方面来进行介绍。

6.3.1 超级电容器

电容器通过在电极表面吸附、解吸电解质离子来存储电荷，超级电容器的储能机制介于电池和电容器之间，它提供高功率和能量密度[48]。超级电容器分为两大类：第一类是双电层电容器（EDLC），第二类是赝电容器，由于法拉第反应的高容量，后者因此更受青睐[49]。前者通过在电极与电解液界面上的纯静电电荷吸附来存储电荷，而后者涉及活性材料表面的快速表面氧化还原反应或插层诱导的氧化还原反应。电子传输介质（电极）、离子传输介质（电解质）及其界面对超级电容器的性能起着至关重要的作用。到目前为止，不同的MXenes水凝胶已成功用作电化学电容器的电极，但它们都是由无聚合物网络制成的。

全MXenes水凝胶是可以作为超级电容器电极的，并可以调整全MXenes水凝胶的性能，以实现不同的电化学和力学行为。通过控制纳米片的尺寸，可以优化电子和离子可及性，从而提高其电化学性能[50]。一般来说，较大的MXenes纳米片由于接触电阻较低而具有较高的导电性，而较小的MXenes纳米片提供更短的离子扩散路径。因此，当使用大（约15mm）和小（约1~2mm）MXenes纳米片的混合物（质量比为1:1）形成水凝胶电极时，获得了更高的体积电容（1513F/cm^3（435F/g^1）），并且在10k次恒电流循环后，水凝胶仍保留了98%的电容。值得注意的是，全$Ti_3C_2T_x$水凝胶所获得的电容是MXenes电极中最高的。大孔的$Ti_3C_2T_x$电极被用来将电容提高到理论值。Lukatskaya等人研究了通过将真空过滤$Ti_3C_2T_x$胶体溶液浸入丙酮中72h制备了$Ti_3C_2T_x$水凝胶膜，所得$Ti_3C_2T_x$水凝胶显示出高达4F/cm^{2}的面积电容和高达1500F/cm^{3}的出色容量，柔性储能系统因其在便携式和可穿戴电子设备中的应用而备受关注[51]。

6.3.2 生物医学应用

为了减少微生物生长对健康的影响，人们探索了各种2D材料。与基于其他2D纳米材料（如石墨烯、过渡金属二卤化物和黑磷）的水凝胶相比，MXenes水凝胶具有以下优点：(1) 高亲水性，促进MXenes衍生的光动力和光热剂在生理介质中的良好分散和稳定性。(2) 抗癌药物可以很容易地接枝到具有极性端基的MXenes表面。癌症治疗中采用的常规化疗和放疗方法对非恶性细胞和恶性细胞都会产生不良影响。与健康细胞相比，肿瘤细胞的pH较低；因此，刺激响应材料的发展为现有抗癌治疗的缺点带来了一种补救办法。这些材料在酶、温度或pH条件下被激活[52]。

MXenes表面上带负电的羟基或氟基团的存在使得与带正电的药物分子容易发生静电相互作用。这些纳米复合材料在血液中循环的过程中，药物受到层状聚合物（带负电）涂层的保护。这些载药 MXenes 具有 pH 敏感和温度敏感的双重属性，可监测化疗药物的释放[53]。MXenes 固有的高光热转换能力和 pH 敏感性确保了靶向药物释放和光热消融的协同效应。像 Xing 和他的同事在 2018 年制造了一种 MXenes 纤维素水凝胶，用于双重抗癌治疗（光热/化学疗法）[43]。纳米平台的载药量（84%）由高含水量（98%）和大孔取代。水凝胶的生物相容性和 3D 网络有利于药物的控制和持续释放，从而减轻其毒性。Ti_3C_2 广泛的近红外吸收，特别是 808nm，通过扩大孔径改变水的体积，加速药物释放并产生连续的动态运动。当 MXenes 浓度为 $235.2×10^{-6}$ 和在近红外（NIR）功率密度为 $1.0W/cm^2$ 时，在 5min 内，水凝胶致使 100% 的肿瘤细胞死亡，无复发，并且在 2 周内发生生物降解。此外，MXenes-聚丙烯酰胺 NC 水凝胶表现出令人印象深刻的载药量（97.5～127.7mg/g）、可持续释放和优异的释放率（62.1%～81.4%），具有增强的机械和溶胀性能[54]。

6.3.3 传感检测

导电水凝胶由于其优异的力学性能和其他性能，可以对广泛的化学和物理刺激做出响应。作为一种柔软且可拉伸的传感材料，它们已在可穿戴、植入式电子设备中得到应用。Zhang 等人[56]在 MXenes 水凝胶方面做了开创性的工作。他们将 MXenes 和聚乙烯醇（PVA）水凝胶混合形成导电水凝胶（M-水凝胶）。由于 PVA 与 MXenes 端基之间的相互作用，制备的 M-水凝胶具有优异的自修复能力、自黏附能力和 3400% 的拉伸强度。与 MXenes 基薄膜的微裂纹扩展不同，这种 M-水凝胶应变传感器的传感机理是 M-水凝胶变形引起 MXenes 纳米片之间接触电阻的变化，从而导致总电阻的变化。Tung, Vincent 等人[57]提出了一种将乙烯基杂化二氧化硅纳米颗粒改性聚丙烯酰胺水凝胶与包括一维聚吡咯纳米线（PpyNWs）和二维 MXenes 纳米片在内的混合维纳米材料耦合。MXenes 纳米片是用作互连和活性器件的平台，而 PpyNWs 则充当疏水性的中间物和纳米桥。这种配置赋予水凝胶电子皮肤非凡的工作范围（2800%）、快速响应性（90ms）和复原能力（240ms）、良好的线性（800%）、可调传感机制和出色的再现性。此外，由水凝胶衍生的有机水凝胶也表现出优异的耐久性和优异的应变传感性能。Wan 及其同事报道了一种基于 MXenes 的有机水凝胶（MNOH），它是通过溶剂置换从基于 MXenes 的水凝胶（MNH）中获得的，以提高低温下的保湿性和耐久性[41]。更具体地说，将 MXenes 纳米片作为导电填料并入聚丙烯酰胺（PAAm）和 PVA 水凝胶中以形成 MNH。然后，将 MNH 浸泡在乙二醇中形成 MNOH。得益于有机溶剂，生成的具有自愈能力的 MNOH 在室温下表现出柔韧性和解冻性，并且具有稳定的保湿性。此外，将 MNOH 组装成一种可穿戴的应变传感器，其显著的 GF 为 44.85，检测范围宽至 350%。这种多用途的有机水凝胶具有防冻、自愈和不干燥的优点，可以应用于不同的场合，如可穿戴电子设备[59]。

6.3.4 其他应用

MXenes 的应用也扩展到催化领域，一些 MXenes 对不同的反应表现出优异的催化活性[60]。此外，由于其高导电性、显著的亲水性和丰富的表面化学性质，它们经常被用作催化剂载体。当它们形成水凝胶时，由于可接近活性比表面积的增加，它们作为催化剂载体的性能进一步增强。例如，在研究中有人发现 MXenes-rGO 水凝胶能够维持具有开放孔隙的互连多孔网络，而 MXenes-rGO 粉末遭受了严重的再堆积[61]。这种结构差异因此导致 Brunauer-Emmett-Teller（BET）增加 MXenes-rGO 水凝胶（$65m^2/g$）的比表面积几乎是混合粉末（$35m^2/g$）的两倍。通过加入曙红 Y（EY）光敏剂，功能性 MXenes-rGO/EY NC 水凝胶与粉末水凝胶相比，在还原 Cr^{4-}（VI）和氢化硝基苯胺方面表现出增强的光活性。这种增强是由于水凝胶的多孔骨架增加了活性表面位点并促进了离子扩散。还观察到 MXenes-rGO/EY 水凝胶的瞬态光电流响应显著增加，表明光生载流子的分离在 MXenes-rGO/EY 水凝胶上比在粉末上更有效。除了提高催化活性外，MXenes-rGO/EY 水凝胶还表现出增强的机械性能和可回收性，允许其重复使用而不会显著降低其性能。

在潜在的能源中，超声波因其易于接近和通过人体组织的低衰减而引人注目，从而允许对植入式设备进行无害充电。然而，大多数现有的植入式能量收集装置需要特定的材料和复杂的制造工艺，并且它们通常缺乏适当的生物相容性。在这方面，通过使用相同的 MXenes-均聚水凝胶开发用于传感器，我们已经证明 MXenes 水凝胶可用于收集超声波能量[62]。图 6-7 描绘了一种极其简单的器件结构，由一层 MXenes-PVA 水凝胶组成，该水凝胶夹在两个生态弹性框架（Ecoflex frame）封盖之间。当超声探头与基于 MXenes 的设备直接接触时，输出电压高达 2.8V 的值。在给定频率（20kHz）下，电压随入射超声波而变化。此外，该装置能够在类似于生物组织（水、水凝胶和 Ecoflex frame）的介质中以不同的间距（中等厚度）在尖端和装置之间运行，显示了其在体内充电应用的潜力。

此外，也有发现关于 MXenes 的水凝胶也可用于组装成湿纳米发电机，Wang[63]等人通过在均匀分散的 MXenes 纳米片上原位生长和组装 AM 单体，制备了具有蛛网状结构的 2D MXenes 基 PAM 水凝胶可用于组装湿摩擦纳米发电机图 6-8（a）。当在纳米发电机顶部呼气时，纳米发电机能够成功地感知水分并反馈电动势（3.7 mV）。此外，深呼气（更高的湿度）可以产生更高的潜在输出（4.5 mV）。在呼气动作结束时，潜在输出将随着湿度水平的降低而迅速下降。解释 MXenes-PAM 水凝胶湿发电的机理。如图 6-8（b）所示，亲水基团分布在 MXenes 纳米片的表面上。当水分（小水分子）接触到纳米发生器的顶部时，MXenes 表面的—OH 基团发生电离，这将产生自由移动的质

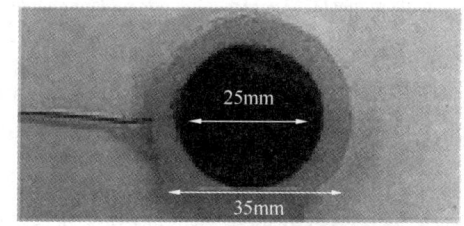
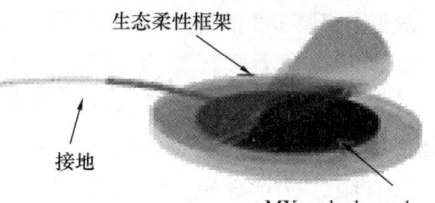

图 6-7 MXenes-PVA 水凝胶发生器的照片和示意图[62]

子，这些质子倾向于向底部扩散（质子浓度较低），从而在外部直流电路中产生自由移动的电子。进一步探索了纳米发生器的循环能力，结果表明，纳米发生器能够稳定响应水分（相对湿度 30%）刺激。此外，随着加湿器继续向纳米发电机表面输出水分，电势的增长速度逐渐降低。与之前的结果一致，这表明纳米发电机的潜在发电能力逐渐饱和。与 GO 或聚电解质膜的致密结构相比，水凝胶中 MXenes 的相对含量仍然较低，因此最大生成电位相对较低。增加 MXenes 含量和器件尺寸都有助于提高纳米发电机的性能。与其他导电

水凝胶相比，MXenes PAM 水凝胶在综合性能方面具有优势。

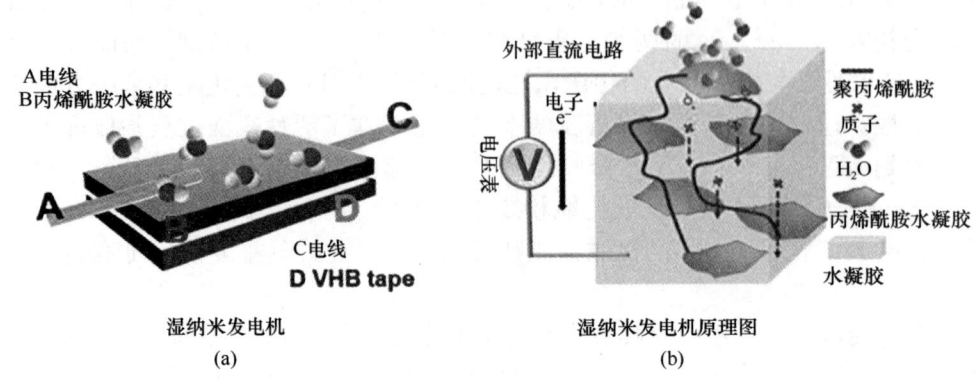

图 6-8　MXenes PAM 水凝胶湿纳米发电机示意图
（a）组件示意图；（b）发电原理图[63]

6.4　MXenes 复合水凝胶的衍生物及应用

6.4.1　MXenes 复合水凝胶的衍生物分类

除水凝胶外，MXenes 复合水凝胶的衍生物由于其独特的性质，优异的性能使得其在许多应用中也引起了研究者的极大兴趣。与水凝胶相比，MXenes 气凝胶因其轻质、低密度、高孔隙率、稳定的光-热转换效率和大比表面积而脱颖而出。这些压倒一切的优点使它们成为微波吸收、电磁干扰屏蔽、柔性电子和太阳能转换的候选产品。迄今为止，有几种制备 MXenes 气凝胶的方法，包括 MXenes NC 分散体的直接冷冻干燥、MXenes NC 分散体冷冻干燥后的煅烧和 MXenes 水凝胶的冷冻干燥。在所有这些方法中，从冷冻分散液或水凝胶中升华冰晶对于获得 MXenes 气凝胶是必要的。与水凝胶类似，所得气凝胶的微米、纳米结构和力学行为受 MXenes 浓度、聚合物分子量、冷冻方法和后处理程序的影响。分散液中较高浓度的 MXenes 纳米片很可能会干扰聚合物之间的相互作用，导致结晶度降低。另一方面，低聚合物分子量对制备反应不太有利，因为 MXenes 纳米片表面的交联位点有限，这将导致多孔结构开裂[64]。

据报道，仅限 MXenes 的气凝胶会导致宏观结构不连续，这是因为难以将单个 MXenes 纳米片以完全扩展的 3D 互连网络方式连接在一起。这与气凝胶的低纵横比以及其 z-厚度远小于 x-y 尺寸这一事实有关，从而导致较弱的机械强度。一项研究报告了通过双向冷冻干燥方法制造坚固、轻质、对齐的纯 MXenes 气凝胶，具有令人满意的各向异性力学性能[65]。这些气凝胶在垂直于纳米片的方向经受 5 次循环压缩后可保持 84.5% 的应力恢复。与传统冷冻干燥相反，传统冷冻干燥有利于形成更无序的排列和结构坍塌，发现定向冷冻干燥可有效维持定向层状微米、纳米结构。此外，通过定向冷冻干燥获得的定义明确的波形片层可作为对齐的"弹簧"，以抵抗压缩下的不可逆变形。同时 Zeng 等人报道了 CNF 与双层 MXenes 的组装。使用双向冷冻干燥[66]对气凝胶（10% 质量分数的 MXenes）的压缩机械性能进行双向评估，并在比较平行方向和垂直方向与层状细胞壁时，显示出压缩强度和模量的巨大差异,证明各向异性的压缩机械性能,具有层状结构的高度多孔气凝胶在平行方向上表现出优异的机械强度和柔韧性。

除气凝胶外,还报道了 MXenes 干凝胶。气凝胶和干凝胶合成的主要区别在于从水凝胶中提取液体的方法。对于气凝胶,该过程通常需要超临界条件提取液体,如冷冻干燥,而对于干凝胶,液体可以在室温下简单蒸发。或者,如果气凝胶在高温下进行热退火(例如,500℃),则气凝胶可以转变为干凝胶,以折叠气凝胶的 3D 网络。图 6-9(a)给出了 MXenes-PVA NC 气凝胶-干凝胶转化的示例。它遵循的一般模式是气凝胶的密度比干凝胶低,并且它们保持其三维结构网络[58]。另一方面,干凝胶很容易收缩、开裂。然而,这两种凝胶都比它们的母体水凝胶轻,并且提供更大的比表面积。

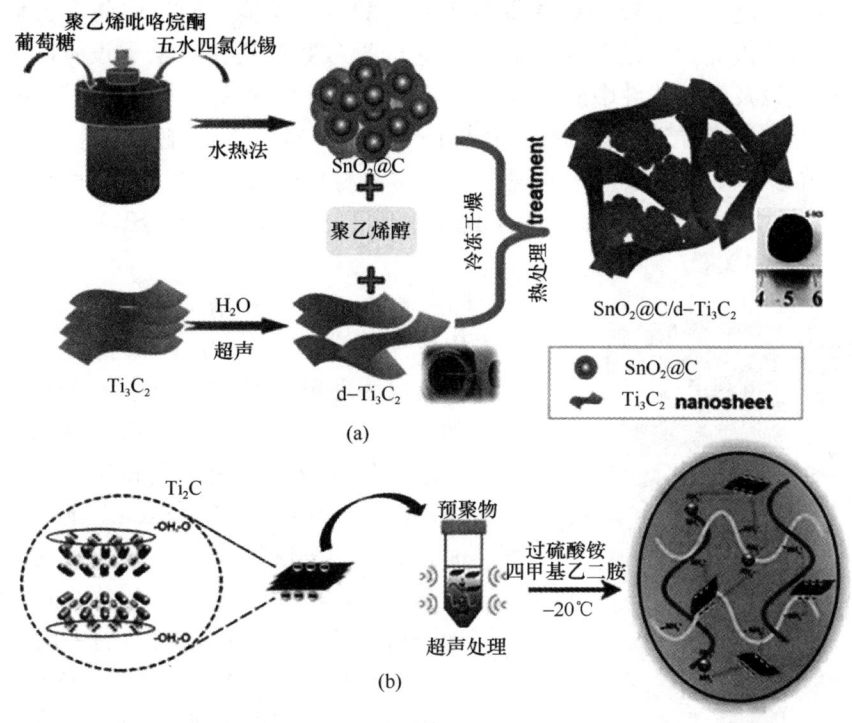

图 6-9　MXenes 干凝胶和冷冻凝胶的合成示意图
(a)三维图像的合成 SnO_2@C/d-Ti_3C_2-聚乙烯醇干凝胶[58];
(b)在 20℃下通过化学交联制备 Ti_2CT_x 低温凝胶[68]

此外,有机水凝胶是 MXenes 水凝胶的另一种衍生物,将高度导电的 MXenes 纳米片引入渗透有甘油(Gly)、水二元溶剂的单宁酸修饰的纤维素纳米纤维、聚丙烯酰胺杂化凝胶网络中来制备精心设计的纳米复合有机水凝胶。所制备的有机水凝胶在宽温度谱的开放环境中表现出长期稳定性(>7d)。此外,动态邻苯二酚硼酸酯键以及水和甘氨酸分子之间容易形成氢键,进一步赋予有机水凝胶优异的拉伸性能(≈1500%应变)、高组织黏附性和自愈性,良好的环境稳定性和较宽的工作应变范围(≈500%应变);加上高灵敏度(标准系数 8.21),使这种有机水凝胶应用到大运动和细微运动监测中[67]。同时这种工艺为传统水凝胶面临的巨大失水挑战提供了极好的解决方案。

另一种 MXenes 水凝胶衍生物,即冷冻凝胶。通常,冷冻凝胶前驱体的凝胶化是在零度以下实现的[68]。对于 MXenes 冷冻凝胶，在超声波处理期间将干燥的 Ti_2CT_x 添加到预聚物溶液中，然后在 20℃下过夜［图 6-9（b）］，以便进行化学交联，即冷冻凝胶化。值得一提的是，所形成的冷冻凝胶在室温下 60 多个小时内表现出令人印象深刻的稳定性。使用 GO 制备的其他导电低温凝胶仅维持了 12h 的稳定性，这表明了低温凝胶中的 MXenes 纳米片的紧密相连性。

6.4.2 MXenes 复合水凝胶的衍生物的应用

1. 电磁屏蔽

在人工智能时代，智能电子设备和无线通信的扩散是电磁污染（EMP）的一个来源，这是一个严重的问题。它不仅干扰周围电子系统的一般功能，而且威胁着人们的生命安全，这种干扰现象被称为电磁干扰（EMI），它会导致数据盗窃、电子设备故障、电子设备基本功能退化以及电子器件中的人身安全漏洞，同时会导致人类出现诸如突变、失眠、头痛、白血病等问题，导致器官损伤、热损伤和癌症。电磁干扰屏蔽可通过吸收（SE_A）、反射（SE_R）和多次反射（SE_{MR}）实现[69]。而屏蔽材料内很少发生 SEA 和 SEM。在屏蔽材料另一侧传播的波称为透射比（T），其大小低于入射波（I），SEA、SER 和 SEMR 的值小于 I（图 6-10）。

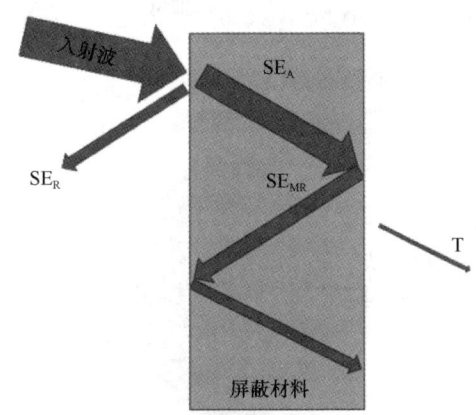

图 6-10 电磁辐射（EMR）在屏蔽材料上的转换[69]

具有三维多孔结构的 MXenes 基凝胶是可以作为改善 MXenes 的 EMI SE，并扩展其功能使其成为理想的 EMI 屏蔽材料的可行方法。特别是，通常合成 MXenes 水凝胶作为 MXenes 气凝胶的前驱体，用于此特定应用。最近，当海藻酸钠（SA）用作 MXenes 纳米片的间隔物时，获得的分层结构能够增加入射电磁波的散射与反射，然后增加透射电磁波的吸收[70]。然而，研究发现，势垒结构内的多次反射对 EMI SE 有显著影响。在这方面，3D 多孔 MXenes 水凝胶作为理想的 EMI 屏蔽材料脱颖而出，因为与空隙纳米片相比，它们可以为内部反射的电磁波创建更多的散射中心。此外，当 MXenes 水凝胶转化为轻质气凝胶时，由于去除了水分子，可获得更高的导电性。科学家最近将注意力集中在 3D 气凝胶上，它似乎比平面复合材料更有效地吸收 EMI。3D $Ti_3C_2T_x$/SA（95%）杂化气凝胶由导电聚二甲基硅氧烷涂覆-涂层（PDMS）显示的 EMI SE 为 70.5dB，相应的 EC 为 22.11S/cm。此外，SA 含量越高，EMI SE 和 EC 越低。此外，SEA 和 SET 几乎相似，SER 似乎为零，这表明气凝胶结构极大地改善了吸收，MXenes 的直接互连是 EMI SE 和 SEA 的关键参数[71]。

2. 电池

MXenes 复合水凝胶的衍生物也用于电池。通常，电池由两个由离子导电分离器隔开的活性电化学电极组成。无论是原电池还是可充电电池，与传统电极材料相比，水凝胶为刚性电池带来了更大的灵活性，这对实现可穿戴电子设备的柔性、可伸缩电池非常重要。

此外，多孔结构中的大内部空间在不牺牲离子或电子导电性的情况下为活性材料的装载提供了更多的活性位点。尽管气凝胶和水凝胶都具有多孔 3D 网络的优点，但通常避免使用水分子以防止电池中产生气体，因为电池通常在高电压（超过水的电解电压）下工作。因此，气凝胶代替水凝胶更常用作电池的电极。除了电极外，导电水凝胶还可以作为电池材料的黏合剂，因为它们能够防止氧化物颗粒的聚集，并促进离子和电子传输。

虽然 MXenes 水凝胶作为柔性电池的电极或黏合剂材料的直接应用尚未报道，但其衍生物（即 MXenes aerogels）在保持良好机械稳定性的同时，有望装载各种活性电池材料。例如，独立的 MXenes-rGO 气凝胶被证明是锂金属电池的锂（Li）成核位点[72]。由于氧官能团的丰富，MXenes-rGO 气凝胶能够促进锂的均匀电镀、剥离，而交联多孔网络提供了良好的电子和离子传输路径。经过成分优化后，MXenes-rGO 气凝胶可保持稳定的电镀、剥离能力，最高可达 2.5mA/（h·cm²）。当逐级电容从 1mA/（h·cm²）增加到 5mA/（h·cm²）时，这种出色的稳定性得以保持。最终，组装了一个带有预镀 GO 辅助 MXenes 气凝胶阳极和 LiFePO₄ 阴极的全电池原型，在 0.5 ℃温度下显示出 149mA/（h·g）的电容，具有良好的循环性能。此外，MXenes-rGO 气凝胶用作锂硫电池的多硫化物储液罐[73]。独立式 MXenes-rGO 气凝胶可提供容纳 Li₂S 的大空间，并且，由于强烈的 Ti-S 相互作用，可溶性多硫化物可有效吸附在 MXenes 表面并促进活化，因此，在 MXenes-rGO 阴极上实现了高负载 Li₂S，高达 9mg/cm²，同时具有 5.04mA/（h·cm²）的高容量和良好的循环稳定性。

6.5　思政小结

MXenes 是一种新兴的二维纳米材料家族，具有优异的导电性、丰富的端基、独特的层状结构、较大的表面积和亲水性等优点，作为一种潜在的柔性设备的候选材料，许多开创性的工作致力于开发具有各种功能和设计结构的 MXenes 基复合水凝胶及其衍生物。随着研究的不断深入，不同 MXenes 水凝胶及其衍生物形成机制被人们熟知，其在电容器、生物医学、催化、EMI 屏蔽和传感的应用中表现出了非凡的性能。

随着我国科研经济的快速发展，在党的领导下，我国的教育和科研事业发展得越来越好，在这充满竞争和机遇的新时代，国家的建设和发展离不开我们当代的青年。习近平总书记在党的二十大报告中指出，要"把我国制度优势转化为人才优势、科技竞争优势，加快形成有利于人才成长的培养机制、有利于人尽其才的使用机制、有利于人才各展其能的激励机制、有利于人才脱颖而出的竞争机制。"我们当代大学生应当以爱国主义为核心，以更好地建设祖国、服务大众为目标，努力学习潜心科研，在学习和科研中培养自己坚毅执着的科学精神，努力成为祖国的建设者。

6.6　课后习题

1. 简述 MXenes 的合成方法及其特点。
2. 简述原位 HF 成形刻蚀方法的优点。
3. 简述 MXenes 水凝胶的主要分类。

4. 简述 MXenes 水凝胶衍生物的分类。

5. 简述 MXenes 水凝胶及其衍生物的应用有哪些?

6.7 参考文献

[1] WEI Y, ZHANG P, SOOMRO R A, et al. Advances in the synthesis of 2DMXenes [J]. Advanced materials, 2021, 33(39): 2103148.

[2] MAGNUSON M, MATTESINI M. Chemical bonding and electronic-structurein-MAX phases as viewed by X-ray spectroscopy and density functional theory[J]Thin Solid Films, 2017, 621: 108-130.

[3] XIU L Y, WANG Z Y, QIU J S. General synthesis of MXene by green etching chemistry of fluoride-free Lewis acidic melts[J]. Rare Metals, 2020, 39(2).

[4] GOGOTSI Y, ANASORI B. The Rise of MXenes[J]. ACS Nano, 2019, 13(8): 8491-8494.

[5] Mohammad, Khazaei, Ahmad, et al. Insights into exfoliation possibility of MAX phases to MXenes[J]. Physical Chemistry Chemical Physics, 2018, 20(13): 8579-8592.

[6] NAGUIB M, KURTOGLU M, PRESSER V, et al. Chem inform abstract: two-dimensional nanocrystals produced by exfoliation of Ti_3AlC_2[J]. ChemInform, 2011, 42(52).

[7] NAGUIB M, MASHTALIR O, CARLE J, et al. Two-dimensional transition metal carbides[J]. Acs Nano, 2012, 6(2): 1322.

[8] FENG A, YU Y, JIANG F, et al. Fabrication and thermal stability of NH_4HF_2-etched Ti_3C_2 MXene[J]. Ceramics International, 2017, 43(8): 6322-6328.

[9] DU F, TANG H, PAN L, et al. Environmental friendly scalable production of colloidal 2D titanium carbonitride MXene with minimized nanosheets restacking for excellent cycle life lithium-ion batteries[J]. Electrochimica Acta, 2017, 235: 690-699.

[10] GHIDIU M, LUKATSKAYA M R, ZHAO M Q, et al. Conductive two-dimensional titanium carbide 'clay' with high volumetric capacitance[J]. Nature, 2014, 516(7529): 78-81.

[11] ZOU X, LI G, WANG Q, et al. Energy storage properties of selectively functionalized cr-group MXenes-Science direct[J]. Computational Materials Science, 2018, 150: 236-243.

[12] RONCHI R M, ARANTES J T, SANTOS S F. Synthesis, structure, properties and applications of MXenes: current status and perspectives[J]. Ceramics International, 2019, 45(15): 18167-18188.

[13] M. GHIDIU, M. NAGUIB, C. Shi, O. et al. Billinge, M. W. Barsoum, Synthesis and characterization of two-dimensional Nb_4C_3 (MXenes), Chem. Commun. 50 (2014) 9517-9520MXenes.

[14] HOPE M A, FORSE A C, GRIFFITH K J, et al. NMR Reveals the Surface Functionalisation of Ti_3C_2 MXene[J]. Physical Chemistry Chemical Chysics, 2016, 18(7): 5099-102.

[15] WANG LB, Chen J, Jia J, et al. Preparation of Ti_3C_2 and Ti_2C MXenes by fluoride salts etching and methane adsorptive properties[J]. Applied Surface Science A Journal Devoted to the Properties of Interfaces in Relation to the Synthesis & Behaviour of Materials, 2017.

[16] GUO M, GENG W C, LIU C, et al. Ultrahigh areal capacitance of flexible MXene electrodes: electrostatic and steric effects of terminations[J]. Chemistry of Materials, 2020, 32(19): 8257-8265.

[17] HALIM J, LUKATSKAYA M R, Cook K M, et al. Transparent conductive two-dimensional titanium carbideEpitaxial thin films[J]. Chemistry of Materials A Publication of the American Chemical Society, 2014, 26(7): 2374.

[18] KARLSSON L H, BIRCH J, HALIM J, et al. Atomically resolved structural and chemical investigation of singleMXene sheets[J]. Nano Letters, 2015, 15(8) 4955-4960.

[19] FENG A, YU Y, WANG Y, et al. Two-dimensionalMXene Ti_3C_2 produced by exfoliation of Ti_3AlC_2[J]. Materials & design, 2017, 114, 161-166.

[20] LUKATSKAYA M R, HALIM J, DYATKIN B, et al. Room-temperature carbide-derived carbon synthesis by electrochemical etching of MAX phases[J]. Angew. Chem. Int. Edit. 2014, 53(19) 4820-4820.

[21] SUN W, SHAH S, CHEN Y, et al. Electrochemical etching of Ti_2AlC to Ti_2CT_x (MXene) in low-concentration hydrochloric acid solution[J]. Journal of Materials Chemistry A, 2017, 5, 21663-21668.

[22] YANG S, ZHANG P, WANG F, et al. Fluoride-Free synthesis of two-dimensional titanium carbide (MXene) using a binary aqueous system[J]. Angewandte Chemie, 2018, 130(47): 15717-15721.

[23] PANG S Y, WONG Y T, YUAN S, et al. A universal strategy for HF-free facile and rapid synthesis of 2DMXenes as multifunctional energy materials[J]. Journal of the American Chemical Society, 2019, 141(24): 9610-9616.

[24] XU C, WANG L, LIU Z, et al. Large-area high-quality 2Dultrathin Mo_2C superconducting crystals[J]. Nature Materials, 2015, 14(11): 1135-1141.

[25] XIE X, YUN X, LI L, et al. Surface Al leached Ti_3AlC_2 as a substitute for carbon for use as a catalyst support in a harsh corrosive electrochemical system[J]. Nanoscale, 2014, 6(19): 11035-11040.

[26] ZOU G, ZHANG Q, CARLOS, et al. Heterogeneous Ti_3SiC_2@C-containing $Na_2Ti_7O_{15}$ architecture for high-performance sodium storage at elevated temperatures[J]. ACS Nano, 2017, 11(12) 12219-12229.

[27] LI T, YAO L, LIU Q, et al. Fluorine-free synthesis of high-purity $Ti_3C_2T_x$ (T=

OH, O) via alkali treatment[J]. Angewandte Chemie, 2018, 57(21): 6115-6119.

[28] ZHANG B, ZHU J, SHI P, et al. Fluoride-free synthesis and microstructure evolution of novel two-dimensional $Ti_3C_2(OH)_2$ nanoribbons as high-performance anode materials for lithium-ion batteries[J]. Ceramics International, 2019, 45(7): 8395-8405.

[29] TANG X, GUO X, WU W, et al. 2D metal carbides and nitrides (MXenes) as high performance electrode materials for lithium-based batteries[J]. Advanced Energy Materials, 2018, 8(33): 1801897.

[30] NAGUIB M, MASHTALIR O, CARLE J, et al. Two-dimensional transition metal carbides[J]. Acs Nano, 2012, 6(2): 1322.

[31] ZHANG N, HONG Y, YAZDANPARAST S, et al. A comprehensive first principles study of structural, elastic and electronic properties of two-dimensional titanium carbide/nitride basedMXenes[J]. 2D Mater, 2018, 5, 1-22.

[32] HU T, HU M, LI Z, et al. Interlayer coupling in two-dimensional titanium carbide MXenes[J]. Physical Chemistry Chemical Physics, 2016, 18, 20256-20260.

[33] HANTANASIRISAKUL K, ZHAO M Q, URBANKOWSKI P, et al. Fabrication of $Ti_3C_2T_x$ MXene transparent thin films with tunable optoelectronic properties[J]. Advance Electronic Materials, 2016, 2(6): 1600050.

[34] BERDIYOROV G R, Optical properties of functionalized $Ti_3C_2T_2(T=F, O, OH)$ MXene: first-principles calculations[J]. AIP Advance, 2016, 6(5): 1079.

[35] RASOOL K, HELAL M, ALI A, et al. Antibacterial activity of $Ti_3C_2T_x$ MXenes [J]. ACS Nano, 2016, 10(3): 3674-3684.

[36] ZHANG Y, EL-DEMELLAWI J K, JIANG Q, et al. MXene hydrogels: fundamentals and applications[J]. Chemical Society Reviews, 2020, 49, 7229-7251.

[37] LIN Z, BARBARA D, TABERNA P L, et al. Capacitance of $Ti_3C_2T_x$ MXene in ionic liquid electrolyte[J]. Journal of Power Sources, 2016, 326(15): 575-579.

[38] LUKATSKAYA M R, KOTA S, LIN Z, et al. Ultra-high-ratepseudocapacitive energy storage in two-dimensional transition metal carbides[J]. Nature Energy, 2017, 2, 17105.

[39] CHEN Y, XIE X, XIN X, et al. $Ti_3C_2T_x$-based three-dimensional hydrogel by a graphene oxide-assisted self-convergence process for enhanced photoredox catalysis [J]. ACS nano, 2019, 13(1): 295-304.

[40] SHANG T, LIN Z, QI C, et al. 3D Macroscopic architectures from self-assembled MXene hydrogels[J]. Advanced Functional Materials, 2019, 29(33): 1903960.

[41] LIAO H, GUO X, WAN P, et al. Conductive MXene nanocomposite organohydrogel for flexible, healable, low-temperature tolerant strain sensors[J]. Advanced Functional Materials, 2019, 29(39): 1904507.

[42] ZHANG J, WAN L, GAO Y, et al. Highly stretchable and self-healable MXene/ polyvinyl alcohol hydrogel electrode for wearable capacitive electronic skin[J]. Ad-

vanced Electronic Materials, 2019, 5(7): 1900285.

[43] XING C, CHEN S, LIANG X, Liu Q, et al. Two-dimensional MXene (Ti$_3$C$_2$)-integrated cellulose hydrogels: toward smart three-dimensional network nanoplatforms exhibiting light-Induced swelling and bimodal photothermal/chemotherapy anticancer activity[J]. ACS Applied Materials & Interfaces, 2018, 10(33): 27631-27643.

[44] LIU Y, XU D, DING Y, et al. A conductive polyacrylamide hydrogel enabled by dispersion-enhanced MXene@chitosan assembly for highly stretchable and sensitive wearable skin [J]. Journal of Materials Chemistry B, 2021, 9(42): 8862-8870.

[45] TAO N, ZHANG D, LI X, et al. Near-infrared light-responsive hydrogels via peroxide-decorated MXene-initiated polymerization[J]. Chemical Science, 2019, 10(46): 10765-10771.

[46] ZHANG P, YANG X J, LI P, et al. Fabrication of novel MXene (Ti$_3$C$_2$)/polyacrylamide nanocomposite hydrogels with enhanced mechanical and drug release properties[J]. Soft Matter, 2019, 16(1): 162-169.

[47] DENG Y, SHAN, T, WU Z, et al. Fast gelation of Ti$_3$C$_2$T$_x$ MXene initiated by metal ions[J]. Advanced Materials, 2019, 31(43): 1902432.

[48] SOMEYA T, AMAGAI M. Toward a new generation of smart skins[J]. Nature Biotechnology, 2019, 37, 382-388.

[49] HEMANTH N R, KANDASUBRAMANIAN B. Recent advances in 2D MXenes for enhanced cation intercalation in energy harvesting Applications: A review[J]. Chemical Engineering Journal, 392, 123678.

[50] KAYALI E, VahidMohammadi A, Orangi J, et al. Controlling the dimensions of 2D MXenes for ultrahigh-rate pseudocapacitive energy storage[J]. ACS applied materials & interfaces, 2018, 10(31): 25949-25954.

[51] LUKATSKAYA M R, KOTA S, LIN Z, et al. Ultra-high-rate pseudocapacitive energy storage in two-dimensional transition metal carbides[J]. Nature Energy, 2017, 2, 17105.

[52] GEORGE S M, KANDASUBRAMANIAN B. Advancements in MXenes-Polymer composites for various biomedical applications[J]. Ceramics International, 2019, 46(7).

[53] SUR S, RATHORE A, DAVE V, et al. Recent develop-ments in functionalized polymer nanoparticles for efficient drug delivery system[J] Nano-Structures and Nano-Objects, 2019, 20, 100397.

[54] ZHANG P, YANG X J, Li P, et al. Fabrication of novel MXenes (Ti$_3$C$_2$)/polyacrylamide nanocomposite hydrogels with enhanced mechanical and drug release properties[J]. Soft Matter, 2019, 16(1): 162-169.

[55] BAI J H, WANG R, WANG X M, et al. Biomineral calcium-ion-mediated conductive hydrogels with high stretchability and self- adhesiveness for sensitive iontronic

[56] ZHANG Y, LEE K, DALAVER H, et al. MXenes stretch hydrogel sensor performance to new limits[J]. 2018, 4(6).

[57] CAI Y, SHEN J, YANG C W, et al. Mixed-dimensional MXene-hydrogel heterostructures for electronic skin sensors with ultrabroad working range[J]. Science Advances, 2020, 6(48).

[58] ZHANG H, ZHANG P G, ZHENG W, et al. 3D d-Ti_3C_2 xerogel framework decorated with core-shell SnO_2@C for high-performance lithium-ion batteries[J]. Electrochimica Acta, 2018, 285(20): 94-102.

[59] ZHANG Y, GONG M, WAN P. MXene hydrogel for wearable electronics[J]. 2021, 4(8): 2655-2658.

[60] PANG J, MENDES R G, BACHMATIUK A, et al. Applications of 2D MXenes in energy conversion and storage systems[J]. Chemical Society Reviews, 2019, 48(1): 72-133.

[61] CHEN Y, XIE X, XIN X, et al. $Ti_3C_2T_x$-Based three-dimensional hydrogel by a graphene oxide-assisted self-convergence process for enhanced photoredox catalysis[J]. ACS Nano, 2019, 13(1): 295-304.

[62] LEE K H, ZHANG Y Z, JIANG Q, et al. Ultrasound-driven two-dimensional Ti_3C_2Tx MXene hydrogel generator[J]. ACS Nano, 2020, 14(3): 3199-3207.

[63] WANG Q, PAN X, WANG X, et al. Spider web-inspired ultra-stable 3D $Ti_3C_2T_X$ (MXene) hydrogels constructed by temporary ultrasonic alignment and permanent in-situ self-assembly fixation - ScienceDirect[J]. Composites Part B: Engineering, 2020, 197(15): 108187.

[64] LIN P, XIE J, HE Y, et al. MXene aerogel-based phase change materials toward solar energy conversion[J]. Solar Energy Materials and Solar Cells, 2020, 206: 110229.

[65] HAN M, YIN X, HANTANASIRISAKUL K, et al. Anisotropic MXene aerogels with a mechanically tunable ratio of electromagnetic wave reflection to absorption[J]. Advanced Optical Materials, 2019, 7(10): 1900267.1-1900267.7.

[66] ZENG Z, MAVRONA E, D SACRÉ, et al. Terahertz birefringent biomimetic aerogels based on cellulose nanofibers and conductive nanomaterials[J]. ACS Nano, 2021, 15(4).

[67] WEI Y, XIANG L, OU H, et al. MXene-based conductive organohydrogels with long-term environmental stability and multifunctionality[J]. Advanced Functional Materials, 2020 30(48): 2005135.

[68] YE G, WEN Z, WEN F, et al. Mussel-inspired conductive Ti_2C-cryogel promotes functional maturation of cardiomyocytes and enhances repair of myocardial infarction[J]. Theranostics, 2020, 10(5): 2047-2066.

[69] RAAGULAN K, KIM B M, CHAI K Y. Recent advancement of electromagnetic

interference (EMI) shielding of two dimensional (2D) MXene and graphene aerogel composites[J]. Nanomaterials, 2020, 10(4).

[70] CAO W, MA C, TAN S, et al. Ultrathin and flexible CNTs/MXene/cellulose nanofibrils composite paper for electromagnetic interference shielding[J]. Nano-Micro Lett, 2019, 11(72).

[71] WU X, HAN B, ZHANG H B, et al. Compressible, durable and conductive polydimethylsiloxane-coated MXene foams for high-performance electromagnetic interference shielding[J]. Chemical Engineering Journal, 2020, 381(1): 12262.

[72] ZHANG X Y, LU R J, WANG A X, et al. MXene aerogel scaffolds for high-rate lithium metal anodes[J]. Angewandte Chemie, 2018, 57(46): 15028-15033.

[73] SONG J, GUO X, ZHANG J, et al. Rational design of free-standing 3D porous MXene/rGO hybrid aerogels as polysulfide reservoirs for high-energy lithium-sulfur batteries[J]. Journal of Materials Chemistry A, 2019, 7, 6507-6513.

7 金属纳米复合水凝胶材料

金属纳米和水凝胶的创新组合创造了协同、独特和潜在有用的特性。赋予复合材料的性能取决于加入的纳米金属的类型,而纳米金属类型又取决于所设计复合材料的策略。可以用来作为金属纳米-水凝胶复合材料的结构基础的体系有很多,许多新颖的材料应运而生,充分扩展了实际应用的机会。本章介绍了不同金属的纳米微粒水凝胶复合材料及其相关性能和应用。

7.1 金属纳米的制备方法及类型

为了使金属的力学性能和功能特性得到一个质的飞跃,在生产金属材料的过程中采用纳米技术,可以将材料成分和组织控制得极其精密和细小(晶粒尺寸小于100nm)。与金属块体材料相比,金属纳米颗粒由于晶粒尺寸、形貌和结构的不同产生了完全不同的特殊效应:包括小尺寸效应、表面界面效应、量子尺寸效应、宏观量子隧道效应以及不同的力、热、电、磁等特性,纳米金属材料以其独特的组织结构和优异的性能受到了越来越多的重视,成为了材料领域研究的热点并得到了越来越广泛的应用,成为了纳米科技中最活跃的组成部分。

7.1.1 金属纳米的制备方法

金属纳米颗粒的尺寸、结构直接决定了其性质,因此制备金属纳米颗粒的重点就是对其晶粒大小和形貌的控制。常见的制备纳米金属复合水凝胶的方法有气相法、液相法、固相法等。下面将对这几种方法进行详细介绍。

7.1.1.1 气相法

1. 气相法

气相法是制备金属纳米材料的一种常用方法。该方法是利用金属前驱体化合物的蒸气发生物理变化或化学反应生成目标产物,然后在保护气体条件下快速冷凝,凝聚长大形成纳米微粒,从而得到期望的金属纳米材料。H. Gleiter等人在气相反应法制备金属纳米粉体的基础上首次采用惰性气体保护原位加压成型法成功制备出了高性能的块体金属纳米Fe、Pd等材料,随后,气相法制备各类金属、金属化合物及非金属化合物纳米颗粒在世界范围内掀起高潮。用该方法制得的金属纳米材料具有纯度高、产物粒径分布窄、颗粒分散性好、化学反应活性高等优势[1]。

2. 离子溅射法

惰性气体下,在阳极(所选目标金属板)和阴极(蒸发材料靶)之间加直流高电压使之放电,放电中的离子就会带有足够高的能量进而撞击蒸发材料靶,蒸发材料靶的原子由于放电离子的撞击使其能量增大到足以克服束缚而从靶材表面蒸发出来,随后,蒸发原子被惰性气体冷却进而形成纳米颗粒。这种利用外部较高的能量将纳米粒子从靶材表面溅射出来的方法就叫离子溅射法。与常规方法相比，纳米粒子的溅射只有在提供的能量较高时才发生。该方法的优点是可以产生纯度较高的纳米材料，尤其是可以将高熔点金属制成纳米颗粒。例如 Xue 等人[2]应用离子溅射法从加氨氧化镓/钽（Ga_2O_3/Ta）薄膜制备了氮化镓（GaN）纳米线，研究了 GaN 纳米线的晶体结构和光学性质，探讨了 GaN 纳米线的晶体生长机理，研究结果表明 GaN 纳米线具有六方纤维矿结构，并且发现在 363 nm 处具有较强的紫外光发射峰。

7.1.1.2 液相法

1. 水热法

水热法是一种在密封的压力容器（水热釜）中，利用高温高压的水溶液作为溶剂将大气条件下不溶或者难溶的金属前驱体溶解并重结晶，再经过热处理得到金属纳米颗粒。用水热法制备金属纳米颗粒，可以很好地控制晶粒团聚，其粒径甚至可以达到几纳米的水平。例如方丽梅等人[3]采用水热法制备了经 Fe^{3+} 改性的 SnO_2 纳米颗粒，并研究了其光学性质和结构，发现在用 Fe^{3+} 进行改性的过程中 Fe^{3+} 和 SnO_2 形成间隙固溶体，产物为金红石结构。同时发现水热法可以实现 SnO_2 的直接晶化，这种方法制备的 SnO_2 呈单分散状态，粒径分布均匀，粒径在 10 nm 以下。该实验小组也研究了 Fe^{3+} 的添加量对产物粒径的影响，结果表明随着 Fe^{3+} 添加量的增加产物粒径减小。

2. 溶胶凝胶法

溶胶凝胶法是用含高化学活性组分的化合物作前驱体，在液相下将这些原料均匀混合，并进行水解、缩合化学反应，在溶液中形成稳定的透明溶胶体系，溶胶经陈化胶粒间缓慢聚合，形成三维空间网络结构的凝胶，凝胶网络间充满了失去流动性的溶剂，形成凝胶。最后进行热处理除去有机成分从而得到纳米颗粒。溶胶凝胶法多用于制备多组分的样品，在制备薄膜、纤维、复合材料等方面得到较多的应用，在制备纳米材料方面应用更广。得到的纳米晶粒均匀度高，纯度高且溶剂在制备过程中易除去，反应过程容易控制。但缺点是原料价格昂贵，凝胶中存在的大量微孔在干燥过程中会逸出气体及有机物，并产生收缩。因此国内外学者致力于改进溶胶凝胶法，例如，二氧化钛（TiO_2）是一种众所周知的光催化剂，具有许多特殊性质。获得 TiO_2 纳米复合材料以及高比表面积多孔膜的一种方法是使用溶胶凝胶法。在最近的一项研究中，Tsvetkov 等人[4]使用溶胶凝胶法报告了原始和掺杂 Nb 的 TiO_2 纳米颗粒和纳米管的形成。他们证明，当光强度从 1000W/m^2 降低到 10W/m^2 时，所获得的 TiO_2 纳米管显示出 65％的高光电转换效率，这表明在低光条件下，室内光伏应用具有良好的潜力。这表明溶胶凝胶技术在光电化学材料设计和制造方面的潜力巨大。溶胶凝胶法也已用于新型材料制造用于重金属去除和吸附。Qin 等人[5]最近的一项研究证明了钇稳定的 ZrO_2 纳滤膜的制备。他们通过反胶束介导的溶胶凝胶过程使用尺寸可控的球形 ZrO_2-NPs 从水中去除农药，如图 7-1 所示。钇的掺杂抑制了四方相到单斜相的转变，提高了膜的完整性。更重要的是，纳滤过程减少了颗粒的面积，使其具有更好的四方相。在他们的呋喃丹去除试验中，达到了 89％的去除率。上述研究巩固了溶胶凝胶衍生材料在废物去除技术中的重要性，这对于实现涉及水资源的可持续发展目标至关重要。

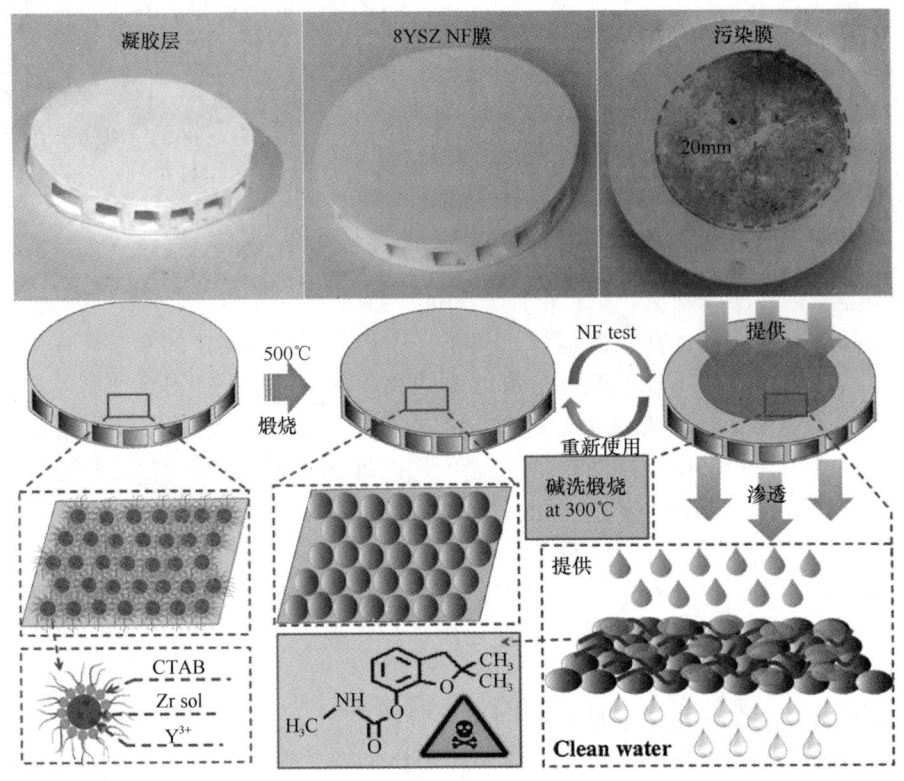

图 7-1 通过钇稳定的 ZrO_2 纳滤膜的制备

7.1.1.3 固相法

1. 球磨法

球磨法是将块状粉体放在高能球磨机或气流磨机中，通过容器的旋转、振动，磨球和物料之间相互研磨和冲击使物料细化，从而改变粒子的形状和大小。在这个过程中，由于样品的反复形变，当粒子区域缺陷密度达到临界值时，晶粒开始破碎，不断重复该过程，晶粒就会不断细化而得到纳米级粒子。其操作简单、成本低，但产品纯度低、颗粒分布不均匀。

2. 热分解法

热分解法是一种先将金属的盐类在一定温度下加热，金属盐受热分解为金属氧化物或者金属单质。Saravanan 等人[6]采用热分解法合成了 CeO_2、V_2O_5、CuO、CeO_2/V_2O_5 和 CeO_2/CuO 的纳米催化剂，并做了催化降解测试，制备的纳米复合系统（CeO_2/V_2O_5 和 CeO_2/CuO）在模型亚甲基蓝（MB）染料和纺织品废水降解方面表现出高效的可见光光催化活性，催化机理如图 7-2 所示。这归因于纳米复合系统优越的电荷分离，从而使光生成的电子和孔有足够的时间为整体光催化反应做出贡献。图 7-2 示意图代表了可见光照射下 CeO_2/V_2O_5 纳米复合材料上 MB 降解过程中的电荷传递路径。

7.1.2 金属纳米的类型

我们可以将常见的金属纳米颗粒分为贵金属纳米粒子、纳米级金属氧化物以及其他金属纳米粒子。金属纳米的种类、形貌、尺寸及表面功能修饰决定着其性能及应用范畴，已

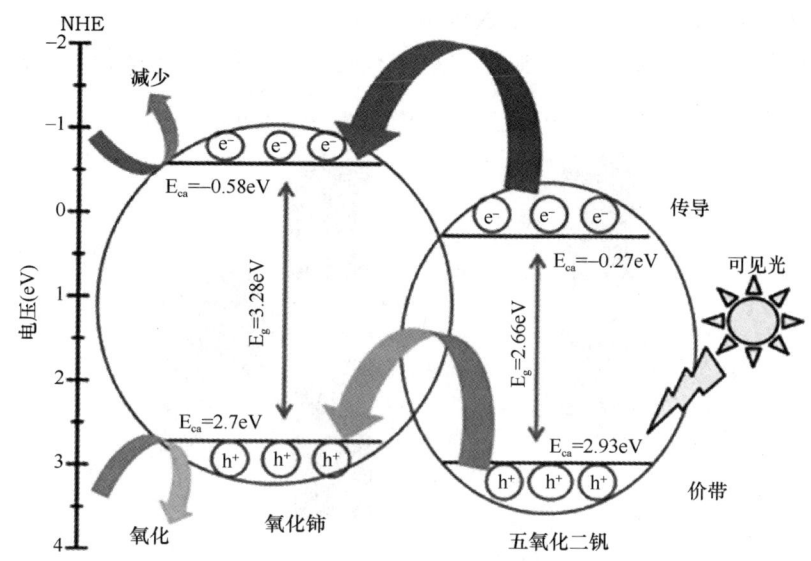

图 7-2 可见光照射下 CeO_2/V_2O_5 纳米复合材料上 MB 降解过程中的电荷传递路径

成为催化、传感器、临床诊断、医学治疗、抗菌剂、环境修复等众多领域研究的热点。不同的金属或其氧化物凭借其特性可以在不同的应用领域发挥作用,对于贵金属纳米粒子来说,贵金属纳米粒子由于其独特性(例如耐腐蚀、抗氧化以及非反应性)而成为有吸引力的纳米材料[7]。在贵金属 NPs 中,Au 和 Ag NPs 是最常研究的纳米材料。这些贵金属 NPs 具有高表面积与体积比、广泛的光学特性、易于合成以及功能化等有趣特性。

7.2 金属纳米复合水凝胶的研究现状

在过去的十年中,人们对具有新颖特性的混合材料的兴趣日益浓厚。金属纳米-水凝胶复合材料代表了一类新的杂化复合材料。由于金属纳米颗粒和凝胶化合物的性能都得到了有益的整合,这项技术的应用潜力很大。基于金属及其氧化物的纳米材料已被证明具有所需的物理特性,例如电导率(金基纳米材料)[8]、磁行为(铁基纳米材料)[9]和抗菌作用(银基纳米材料)[10]。由于优异的力学性能、良好的生物相容性和易于改性,水凝胶可以改善纳米材料的性能并提供新的应用优势,它们可整体组装成各种各样的宏观材料。有趣的是,纳米颗粒在复合材料中的分布可能并不均匀,复合材料中纳米颗粒的最终性能很大程度上会受到水凝胶内部微观结构的影响。因此,聚合物水凝胶与金属、金属氧化物组成的复合分子结构,能够为复合材料提供优异的性能,如对溶剂、溶质、pH、温度、电场和光等刺激产生高度敏感,这些性能的增强成为了水凝胶复合材料研究的主要焦点,并被积极用作药物递送系统、导电支架、生物电子单元、生物成像和传感剂[11-15]。

例如,基于金属及其氧化物的纳米材料的水凝胶已被用于促进和开发组织工程支架。其中,聚合物水凝胶支架因其具有生物相容性且结构与体内基于大分子的成分相似而备受关注[16]。然而,传统的水凝胶支架机械强度差,缺乏生物活性,限制了其在组织再生中的应用[17]。因此,多数研究一直致力于通过基本到先进的基于材料的方法开发改性水凝胶,以提高支架的物理和化学性能[18]。典型的例子是丝素蛋白/纳米羟基磷灰石(SF/

HA）水凝胶被原位形成的 Ag 和 Au NPs 改性（图 7-3）。同样，由于纳米颗粒的存在，纳米复合水凝胶显示出增强的机械刚度，这些材料还允许成骨细胞的附着和扩散[19]。

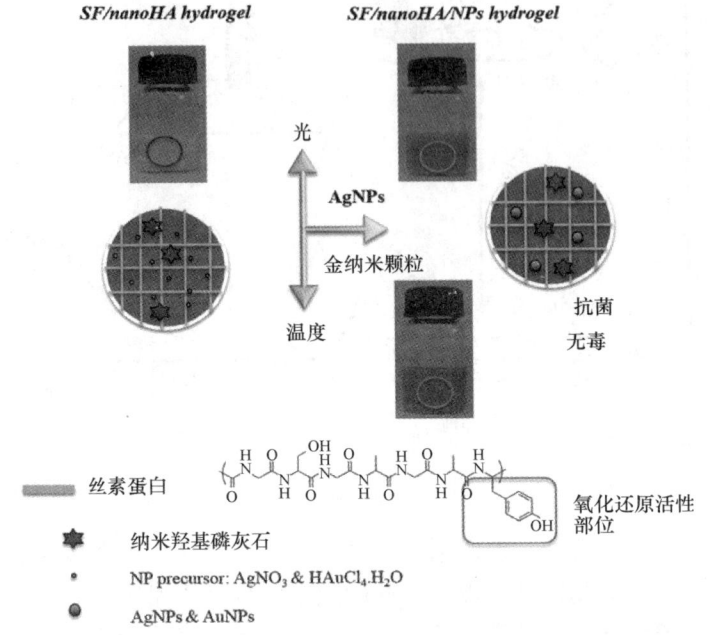

图 7-3　原位还原 Ag NPs 和 Au NPs 改性的 SF/HA 水凝胶

此外，在改善水凝胶物理和化学性质的同时，大多数金属纳米颗粒具有生物活性，具有天然的抗菌[20]、抗病毒[21]和抗炎[22]作用。这为用于组织再生的复合材料提供了额外的优势。Singh 等人[22]从酸梅等新鲜水果提取物中分别在 50min 和 30s 内在 80℃下合成了 Ag-NPs 和 Au-NPs。通过抑制巨噬细胞中下游 NF-jB 的激活探索了这些纳米颗粒的抗炎活性，证明纳米颗粒减少了炎症介质的表达（图 7-4）。

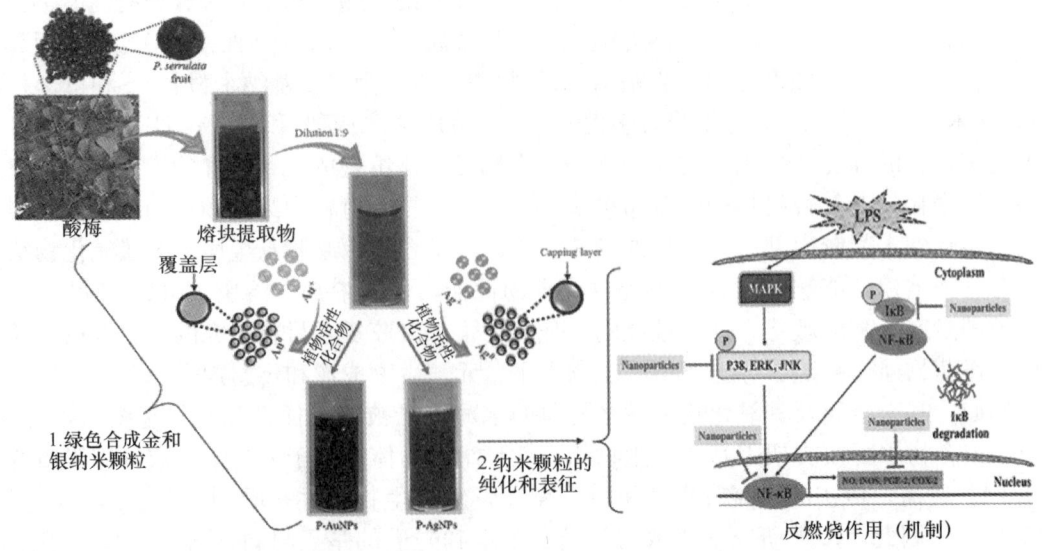

图 7-4　绿色合成 P-AgNPs 和 P-AuNPs 的示意图及其在炎症细胞中的应用

金属纳米材料因其高导电性而被广泛用作复合材料中的导电填充物。当它们在聚合物基质中很好地混合时，由于其纳米尺度的大小，就会形成一个具有多种电气通路的复杂渗流网络。通过将金属纳米材料与弹性体集成制造的可伸缩导电纳米复合材料因其非常规电气和机械特性，已成为人类友好型电子产品的重要组成部分，如可穿戴和植入设备。Zhao 等人[23]将聚多巴胺修饰的银纳米粒子（PDA@Ag NPs）、聚苯胺和聚乙烯醇（即 PDA@Ag NPs/CPHs）组装成了导电水凝胶。通过实时监测人体的大规模运动，证明了这种多功能水凝胶的潜在应用，如引人注目的加工性、良好的电气和机械性能、可重复的黏合性、自主愈合能力以及出色的自愈合效率（97%）。但是由于许多金属纳米材料在抗氧化方面都很弱，金属纳米复合材料的最大问题之一是如何在长期使用后仍保持初始的高导电性。优化纳米材料的物理特性和化学性质是实现高导电性的关键。与其他材料相比，一维纳米线结构因其高纵横比而有助于实现高导电性。Lee 等人[24]研究了银纳米线长度对导电性的影响。作者通过连续多步生长方法制备了长度>500μm 的超长银纳米线（图 7-5）。结果表明，银纳米线越长，电导率越高。当银纳米线变长时，电子可以在银纳米线内迁移更长的距离。因此，渗滤网络的整体接触电阻最小化，即使在弯曲条件下也具有高导电性。

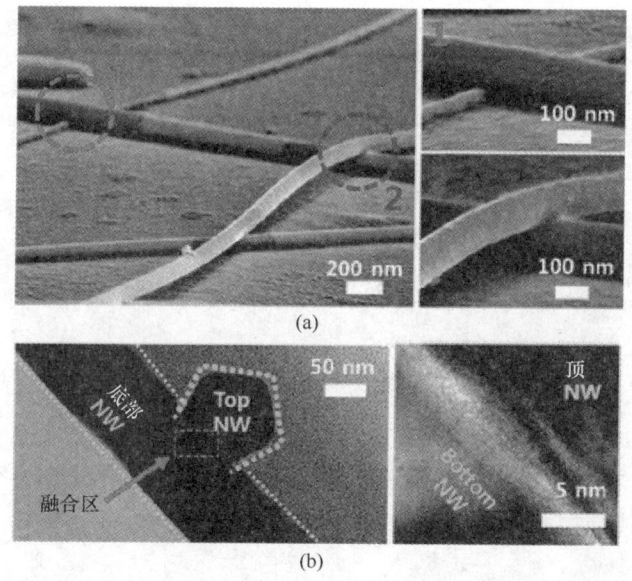

图 7-5 用于高度透明和柔性电极的超长银纳米线网络电极的激光纳米焊接
(a) 放大的 SEM（伪彩色）；(b) 在最佳加工条件下非常长的银纳米线之间的
激光纳米焊接点的 HRTEM 图像

7.3 金属纳米复合水凝胶的分类

金属纳米的一些典例由金属离子（例如 Au、Ag、Pd、Pt、Zn、Fe 和 Cu）和金属氧化物（例如 Ag_2O、NiO、ZnO、CuO、FeO 和 CeO_2）组成。纳米技术的进步也促进了各种纳米复合材料的发展，纳米复合材料是由多种类型的纳米颗粒和聚合物组成的多相固体材料，以改善单金属生物效应并解决结构功能相关问题[25]。

7.3.1 贵金属纳米复合水凝胶

传统的水凝胶支架机械强度差，缺乏活性，限制了其在各方面的应用[7]。最近的研究多致力于通过分子层面的设计来优化水凝胶，以提高其物理和化学性能。该方法的一个例子是将贵金属如 Au 和 Ag 整合到系统中，形成一种称为贵金属纳米粒子-水凝胶的复合材料。在改善水凝胶物理和化学性质的同时，大多数金属纳米颗粒具有生物活性，具有天然的抗菌、抗病毒和抗炎作用。此外，对于柔性可拉伸、可穿戴式电子产品来说，由于贵金属纳米材料具有实现高固有可伸缩性和高导电性的潜力[26]，通过优化金属纳米复合材料的设计和制造工艺，可以实现具有高导电和机械性能的柔性电子产品。Sang 等人[27]通过模板法制备了一种由聚二甲基硅氧烷（PDMS）以及 Ag NWs 和 NPs 组成的高灵敏度和可拉伸应变传感器金属氧化物纳米复合水凝胶（图 7-6）。为了提高应变传感器的灵敏度，将 Ag NPs 和 NWs 添加到聚二甲基硅氧烷（PDMS）中作为辅助填充物。Ag NPs 增加了电子的导电路径，导致生成的传感器电阻较低（14.9Ω）。这种高性能应变传感器的适用性体现在它能够感知人类说话、手指弯曲、抬起手腕和行走引起的运动上。

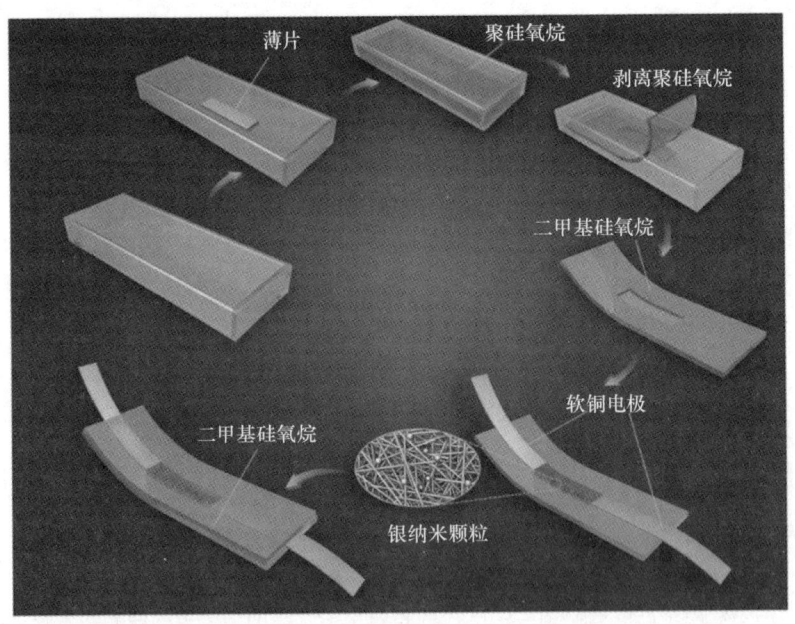

图 7-6 传感器结构设计和制造工艺流程图示意图

7.3.2 金属氧化物纳米复合水凝胶

纳米复合水凝胶可以通过将磁性纳米颗粒纳入水凝胶基质来制备磁场响应水凝胶复合材料。例如，$MnFe_2O_4$ 和 Fe_3O_4 等磁性铁氧体是常用的磁性纳米颗粒。磁性铁氧体颗粒制备的简单配方来自不同摩尔比（2∶1）的铁离子混合物（Fe（Ⅲ）∶Fe（Ⅱ））。在制备铁离子混合物时，在剧烈搅拌下，将氨水（26%）慢慢添加到溶液中。溶液颜色的变化（从橙色到黑色）是磁性铁氧体形成的指示器。获得的粒子用强磁铁收集，并高速离心。

用 DI 水洗几次后,磁性颗粒会重新分散在水中,并将油酸等稳定剂添加到这种混合物中,以防止聚集。据报道,磁性铁氧体颗粒的平均尺寸范围为 5~20nm。磁粒子溶液通常被称为铁液。在水凝胶合成过程中,通过将这种铁液添加到水凝胶前驱体溶液中,无论尺寸如何,都可以很容易地将这种铁氧体纳入水凝胶中。在其中一项研究中,Wang 等人[28]首先提出了一种顺序原位途径,在聚乙烯醇(PVA)基质中依次形成聚吡咯(PPy)和 Fe_3O_4 纳米粒子(Fe_3O_4 NPs),用于同时具有良好机械、导电和磁性的混合水凝胶(图 7-7)。所制备的混合水凝胶表现出了高电导率($1.95 \pm 0.17 \times 10^{-4}$ S/cm)、饱和磁化强度(5.42emu/g)和大大增强的机械性能[拉伸强度(575.03 ± 28.32)kPa、弹性模量(461.19 ± 24.75)kPa]的独特组合)。更重要的是,混合水凝胶在生物医学电子设备(如应变传感器和磁导航器)中显示了潜在的应用。

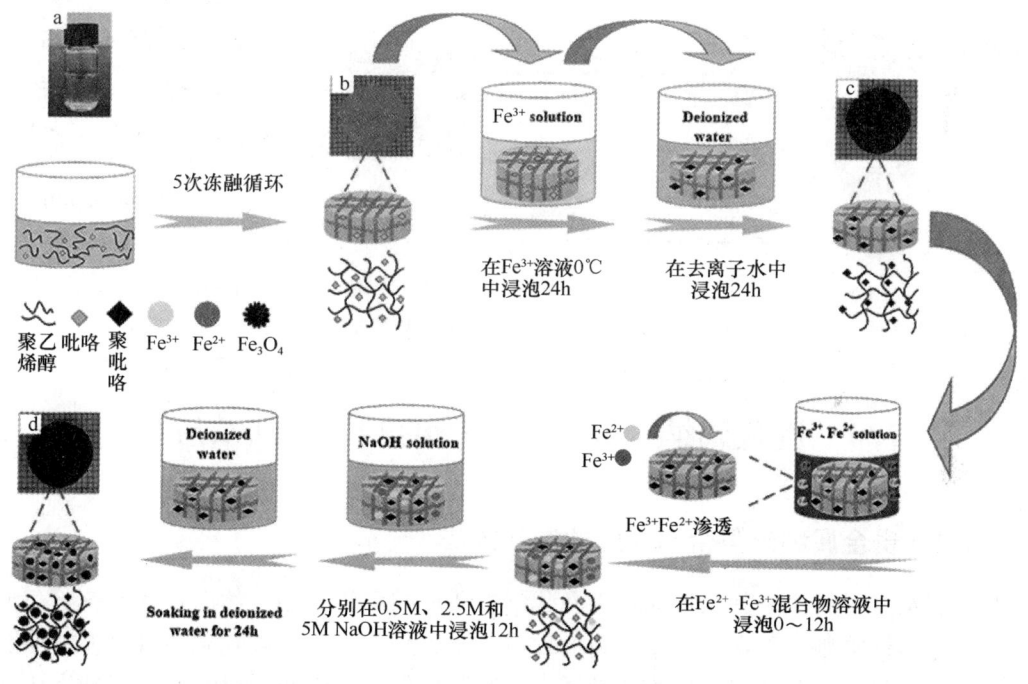

图 7-7　Fe_3O_4/PPy/PVA 电磁水凝胶的制备过程示意图

水凝胶还可以容纳其他金属纳米颗粒,不仅用于改善水凝胶的机械性能和电气性能,还用于为污染物物种的降解提供催化活性,并通过调整外部磁场远程控制分析物的膨胀、吸附、解吸性能。例如,已经有人[29]使用硫醇-烯点击化学方法合成了一种基于嵌入装饰的 Fe_3O_4 纳米颗粒的超支化聚甘油的磁性水凝胶(图 7-8)。测试复合材料去除亚甲基蓝和甲基紫的能力。使用后的水凝胶也可以使用磁铁方便地回收,允许回收这些水凝胶并在循环吸附运行中重复使用。

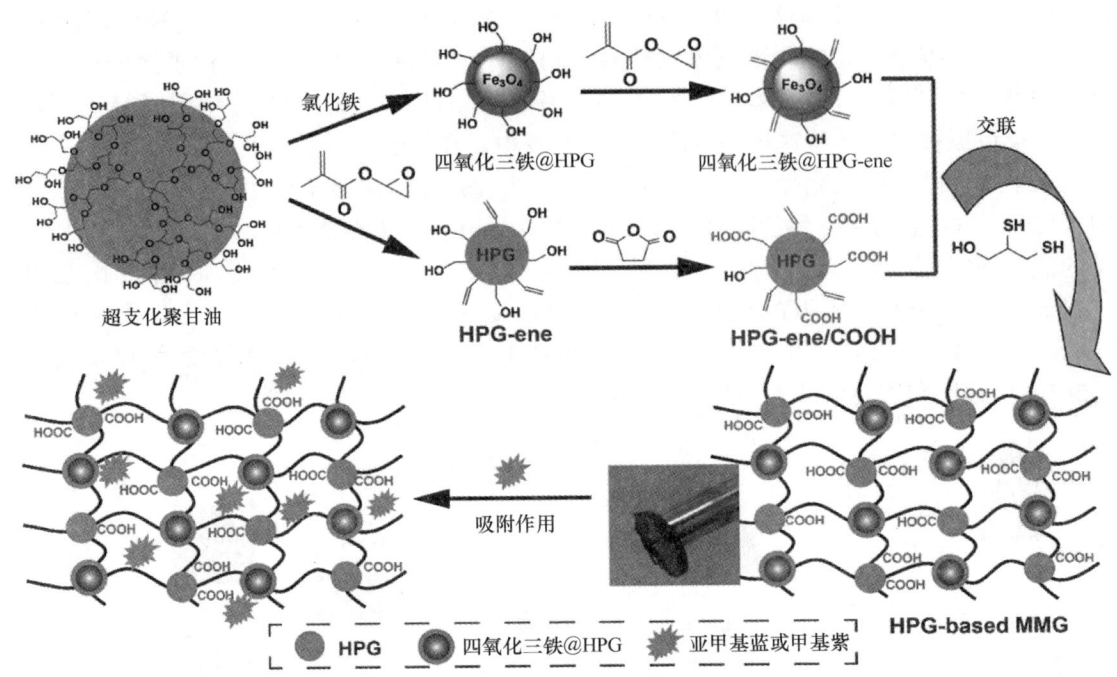

图 7-8 基于超支化聚甘油（HPG）的磁凝胶吸附剂的制备示意图，
以及放置磁铁后基于 HPG 的干燥凝胶照片

7.4 贵金属纳米复合水凝胶的制备方法及应用

7.4.1 贵金属纳米复合水凝胶的制备方法

贵金属纳米材料由于其独特的物理及化学性质而被广泛应用，然而，纳米粒子在水溶液中的不稳定性限制了贵金属纳米材料的发展。水凝胶作为纳米颗粒载体可以很好地解决这个问题，并且为了获得贵金属纳米粒子在水凝胶中的均匀分布，已经采用多种方法开发出各种贵金属纳米颗粒-水凝胶复合材料[30]，大致分为三大类：

7.4.1.1 共混凝聚法

制备好的贵金属纳米颗粒混合至水凝胶的前驱体中，然后利用聚合反应将纳米粒子镶嵌入水凝胶的空间结构当中，直接形成贵金属纳米颗粒与水凝胶的复合材料[31]；这种贵金属纳米颗粒的制备和水凝胶的形成是分开完成的，因此能够有效地合成理想的纳米颗粒（图 7-9）。

图 7-9 共混凝聚法示意图

整个合成过程简单易行，但是纳米颗粒的直接加入可能引起其在水凝胶中的团聚或聚集。这种方法制得的水凝胶空间结构增强效果不是很明显，因此需要进一步地改进处理以避免聚集。采用有机单分子层作为封端剂，例如金-聚 N-异丙基丙烯酸酯（Au-PNIPAM）复合微凝胶的制备[32]，将柠檬酸作为还原剂，制备出直径为 14 nm 左右的粒子，之后再用盐酸丁胺（BA）对 NPs 的表面进行相应的处理使其改性，这样可以防止 NPs 团聚，增强水凝胶分子链和纳米金属粒子间的相互作用，接着让改性后的粒子与 N-异丙基丙烯酰胺（NIPAM）单体发生聚合反应，通过上述过程就可以制备出具有核-壳结构的 Au-PNIPAM 复合凝胶。

7.4.1.2 模板-吸附法

模板-吸附法是在凝胶化后将金属纳米粒子以物理形态掺入水凝胶基质中，这种方式可以形容为水凝胶的"呼吸"机理[33]，由于水凝胶在面对不同的外界环境（如温度、电场、磁场、酸碱度等）会发生刺激响应性现象，因此水凝胶在不同溶液环境下会有收缩与溶胀的表现，从而促使贵金属纳米颗粒进入水凝胶（吸附在水凝胶表面或者嵌入水凝胶内部结构），形成贵金属纳米复合水凝胶（图 7-10）。

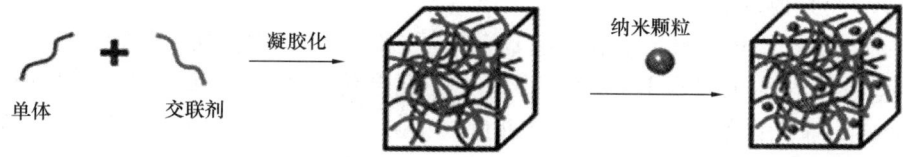

图 7-10 模板-吸附法示意图

例如 Pardo 等人[34]在水凝胶电聚合形成后将金纳米粒子加入到了聚丙烯酰胺凝胶中。由于金纳米粒子在电场的影响下很容易聚集，不能进行电聚合，为了解决这个问题，作者利用聚丙烯酰胺凝胶在水溶液中高度溶胀，但在非质子溶剂（如丙酮）中会出现急剧收缩的现象。首先将溶胀的凝胶置于丙酮中 2min，导致凝胶排出水分（呼气），然后将收缩的凝胶置于柠檬酸盐稳定的金纳米颗粒的水溶液中 2min。这种水溶液导致溶液中的凝胶溶胀（吸气），包括吸入悬浮的纳米颗粒；最后，用水彻底清洗凝胶以去除任何弱表面吸附的纳米颗粒。在下一个"呼吸"循环中，纳米粒子仍然保持附着在凝胶内部，这可能是由于物理"缠结"和聚合物链与纳米粒子的柠檬酸盐表面之间的氢键相互作用。经证实，每个"呼吸"循环后，凝胶中金纳米粒子的数量都会增加。

7.4.1.3 原位还原方法

这种水凝胶辅助纳米粒子形成的方法最初是由 Langer[35]的团队开发的，将金属纳米颗粒前驱体加载到凝胶中，而不是预先形成。利用水凝胶中的还原性基团或是加入还原剂等方法，将水凝胶中的贵金属纳米颗粒前驱体还原，从而原位产生纳米颗粒，形成贵金属纳米复合水凝胶（图 7-11）。

图 7-11 原位还原法示意图

该方法制备的水凝胶具有更好的性能，比如制备的贵金属纳米粒子尺寸可控，粒径分布较细，并且将其和刺激响应性水凝胶结合便可以得到功能性的复合水凝胶。硼氢化钠作为常用的还原剂，在合成贵金属纳米颗粒与水凝胶复合材料中经常使用。例如当添加硼氢化钠作为还原剂时，交联 N-异丙基丙烯酰胺（NIPAAm）和含有硫醇基团的共聚单体形成一个包含嵌入金（III）离子的水凝胶网络，在这个过程中，硫醇功能化的水凝胶基质能够调节金纳米粒子的形成。此外又有 Lu 等人[36]通过顺序地将水凝胶沉浸在银盐水溶液与硼氢化钠水溶液中制备了银纳米颗粒与杂化聚乙烯醇水凝胶复合材料，其中银纳米颗粒的粒径大约为 35 nm。Reddy 等人[37]在 Carbopol 980 NF 和丙烯酰胺凝胶混合物中使用绿色还原剂（薄荷叶提取物）还原 Ag^+，以生产用于抗菌应用的复合水凝胶。Marcelo 等人[38]利用丙烯酰胺-NIPAAm 水凝胶中的氧化还原活性儿茶酚侧链将金前驱体还原为纳米颗粒，形成了 PNIPAm-儿茶酚@纳米颗粒-水凝胶复合材料。这些水凝胶在没有外部还原剂的情况下很容易形成，并且观察到所得复合水凝胶的机械性能大大增强。除了使用化学试剂还原，其他的还原技术也被采用。如 Saha 等人[39]使用光化学的方法制备了金和银纳米颗粒与钙藻酸酯水凝胶复合材料。

7.4.1.4 其他方法

近年来，学者还相继报道了制备纳米金属复合凝胶的其他方法，如辐射法、超声波法等。Swaroop 等人[40]通过将 PVA 和 $AgNO_3$ 的混合物暴露在 25 kGy 剂量的 γ 射线辐射下，对银-聚乙烯醇（Ag-PVA）水凝胶进行了 γ 射线辐射合成，并表征确认了 PVA 基质中银纳米颗粒的形成。该研究还检测了 Ag-PVA 水凝胶对大肠杆菌和金黄色葡萄球菌的抗菌活性，展示了 Ag-PVA 水凝胶对两种细菌的显著抗菌活性和毒性作用。Shen 等人[41]开发了一种简便的超声波辅助化学还原方法，在常温常压下制备了负载 1～3nm 银纳米粒子的还原氧化石墨烯（rGO）气凝胶（图 7-12）。超声波促进了银（Ⅰ）以银氨的形式分散，并锚定在 GO 纳米片上。Ag（Ⅰ）和 GO 同时被还原为 Ag（Ⅰ），并在非均相液相中固定在 3D rGO 水凝胶上，最终形成 3D-rGO-Ag-NPs 气凝胶。3D-rGO-Ag-NPs 气凝胶对硝基苯（NB）、1,3-二硝基苯（DNB）和 4-硝基苯酚（NP）具有优异的催化性能。此外，在整个还原反应过程中，Ag 纳米颗粒在 3D-rGO-Ag 纳米颗粒中的固定非常稳定，没有聚集和浸出。

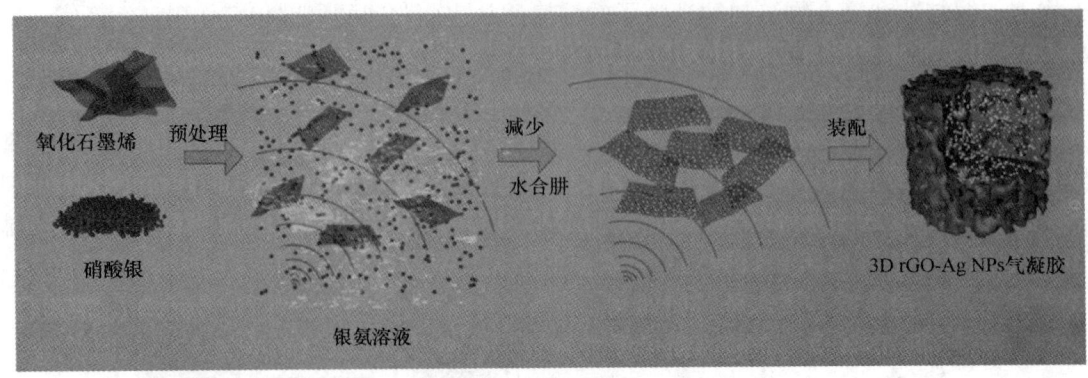

图 7-12　超声波辅助化学还原法制备 3D-rGO-Ag NPs 气凝胶示意图

7.4.2 贵金属纳米复合水凝胶的应用

我们已经将贵金属纳米颗粒-水凝胶复合材料作为一种适用于广泛应用的最先进的多功能材料类别进行了检测，总结了合成方法以及单个组件中不存在的复合材料的独特协同特性，以及它们的应用。

7.4.2.1 Ag-NPs 水凝胶复合材料

Ag-NPs 以其抗菌性能而闻名，广泛用于牙科填充物、伤口和烧伤敷料等医学应用[42-43]。Ag-NPs 已被引入聚丙烯酰胺（PAAm）、聚丙烯酸（PAA）、聚 N-异丙基丙烯酰胺（PNIPAAm）、聚甲基丙烯酸甲酯（PMMA）和聚乙烯醇（PVA）基水凝胶中。使用这些水凝胶作为基体的主要优势是，通过改变水凝胶网络中的交联剂和单体数量，可以很容易地控制其形态和尺寸。此外，近年来的工作更多地转向利用天然材料（壳聚糖、碳水化合物聚合物），如阿拉伯树胶、葡聚糖和明胶生产生物相容-可降解复合材料，作为植入式敷料具有潜在应用。研究表明，控制释放 Ag-NPs 是维持抗菌效果的必要条件，此外，机械韧性、溶胀率、刺激反应性和生物相容性-降解性需要在复合材料中进行研究和优化，以便有效应用。例如，Travan 等人[44]制造的基于多糖和 Ag-NPs 的新型纳米复合系统对革兰氏阳性菌和革兰氏阴性菌均显示出非常有效的杀菌活性。这是因为水凝胶中的 Ag-NPs 在整个水凝胶网络中具有良好的分散性。这些 Ag-NPs 水凝胶复合材料显示了出作为功能性抗菌涂层的前景。更进一步的研究是，Chen 等人[45]采用丝素蛋白（SF）、壳聚糖（CS）、琼脂糖（AG）和银纳米粒子（Ag-NPs）的混合物，在无机物的条件下，通过简单的反应制备了新型贵金属纳米颗粒-水凝胶复合材料。所制备的水凝胶通过 SF 或 AG 的浓度来调节其力学性能，提高了水凝胶的机械强度。由于水凝胶中存在 CS 和 Ag 的协同作用，表现出了对革兰氏阳性菌和革兰氏阴性菌的抗菌性能，并且细胞相容性试验证明了水凝胶的毒性很低，显示了其在生物医学领域的巨大应用潜力。

催化是纳米贵金属复合水凝胶应用最为广泛的一个领域，水凝胶作为纳米金属粒子催化剂的载体，可以利用水凝胶的刺激响应性来改善纳米金属粒子的催化性能，使其具有高效的催化活性[46-47]。许多研究通过计算反应速率常数揭示了不同金属纳米颗粒的高催化活性[48]。为了防止纳米颗粒的聚集以及轻松回收纳米粒子，近年来已经采用了不同形式的聚合物作为金属纳米的载体。在大多数研究中，明胶与金属纳米粒子的复合水凝胶已被用于吸附不同的金属离子和污染物。例如 Kamal 等人[49]使用自还原方法成功地在明胶水凝胶基质中制备了银纳米粒子。明胶水凝胶吸收的银离子通过明胶链缓慢转化为银纳米粒子，这可以从银-明胶（Ag-GL）水凝胶的颜色从透明变为棕色看出（图 7-13）。制备的 Ag-GL 水凝胶被用作催化剂，用于通过 $NaBH_4$ 作为还原化合物催化还原甲基橙（MO）和对硝基苯酚（4-NP）。存在于明胶水凝胶中的催化剂银纳米颗粒很容易从一次反应中回收。回收的物质作为催化剂直接用于另一反应，具有良好的可回收性。

经典贵金属（Ag、Au 和 Cu）是最常见的 SERS 活性材料[50]。纳米结构 SERS 活性金属表面吸附剂的拉曼信号可以有效地增加几个数量级。许多研究试图设计和合成具有 SERS 性能的基质。然而，开发具有高稳定性和良好可复制性以方便实际应用的 SERS 衬底仍然是一个挑战。水凝胶的 3D 网络结构使其能够与金属 NPs 结合，并助力加速组装，控制直径和形态，并防止金属 NP 的聚集[51]。此外，由于其卓越的吸水能力，它表现出

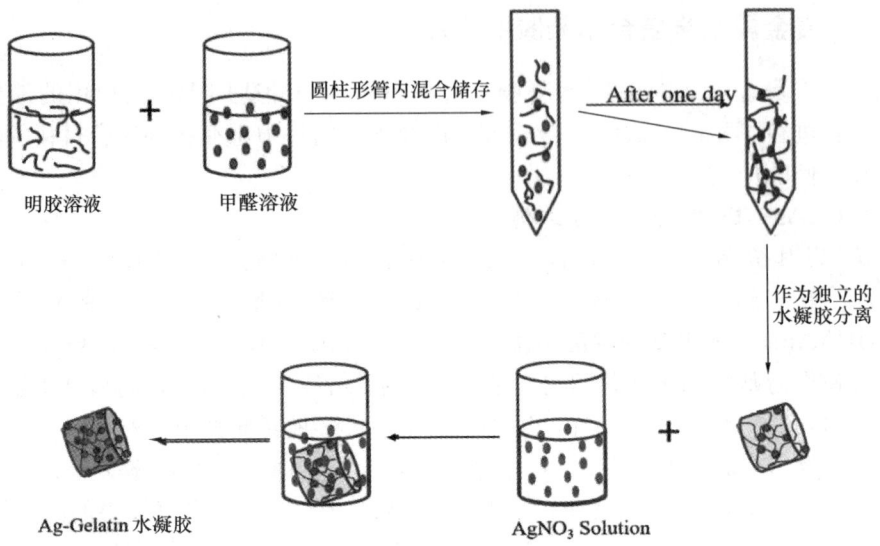

图 7-13　Ag-GL 水凝胶的制备方案

对水溶性污染物的有效吸附能力,从而在拉曼光谱学中作为 SERS 基质应用。Mori 等人[52]报告了将聚乙烯醇-银纳米颗粒(PVA-Ag NPs)水凝胶合成为可靠 SERS 衬底的简单易行的过程(图 7-14)。首先,使用常规冷冻、解冻方法制备了含有 AgNO₃ 的 PVA 水凝胶。其次,以 $NaBH_4$ 为还原剂,采用浸渍法制备 PVA-Ag NPs 水凝胶。通过在凝胶基质中扩散还原剂来控制还原过程,PVA 网络有助于提高 Ag NPs 的稳定性。作者将 PVA-Ag NPs 水凝胶应用于 SERS 分析,发现由此产生的 PVA-Ag NPs 水凝胶对晶体紫(CV)

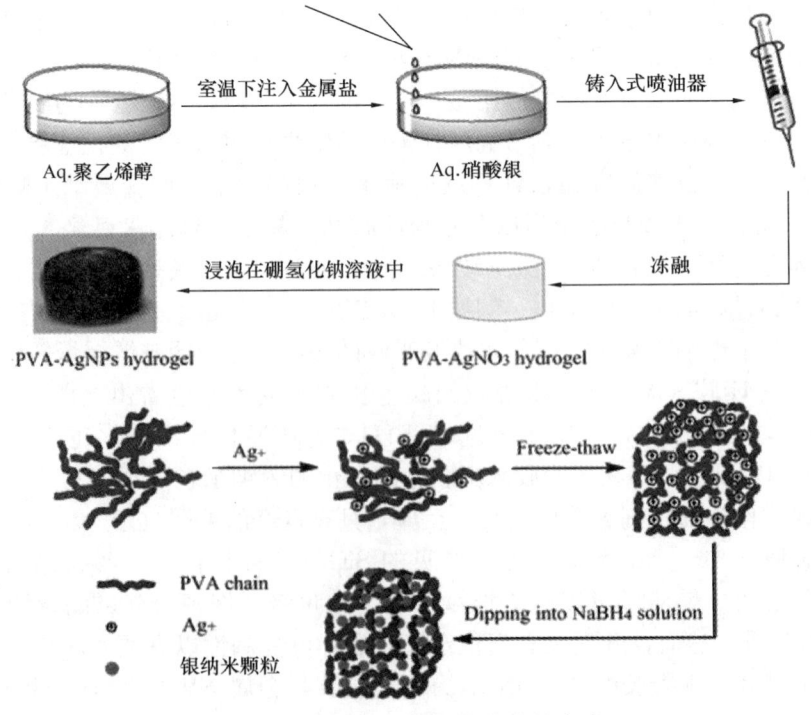

图 7-14　PVA-Ag NPs 水凝胶的合成

和罗丹明B（RhB）具有优越的SERS灵敏度、稳定性和可复制性。

7.4.2.2 Au-NPs水凝胶复合材料

Au-NPs被广泛用作聚合物水凝胶中的一种新型纳米填充剂，以提高力学和导电性能。值得注意的是，Au-NPs可以与氢键形成金属配体配位，从而赋予水凝胶自愈合性能。例如，He等人[53]展示了一种自愈合导电杂交PVA水凝胶，该凝胶具有坚韧的热塑性性能。在他们的工作中，混合水凝胶是一种双网络水凝胶。水凝胶的第一层网络层是通过聚对苯乙烯磺酸钠水合物［P（NaSS）］和聚离子液体［P（VBIm-Cl）］之间的化学交联形成的。水凝胶的第二层网络层是第一层网络层和PVA之间的物理交联。Au作为纳米填充器引入网络。采用自由基聚合法制备了P（NaSS）-P（VBIm-Cl）半互连。将半互连矩阵注入PVA溶液进行冷冻。冻结后，PVA链之间形成了物理交联。水凝胶浸泡在$HAuCl_4$溶液中，没有任何还原剂，在此过程中，Au（Ⅲ）被还原为Au（0），获得了P（NaSS）-P（VBIm-Cl）-PVA@Au水凝胶（图7-15）。

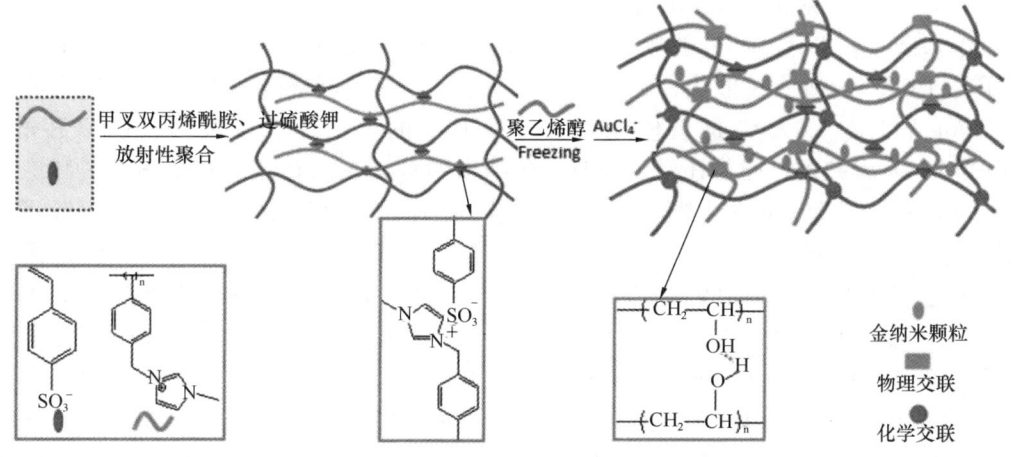

图7-15　P（NaSS）-P（VBIm-Cl）-PVA@Au水凝胶的制备过程

尽管Au被普遍认为是生物惰性的，但金纳米粒子（Au-NPs）由于独特的电子性能和较高的比表面积也被广泛地应用。例如Ramtenki等人[54]提出了一种简便的方法制备Au-NPs固定化聚乙二醇-聚氨酯PEGPU（Au-NP-PEGPU）水凝胶用于催化反应。首先第一步涉及PEGPU矩阵的合成。这些矩阵被切割成8mm直径和约（0.9±0.2）mm厚。这些基质在浸入水中后会膨胀。为了在基质中生成金属纳米颗粒，第一步，通过向PEGPU基质中添加$HAuCl_4$溶液，Au^{3+}或$AuCl_4^-$金属离子已被结合到PEGPU基质中。然后通过添加还原剂将这些Au^{3+}或$AuCl_4^-$还原为PEGPU基质内的Au-NPs。Au-NPs-PEGPU矩阵可以切割成任何形状并且易于处理。作者采用$NaBH_4$将4-硝基苯胺（4-NA）还原为对苯二胺（p-PDA），研究表明了Au-NPs-PEGPU催化剂具有优异的催化效率。

Au-NPs复合水凝胶的稳定性、刺激响应性等性能不仅能让它发挥催化作用，还可以将其当作运输药物的载体。例如将一种温敏性水凝胶作为表壳，这种水凝胶是聚N-异丙基丙烯酰胺和聚乙二醇的嵌段共聚物，它在高温时发生凝聚，低温时又变成液态[55]。同时，将Ag-Au双金属纳米粒子作为核，通过合适的制备方法制备成一种纳米双金属复合水凝胶。在使用时，可以将抗癌药物镶嵌到其中，之后再用红外光进行照射，这样一来，不仅可以利用纳米双金属复合水凝胶外壳的温敏性将抗癌药物释放出来，还可以对癌细胞产生热疗作用。

另外，研究者们还探索了掺杂的 Au-NPs 的水凝胶作为 SERS 平台的潜在基质。例如，Praveen 等人[56]通过光化学和热诱导相分离聚合含有甲基丙烯酸 2-羟乙基酯（HEMA）、交联剂、引发剂和 $KAuCl_4$ 或 $(CH_3)_2SAuCl$ 的水溶液，制备了掺杂金纳米粒子（Au-PHEMA）的聚甲基丙烯酸 2-羟乙基酯水凝胶。在光聚合中，2,2-二甲氧基-2-苯乙酰酚（DPAP）是 HEMA 聚合的光引发剂，在将 Au（Ⅲ）还原为 Au（0）方面发挥作用。在热聚合中，使用过硫酸钾（$K_2S_2O_8$）启动 HEMA 聚合，由此产生的 PHEMA 将 Au（Ⅲ）还原为 Au（0）。使用 80 ppb 的 4-乙炔基苯甲醛溶液作为分析物，证明了 Au-PHEMA 水凝胶作为表面增强拉曼散射平台的应用。这表明 Au-PHEMA 复合水凝胶有望成为 SERS 检测和结构识别小分子的基质。

7.4.2.3 其他金属 NPs 水凝胶复合材料

除了掺杂 Ag 和 Au NPs 的水凝胶复合材料之外，其他几种贵金属纳米颗粒（Au、Ag、Pd、Pt 和 Ru 等）在催化、磁性成分和环境纳米技术等各个领域也显示出良好的前景。Zhang Lidong 等人[57]最近使用含有多胺基团的聚（环氧乙烷丙基膦酰胺酸酯）（PEOPPA）水凝胶进行原位还原，同时形成纳米颗粒。在没有任何其他还原剂和稳定剂的情况下，获得了贵金属纳米颗粒的单一形式固定化。这些注入纳米颗粒的水凝胶用于在 $NaBH_4$ 存在下还原硝基芳烃。由于水凝胶网络阻止了聚集诱导的脱活性，因此该系统表现出良好的可回收性和保留催化活性。金属钯（Pd）是众所周知的催化剂，Ge Lei 等人[58]使用比表面积大的天然聚合物材料壳聚糖（CS）和石墨烯氧化物（GO）以谷氨酸醛（GA）为交联剂制备了一种新的基于 CS-rGO 的复合水凝胶并向其中加载了钯纳米颗粒（Pd-NPs），其中作者利用环保介质还原剂抗坏血酸，既将金粒子原位还原成了金属纳米颗粒，又将 GO 还原为石墨烯氧化物（rGO）并形成 rGO 水凝胶，同时表面含氧功能基团的减少为固定 Pd-NP 提供了更多的可用空间。试验结果表明 CS-GA-rGO-Pd 复合水凝胶对 4-NP 和 2-硝基苯胺（2-NA）的降解具有良好的催化性能。

7.5 金属纳米复合水凝胶目前存在的问题

纳米粒子-水凝胶复合材料具有多功能和刺激响应特性，使其成为"智能"材料的理想选择，包括智能化软物质材料、用于生物传感和治疗的安全、催化-去除污染物的环境修复系统、用于化学合成的可回收催化纳米颗粒水凝胶复合材料等。但是综合分析目前文献，金属纳米复合水凝胶的研究仍然存在以下问题：

（1）金属纳米粒子与凝胶基体结合的作用机理不明确，没有形成系统的理论体系。现阶段的增强体与基体的组合往往依靠尝试法，缺少系统的理论支持；

（2）金属纳米粒子与基体成分分散性、相容性、两者的结合程度也有待解决。在制备中易出现材料分布不均而产生团聚现象，导致材料的制备失败。有些制备工艺所需温度较高易产生界面反应，也造成了两者的相容问题与分散不均；

（3）现有的制备工艺不能精确控制纳米颗粒的尺寸，不能保证纳米颗粒大小的一致性；有的制备工艺在制备过程中破坏材料的组织结构，达不到材料的预期性能，材料的质量不能保证；

（4）金属纳米的制备工艺复杂、成本较高，制备工艺还没能标准化、工艺化。材料制备中所用的仪器设备价格昂贵。

7.6　思政小结

贵金属纳米材料由于其独特的光电化学性能，在分析化学领域应用广泛。但是，纳米粒子在水溶液中不稳定，这在一定程度上限制了贵金属纳米材料的发展，水凝胶载体能够很好地解决此问题。水凝胶具有优异的机械性能，良好的生物相容性和易于改性等特点，在稳定纳米材料的同时能够提升纳米材料的性质。因此，贵金属纳米粒子与水凝胶复合材料的研究逐渐增多。

2022年，党的二十大胜利召开，擘画了全面建设社会主义现代化国家、以中国式现代化全面推进中华民族伟大复兴的宏伟蓝图，吹响了奋进新征程的时代号角。未来5年是全面建设社会主义现代化国家开局起步的关键时期，这5年的发展对于实现第二个百年奋斗目标至关重要。希望本章介绍的金属纳米颗粒-水凝胶复合材料的合成方法和应用分类可以更好地帮助读者理解党的二十大报告精神，并使读者能够通过合成设计和预测纳米颗粒-水凝胶复合材料的合成特性为新应用设计创新组合，在未来几年，将我们的科学研究和祖国建设紧密地结合起来。

7.7　课后习题

1. 金属纳米的制备方法都有哪些？分别概括它们的优缺点。
2. 简述溶胶-凝胶法的原理。
3. 简述金属纳米复合水凝胶材料的应用。

7.8　参考文献

[1] HAUBOLD T, BIRRINGER R, LENGELER B, et al. Exafs studies of nanocrystalline materials exhibiting a new solid state structure with randomly arranged atoms [J]. Physics Letters A, 1989, 135(8-9)：461-466.

[2] XUE C, HONG L, ZHUANG H, et al. Synthesis of GaN nanowires with tantalum catalyst by magnetron sputtering[J]. Rare Metal Materials & Engineering, 2009, 38(7)：1129-1131.

[3] 方丽梅，李志杰，刘春明，等. 水热法制备Fe^{3+}改性的SnO_2纳米颗粒[J]. 物理化学学报，2006，22(10)：5.

[4] TSVETKOV N, LARINA L, KANG J K, et al. Sol-Gel processed TiO_2 nanotube photoelectrodes for dye-sensitized solar cells with enhanced photovoltaic performance [J]. Nanomaterials, 2020, 10(2).

[5] QIN H, GUO W, HUANG X, et al. Preparation of yttria-stabilized ZrO_2 nanofiltration membrane by reverse micelles-mediated sol-gel process and its application in pesticide wastewater treatment[J]. Journal of the European Ceramic Society, 2019, 40(1): 145-154.

[6] SARAVANAN R, JOICY S, GUPTA V K, et al. Visible light induced degradation of methylene blue using CeO_2/V_2O_5 and CeO_2/CuO catalysts[J]. Science and Engineering of Composite Materials, 2013, 33(8): 4725-4731.

[7] PAREEK V, BHARGAVA A, Gupta R, et al. Synthesis and applications of noble metal nanoparticles: a review[J]. Advanced Science, Engineering and Medicine, 2017, 9(7): 527-544.

[8] SASIDHARAN A, MONTEIRO-RIVIERE N A. Biomedical applications of gold nanomaterials: opportunities and challenges[J]. Wiley Interdisciplinary Reviews: Nanomedicine and Nanobiotechnology, 2015, 7(6): 779-796.

[9] MAKVANDI P, WANG C, ZARE E N, et al. Metal-based nanomaterials in biomedical applications: antimicrobial activity and cytotoxicity aspects[J]. Advanced Functional Materials, 2020, 30(22): 1910021.

[10] LEE H Y, PARK H K, LEE Y M, et al. A practical procedure for producing silver nanocoated fabric and its antibacterial evaluation for biomedical applications.[J]. Chemical Communications, 2007(28): 2959-2961.

[11] THONIYOT P, TAN M J, KARIM A A, et al. Nanoparticle-hydrogel composites: concept, design, and applications of these promising, multi-functional Materials[J]. Advanced Science, 2015, 2(1-2): 1400010.

[12] TAN H, TEOW S Y, Pushpamalar J J. Application of metal nanoparticle hydrogel composites in tissue regeneration[J]. Bioengineering, 2019, 6(1): 17.

[13] WANG C, FLYNN N T, LANGER R. Controlled structure and properties of thermoresponsive nanoparticle-hydrogel composites[J]. Advanced Materials, 2004, 16(13): 1074-1079.

[14] CLASKY A J, WATCHORN J D, CHEN P Z, et al. From prevention to diagnosis and treatment: biomedical applications of metal nanoparticle-hydrogel composites[J]. Acta Biomaterialia, 2020.

[15] KABIRI K, OMIDIAN H, ZOHURIAAN-MEHR M J, et al. Superabsorbent hydrogel composites and nanocomposites: A review[J]. Polymer Composites, 2011, 32(2): 277-289.

[16] DHAN D, YUTHAPANI B, YOSHIDA Y, et al. Polymeric scaffolds in tissue engineering application: a review[J]. International Journal of Polymer Science, 2011, 2011(1687-9422): 609-618.

[17] KILLION J A, GEEVER L M, DEVINE D M, et al. Compressive strength and bioactivity properties of photopolymerizable hybrid composite hydrogels for bone tissue engineering[J]. International Journal of Polymeric Materials & Polymeric

Biomaterials, 2014, 63(13): 641-650.

[18] ZHANG K, WANG S, ZHOU C, et al. Advanced smart biomaterials and constructs for hard tissue engineering and regeneration[J]. Bone Research, 2018, 6(31).

[19] RIBEIRO M, FERRAZ M P, MONTEIRO F J, et al. Antibacterial silk fibroin/nanohydroxyapatite hydrogels with silver and gold nanoparticles for bone regeneration[J]. Nanomedicine Nanotechnology Biology & Medicine, 2017, 13(1): 231-239.

[20] TEOW SY, WONG MM, YAP HY, et al. Bactericidal properties of plants-derived metal and metal oxide nanoparticles (NPs)[J]. Molecules, 2018, 23(6): 1366.

[21] GALDIERO S, FALANGA A, VITIELLO M, et al. Silver nanoparticles as potential antiviral agents[J]. Molecules, 2011, 16, 8894-8918.

[22] SINGH P, AHN S, KANG J P, et al. In vitro anti-inflammatory activity of spherical silver nanoparticles and monodisperse hexagonal gold nanoparticles by fruit extract of Prunus serrulata: a green synthetic approach[J]. Artif Cells Nanomed Biotechnol, 2018, 46(8): 1-11.

[23] ZHAO Y, LI Z, SONG S, et al. Skin-inspired antibacterial conductive hydrogels for epidermal sensors and diabetic foot wound dressings[J]. Advanced Functional Materials, 2019, 29(31): 1901474.

[24] LEE J, LEE P, LEE H, et al. Very long Ag nanowire synthesis and its application in a highly transparent, conductive and flexible metal electrode touch panel[J]. Nanoscale, 2012, 4(20): 6408-6414.

[25] ZARE Y, SHABANI I. Polymer/metal nanocomposites for biomedical applications[J]. Materials Science & Engineering C Materials for Biological Applications, 2016, 60: 195-203.

[26] BOEY F, FUCHS H, CHEN X. Nanotechnology with soft matter: from structures to functions[J]. Small, 2011, 7(10): 1275-1277.

[27] SANG S B, LIU L H, JIAN A Q, et al. Highly sensitive wearable strain sensor based on silver nanowires and nanoparticles[J]. Nanotechnology, 2018, 29(25): 255202.

[28] WANG Y, ZHU Y, XUE Y, et al. Sequential in-situ route to synthesize novel composite hydrogels with excellent mechanical, conductive, and magnetic responsive properties[J]. Materials & Design, 2020: 108759.

[29] SONG Y, DUAN Y, Li Z. Multi-carboxylic magnetic gel from hyperbranched polyglycerol formed by thiol-ene photopolymerization for efficient and selective adsorption of methylene blue and methyl violet dyes[J]. Journal of Colloid & Interface Science, 2018, 1(529): 139-149.

[30] THONIYOT P, TAN M J, KARIM A A, et al. Nanoparticle-hydrogel composites: concept, design, and applications of these promising, multi-Functional mate-

rials[J]. Advanced Science, 2015, 2(1-2): 1400010.

[31] FATEIXA S, DANIEL D A L, NOGUEIRA H, et al. Raman signal enhancement dependence on the gel strength of Ag/Hydrogels Used as SERS Substrates[J]. Journal of Physical Chemistry C, 2014, 118(19): 10384-10392.

[32] KARG M, JABER S, HELLWEG T, et al. Surface plasmon spectroscopy of gold-Poly- N-isopropylacrylamide core shell particles[J]. Langmuir, 2011, 27(2): 820-827.

[33] PARDO Y V, BOURENKO T, WASSERMAN J, et al. Solvent-switchable photoelectrochemistry in the presence of CdS-nanoparticle/Acrylamide Hydrogels[J]. Advanced Materials, 2002, 14(9): 670-673.

[34] PARDO Y V, GABAI R, SHIPWAY A N, et al. Gold nanoparticle/hydrogel composites with solvent-switchable electronic properties[J]. 2001, 13(17): 1320.

[35] WANG C, FLYNN N T, LANGER R. Controlled structure and properties of thermoresponsive nanoparticle-hydrogel composites[J]. Advanced Materials, 2004, 16(13).

[36] LU Y, SPYRA P, MEI Y, et al. Composite hydrogels: robust carriers for catalytic nanoparticles[J]. Macromolecular Chemistry and Physics, 2007, 208(3): 254-261.

[37] SIVA M, JAYARAMUDU J, SADIKU E R, et al. Application of cross-linked soy protein isolate with resorcinol films for release studies of naturally occurring bioactive agent with antiproliferative activity[J]. Journal of Drug Delivery Science & Technology, 2014, 24(1): 86-91.

[38] MARCELO G, López M, MENDICUTI F, et al. Poly(N-isopropylacrylamide)/gold hybrid hydrogels prepared by catechol redox chemistry. Characterization and smart tunable catalytic activity[J]. Macromolecules, 2014, 47(17): 6028-6036.

[39] SAHA S, PAL A, KUNDU S, et al. Photochemical green synthesis of calcium-alginate-stabilized ag and au nanoparticles and their catalytic application to 4-nitrophenol reduction[J]. Langmuir the ACS Journal of Surfaces & Colloids, 2010, 26(4): 2885.

[40] SWAROOP K, FRANCIS S, SOMASHEKARAPPA H M. Gamma irradiation synthesis of Ag/PVA hydrogels and its antibacterial activity[J]. Materials Today Proceedings, 2016, 3(6): 1792-1798.

[41] SHEN YS, ZHU C, Z CHEN B LBL. Immobilizing 1-3nm Ag nanoparticles in reduced graphene oxide aerogel as a high-effective catalyst for reduction of nitroaromatic compounds[J]. Environmental Pollution, 2020, 256: 113405.

[42] NAIR L S, LAURENCIN C T. Silver nanoparticles: synthesis and therapeutic applications[J]. Journal of Biomedical Nanotechnology, 2007, 3(4): 301-316.

[43] MORITZ M, GESZKE M M. The newest achievements in synthesis, immobilization and practical applications of antibacterial nanoparticles[J]. Chemical Engineering Journal, 2013, 228: 596-613.

[44] TRAVAN A, PELILLO C, DONATI I, et al. Non-cytotoxic silver nanoparticle-polysaccharide nanocomposites with antimicrobial activit[J]. Biomacromolecules, 2009, 10(6): 1429.

[45] CHEN S H, LI Z, LIU Z L, et al. Antimicrobial hydrogels with controllable mechanical properties for biomedical application[J]. Journal of Materials Research, 2019, 34(11): 1911

[46] ZHAO X, DING X, DENG Z, et al. A kind of smart gold nanoparticle-hydrogel composite with tunable thermo-switchable electrical properties[J]. New Journal of Chemistry, 2006, 30(6): 915-920.

[47] YOU J O, AUGUSTE D T. Conductive, physiologically responsive hydrogels[J]. Langmuir, 2010, 26(7): 4607-4612.

[48] RAMAZANI A, SHAGHAGHI Z, AGHAHOSSEINI H, et al. Silica nanoparticles as a highly efficient catalyst for the one-pot synthesis of sterically congested 2-(dibenzylamino)-2-aryl acetamide derivatives from by phthaldehyde isomers, isocyanides and dibenzylamine[J]. Bulletin of the Chemical Society of Ethiopia, 2017, 30(3): 413.

[49] KAMAL T, KHAN M, KHAN S B, et al. Silver nanoparticles embedded in Gelatin biopolymer hydrogel as catalyst for reductive degradation of pollutants[J]. Journal of Polymers and the Environment, 2020, 28(2): 399-410.

[50] LI M, QIU Y, FAN C, et al. Design of SERS nanoprobes for raman imaging: materials, critical factors and architectures[J]. Acta Pharmaceutica Sinica B, 2018, 8(3): 381-389.

[51] FU G, LIU Y, CHEN Y, et al. Robust n-doped carbon aerogels strongly coupled with iron-cobalt particles as efficient bifunctional catalysts for rechargeable Zn-air batteries[J]. Nanoscale, 2018, 10(42): 19937-19944.

[52] MORI Y, TOKURA H, YOSHIKAWA M. Properties of hydrogels synthesized by freezing and thawing aqueous polyvinyl alcohol solutions and their applications[J]. Journal of Materials Science, 1997, 32(2): 491-496.

[53] HE X, ZHANG C, WANG M, et al. An electrically and mechanically autonomic self-healing hybrid hydrogel with tough and thermoplastic properties[J]. ACS Applied Materials & Interfaces, 2017, 9(12): 11134.

[54] RAMTENKI V, ANUMON V D, BADIGER M V, et al. Gold nanoparticle embedded hydrogel matrices as catalysts: Better dispersibility of nanoparticles in the gel matrix upon addition of N-bromosuccinimide leading to increased catalytic efficiency[J]. Colloids & Surfaces A Physicochemical & Engineering Aspects, 2012, 414(none): 296-301.

[55] ABDELRASOUL G N, MAGRASSI R, DANTE S, et al. PEGylated gold nanorods as optical trackers for biomedical applications: an in vivo and in vitro comparative study[J]. Nanotechnology, 2016, 27(25): 255101.

[56] PRAVEEN, SUZUKI S, CARSON CF, et al. Poly(2-hydroxyethyl methacrylate) hydrogels doped with gold nanoparticles for surface-enhanced raman spectroscopy [J]. ACS Applied Nano Materials 2021, 4 (5): 5577-5589

[57] ZHANG L, ZHENG S, KANG D E, et al. Synthesis of multi-amine functionalized hydrogel for preparation of noble metal nanoparticles: utilization as highly active and recyclable catalysts in reduction of nitroaromatics[J]. RSC Advances, 2013, 3 (14): 4692-4703.

[58] GE L, ZHANG M, WANG R, et al. Fabrication of CS/GA/RGO/Pd composite hydrogels for highly efficient catalytic reduction of organic pollutants[J]. RSC Advances, 2020, 10(26): 15091-15097.

8 纳米纤维复合水凝胶材料

8.1 纳米纤维的制备方法及类型

8.1.1 纳米纤维简介

纳米纤维是指直径在纳米尺度而长度较大的、具有一定长径比的线状材料。随着纳米材料的发展，利用纳米颗粒填充改性形成的线状材料也可称为纳米纤维。纳米纤维具有孔隙率高、比表面积大、长径比大、表面能和活性高、纤维精细程度和均一性高等特点。同时纳米纤维还具有纳米材料的一些特殊性质，如量子尺寸效应和宏观量子隧道效应带来的特殊的电学、磁学、光学性质。纳米纤维主要应用在分离和过滤、生物及医学治疗、电池材料、聚合物增强、电子和光学设备和酶及催化作用等方面。

8.1.2 纳米纤维的制备

目前，制备纳米纤维的方法主要包括化学气相沉积法、静电纺丝法、模板法、气相法、溶胶-凝胶法、液相法、熔体吹制法、自组装法、电沉积法。

（1）化学气相沉积法：在第3章介绍无机纳米粒子制备时也介绍过该方法，化学气相沉积法是反应物质在气态状态下发生相应的化学反应生成固体物质的方法。以碳纳米纤维的制备为例简要介绍一下化学气相沉积法制备纳米纤维的步骤和流程。第一步：碳源气体吸附在催化剂表面，通过热裂解产生碳；第二步：碳不断沉积并在催化剂体系内扩散，从另一面析出，碳纤维产生；第三步：碳不断沉积，碳纤维生长，直至将催化剂包裹使其失去活性。化学气相沉积法是一种制造各种纳米级材料的成熟且成本低、高效的生产技术

（2）静电纺丝法：静电纺丝法是利用高静电压为驱动力，通过将带电聚合物溶液或熔体喷射处理再冷却后形成纳米纤维的方法。静电纺丝技术已经制备了种类丰富的纳米纤维，包括有机、有机-无机复合和无机纳米纤维。静电纺丝影响因素众多（图8-1），可以通过控制溶液配比和纺丝工艺来控制纤维的直径和性能。

静电纺丝技术在构筑一维纳米结构材料领域发挥了非常重要的作用，静电纺丝装置包括三个主要部件：电源（高压）、收

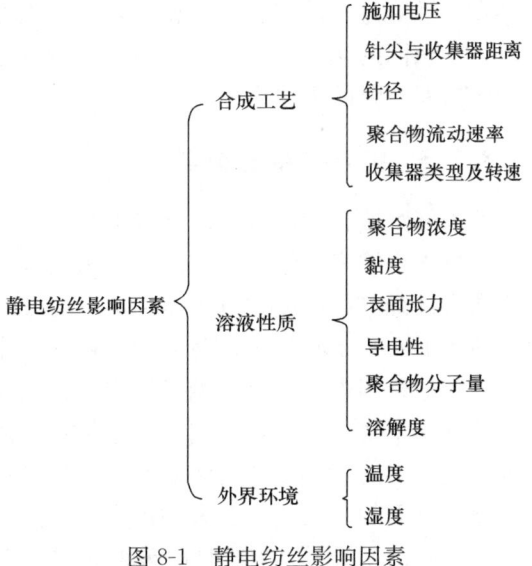

图 8-1 静电纺丝影响因素

集器（电极）和注射器（喷丝头）。静电纺丝技术优点众多，包括可以制备直径在纳米级到微米级的纤维；可一步法制备 2D 或 3D 纳米纤维网络组合物；适用于合成大分子。它的缺点主要包括易受外部因素的干扰；使用的溶剂可能是有毒的；多个参数需要调整等。静电纺丝技术是制备纳米纤维方法中最常用的一种，现已在水体净化、电气、医疗、食品包装等领域有了相关应用。

（3）模板法：模板法作为一种制备纳米材料的有效方法，不管是在液相中或是气相中发生的化学反应，其反应都是在有效控制的区域内进行的，这就是模板法与普通方法的主要区别。模板法合成纳米材料与直接合成相比具有诸多优点，主要表现为：

① 以模板为载体精确控制纳米材料的尺寸和形状、结构和性质；

② 实现纳米材料合成与组装一体化，同时可以解决纳米材料的分散稳定性问题；

③ 合成过程相对简单，很多方法适合批量生产。

模板法通常用来制备特殊形貌的纳米材料，如纳米线、纳米带、纳米丝、纳米管与片状纳米材料等。在有一定厚度的模板中包含许多尺寸均一和排列均匀的圆柱状孔洞，然后将事先准备好的前驱体溶液填充至模板的孔洞中，其孔洞的规格决定纳米线或纳米管的形貌和长径比。

（4）气相法：气相法也是合成一维纳米材料的常用方法之一，主要生长机制包括气-液-固机制（简称 VLS 机制）和气固机制（简称 VS 机制）。VLS 机制的主要特点是纳米线的顶端附着一个催化剂颗粒，通过控制催化剂的种类、压强和反应温度即可控制纳米纤维的尺寸。现已有多种纳米纤维，包括单质、金属氧化物、金属碳化物等，基于 VLS 机制成功制备。VS 机制制备纳米线可以不添加催化剂，生成物气体在过饱和状态下凝结时，会沿着择优取向方向生长为一维纳米纤维。

（5）溶胶-凝胶法：溶胶-凝胶法在制备由陶瓷、玻璃纤维及在控制材料表面方面应用众多。与传统的合成方法相比，溶胶-凝胶法需要的设备较少，因此成本较低。溶胶-凝胶法的主要优点是在相对较低的温度下，在精细控制化学成分的情况下可生产出均匀的亚稳材料。此外，它可以控制最终产品的形态和纹理特征。溶胶-凝胶法所制备的材料因其稳定性高、性能重复性好、制备相对容易等优点，在分离纯化过程中具有良好的应用前景。同时，在相同的化学成分下，应用溶胶-凝胶法所制备的纳米纤维与用其他方法合成的纤维相比具有更强的生物活性。

8.1.3 纳米纤维的类型

纳米纤维按化学成分可分为以下几类：

（1）无机纳米纤维：一般包括金属纳米纤维（如铜、银和镍纳米纤维）、氧化物和硫化物纳米纤维（如 TiO_2、SnO_2，CuO，$CoTiO_3$，ZnO 和 ZnS 纳米纤维）和复合纳米纤维（如 $LiCl-TiO_2$，$Ag-ZnO$ 和 $TiO_2-Bi_2WO_6$ 纳米纤维）。大多数无机纳米纤维通常是通过静电纺丝和煅烧制得的。无机纳米纤维具有优异的机械和热稳定性、光电性能、柔韧性、特定孔隙率和生物相容性，它们比其他传统块体材料表现出更好的性能。近年来，无机纳米纤维因其突出的特性，在高温过滤、隔热材料、电池、传感器、生物传感、光电子器件和光催化等方面的应用引起了人们极大的关注。

（2）碳纳米纤维：主要是由碳组成的一维纳米结构，与碳纳米管相反，碳纳米纤维具有复杂的结构,碳纳米纤维的力学性能取决于碳层的取向。碳纳米纤维是线性的,长径比大于 100,组成纤维的石墨烯层的角度决定了碳纳米纤维的类型。碳纳米纤维的独特性能使其在电化学催化、吸附、储氢和聚合物增强等方面具有重要的应用价值。

(3) 聚合物基纳米纤维:大多数聚合物能溶解在有机溶剂中,或能在高温下熔化,因此聚合物溶液或熔化的聚合物可以被引入毛细管中,通过静电纺丝制成纳米纤维,为了推动聚合物基纳米纤维的发展,科学家们开发了更优化和高效的静电纺丝技术,以应对静电纺丝聚合物的某些不同特性及其应用,迄今为止,已有 50 多种不同类型的聚合物可通过静电纺丝制成直径范围广泛的纳米纤维。聚丙烯腈(PAN)、聚醚砜(PES)、聚乙烯醇(PVA)、聚偏二氟乙烯(PVDF)和聚苯乙烯(PS)常用于生产聚合物基纳米纤维。广泛应用于空调过滤器、医用口罩、化妆品、服装、渔网、吸附材料和生物医学装置等领域。

(4) 复合纳米纤维:通常由多个不同的化学成分或结构组成,其中至少有一个成分在纳米尺度上。最常用的制备方法为静电纺丝法和模板法。这类纳米纤维提高了物理或化学性能,如极大的比表面积、可循环性、良好的电导率和耐高温性等。复合纳米纤维在医疗支架、药物传递、水过滤、燃料电池、超级电容器、光催化、化学电池、太阳能电池、传感器等领域有着广泛的应用。

8.1.4 常见纳米纤维

(1) 二氧化钛纳米纤维:随着工业的不断发展,水体中有机污染物不断增加,水生态系统严重恶化。去除废水中有机污染物的方法有多种,主要有吸附、电催化、氧化和光催化等。其中,半导体光催化剂具有成本低、反应条件温和、环境友好、节能等优点,被认为是一种很有前途的废水处理方法。光催化处理废水中需要高效的半导体光催化剂才能满足实际应用的要求。二氧化钛(TiO_2)由于其无毒无害、优异的稳定性和较强的氧化活性,广受人们的关注。然而,传统的 TiO_2 通常存在三个主要问题,即能隙较大、反应动力学较低和光生电子-空穴复合率较高,这严重制约了其光催化效率。因此,人们致力于探索提高 TiO_2 光催化活性的新策略,如形貌调整、金属或非金属元素掺杂和构建半导体异质结等。通常,光催化剂的光催化活性主要取决于它们的相关形貌。因此,人们对 TiO_2 的形貌进行了大量的优化,如一维(1D)、二维(2D)和三维(3D)纳米结构。其中一维 TiO_2 纳米结构由于兼具一维结构和介孔性质的优势,有利于捕光、电子和离子传输,具有高效的光催化性能,因而受到广泛关注,到目前为止,已有多种一维介孔纳米 TiO_2 成功制备用作光催化剂,包括 TiO_2 纳米纤维、TiO_2 纳米线和 TiO_2 纳米管。除了形貌的调节外,扩大光响应范围和促进光生电子-空穴对的分离也很重要。通过与另一种窄禁带半导体结合形成异质结可以提高 TiO_2 的捕光能力同时促进 TiO_2 光生载流子分离。如 TiO_2 和 In_2O_3 可以形成Ⅱ型异质结光催化体系,这可以显著改善光生载流子的分离和转移。

(2) 壳聚糖纳米纤维:壳聚糖是一种常见的生物高分子,是天然多糖中唯一的碱性多糖,具有优异的生物学性能。壳聚糖中具有许多可修饰的活性位点,为其在许多领域的应用提供了可能性。CS 纳米纤维常用于污水处理,主要是因为它们是一种易于溶解的生物聚合物,易于水处理。通过静电纺丝法可制得分子量较高的均匀壳聚糖纳米纤维,其直径与溶液浓度成线性关系,因此可以根据吸附物的需要进行调整。壳聚糖纳米纤维膜可对Cr(Ⅵ)、Cd(Ⅱ)、Cu(Ⅱ)和Pb(Ⅱ)进行吸附处理。

(3) 环糊精纳米纤维:环糊精是直链淀粉在由芽孢杆菌产生的环糊精葡萄糖基转移酶作用下生成的一系列环状低聚糖的总称,呈空心截锥结构。环糊精常用作主体,通过将客体包合在其疏水空腔中与各种小分子形成非共价主-客体复合物。环糊精包合物通常被用来保护那些对光、氧、热和化学反应敏感的分子、增加疏水化合物的水溶性、保存高度挥发的香料,广泛应用于食品、制药、纺织、过滤除杂领域。

(4) 碳纳米纤维:是一种含碳量在95%以上的高强度、高模量纤维的新型纤维材料。是由石墨微晶结构沿纤维轴向取向而成,因此具有各向异性,在纤维轴方向具有很高的强度。它不仅具有碳材料优异的导电性、耐高温、耐腐蚀等性能,也兼具纺织纤维的柔性和可加工性,由于其强度高、密度低、耐腐蚀等特点,在国防和民用领域都是应用范围广的重要材料。碳纳米纤维由于其具有独特的结构、功能和性能,在材料科学、纳米技术、能量储存、生物医学、组织工程和环境科学等领域具有相当的应用前景。碳纳米管的制备方法很多,包括静电纺丝法、化学气相沉积法、模板合成法、水热合成法、催化氢化法等。碳纳米纤维的常见结构形式可分为介孔和微孔、堆积杯、螺旋状和管状。为了改善碳纳米纤维的物理、化学、力学和光学性能,在碳纳米纤维基复合材料中添加了更多的功能构件,与碳纳米纤维相结合形成碳纳米纤维基复合材料,如通过在碳纳米管中掺入N元素,或者在碳纳米纤维中添加其他功能前驱体纳米材料,如碳纳米管、石墨烯、金属纳米管、量子点和多组分来设计碳纳米纤维的功能。

(5) 芳纶纳米纤维:芳纶纳米纤维具有比表面积大、长径比大、保持芳纶微米纤维优异的强度、模量和耐高温等优良性能,近年来受到了广泛的关注。芳纶纳米纤维具有优异的综合性能和高性能聚合物纳米纤维的纳米效应,成为一种新型的纳米构筑块,能有效地解决芳纶纳米纤维的化学惰性、低反应活性和表面光滑的问题。芳纶纳米纤维在聚合物增强、吸附过滤、电绝缘、超级电容器等领域具有广阔的应用前景。芳纶纳米纤维具有优异的力学性能、良好的化学稳定性和热稳定性,已被广泛用作先进复合材料的增强材料。

8.2 纳米纤维复合水凝胶的制备

由传统水凝胶和新型纳米纤维制备的纳米纤维复合水凝胶(NFHGs)和纳米纤维复合气凝胶(NFAGs)由于具有良好的生物相容性和可降解性、高持液能力、极高的柔韧性和增强的机械强度、优异的超亲水性、优异的孔隙率和结构可伸缩性等综合优点,在各个领域有着广泛的应用前景。在传感器、驱动剂、药物输送和干细胞工程等方面,纳米纤维复合水凝胶显示了其他单一水凝胶所没有的优势。

纳米纤维复合水凝胶结合了多种复合水凝胶的特性和功能,具有可控功能的潜力。近年来,通过静电纺丝和自组装等技术制备了各种合成或天然高分子材料,以获得高比表面积的纳米纤维,在生物传感器、药物输送和组织工程等生物医学领域具有巨大的应用潜力。部分纳米纤维复合水凝胶具有优异的力学性能和惊人的生物相容性,因此它们在细胞培养、组织工程和药物输送等生物医学领域得到了广泛的关注。此外,还深入讨论了该领域尚未解决的一些科学问题和今后可能的发展方向。

传统水凝胶的力学性能较差，大大限制了其实际应用，在水凝胶基体中加入纳米纤维，通过基体与纳米纤维之间的交联可以有效地传递网络交联结构中的机械力，提高水凝胶的力学性能，是改善水凝胶力学性能的有效策略之一，现已有纳米纤维，如纤维素纳米纤维、甲壳素纳米纤维、芳纶纳米纤维、碳纤维等已被用于与水凝胶进行复合。纳米纤维的引入不仅可以改善水凝胶的机械性能，还可以改变水凝胶的其他性能，如电导率、溶胀率、还原性、抗菌性等。如 Li 及其研究团队[1]成功制备了多孔氮化硼（BNNFs）纳米纤维复合聚乙烯醇水凝胶。多孔氮化硼纳米纤维是一种新型的一维氮化硼纳米材料，具有密度低、比表面积大、孔结构丰富、力学性能好、化学稳定性好等优点，可用于水处理、储氢、制药等领域。具有高长径比的一维纳米结构有利于复合材料内部形成网络交联。多孔氮化硼上的表面缺陷和官能团，如羟基（-OH）基团，有利于它们在聚合物基体中分散和界面黏结，如图 8-2 所示。研究人员采用循环冻融法，在聚乙烯醇（PVA）基体中加入高长径比的柔性 BNNFs，制备了一种新型 BNNFs-PVA 复合水凝胶。与纯 PVA 水凝胶相比，BNNFs-PVA 复合水凝胶的力学性能、热稳定性和溶胀行为均有明显提高。含有 0.5%（质量分数）BNNFs 的水凝胶抗压强度比纯 PVA 水凝胶增加 252%（从 0.21MPa 增加到 0.74MPa）。在聚乙烯醇水凝胶中加入 1% 的 BNNFs 后，拉伸强度提高了 87.8%。通过与氮化硼纳米微球作为填料的复合水凝胶的比较研究，证实了一维纳米结构 BNNFs 作为填料的巨大优势。

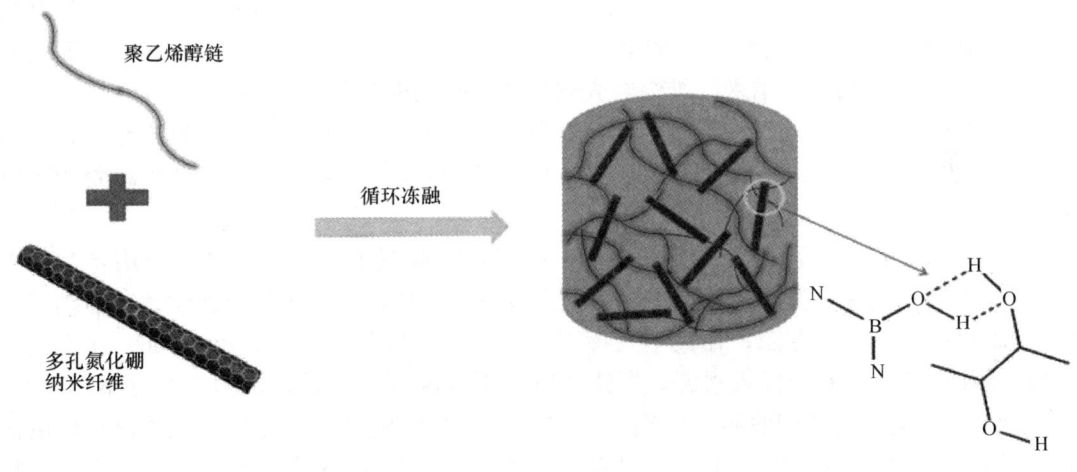

图 8-2　多孔氮化硼纳米纤维复合聚乙烯醇水凝胶微观示意图[1]

8.3　纳米纤维复合水凝胶的应用

8.3.1　污水处理

在过去的几十年里，随着众多国家的现代化、人口的快速增长和工业化，可用的淡水供应急剧减少。此外，工业用水增加了，因此废水排放量也增加了。水资源中染料、农药、重金属等有机与无机物等污染物的大量排放，造成了严重的环境污染，严重危害了人类社会的生存和发展。重金属污染，特别是水系统中的重金属污染，是一个全球性的问题，因为它对环境和人类健康构成威胁，即使是在低浓度的情况下也是如此。重金属的主要来源是工业活动，如选矿、炼油、机械制造、电子制造和电镀。几种重金属离子，包括汞（Hg）、铅（Pb）、铬（Cr）、铜（Cu）、镉（Cd）和镍（Ni），都是剧毒和不可生物降解的，它们在水中积累，可能导致严重的生态系统紊乱和人类疾病，如癌症、肺、肝和肾脏疾病。

鉴于这些潜在的问题，去除或回收有毒重金属离子是环境研究领域的一个重要课题。在污染物排入水体之前，可以使用几种技术，包括化学沉淀、吸附、混凝、电渗析、膜过滤、离子交换和溶剂萃取，以消除其对环境的潜在危害。然而，这些技术也有诸多现实因素限制，包括苛刻的操作条件、低效率、高能耗和可能的二次污染等。纳米纤维具有催化活性、表面形貌、防污染、可回收、比表面积大、润湿性可调等优异性能，是水处理领域的研究热点。纳米纤维是通过目标污染物与纳米纤维之间的物理或化学相互作用或通过表面修饰在纳米纤维上引入官能团而有效吸附多种污染物的。此外，许多催化剂可以负载或嵌入到纳米纤维的聚合物基质中，并提供对已经吸附污染物的降解。此外，纳米纤维膜具有很好的抗菌能力，可以通过尺寸排斥来抑制多种细菌、病毒和其他微生物。然而，纳米纤维在净水中的应用存在一些问题，如机械性能差、污染、变形和可回收性等。因此纳米纤维复合水凝胶既可以保持纳米纤维的功能性，还可以改善其机械性能，易回收提高了其重复利用率，在水处理领域受到了广泛关注。

Luo及其研究团队[2]使用氧化纤维素纳米纤维、碳点和钛酸盐纳米纤维与壳聚糖进行复合，成功制备了纳米纤维复合水凝胶。氧化纤维素纳米纤维、碳点和钛酸盐纳米纤维与壳聚糖水凝胶基质通过相互作用形成多孔结构和传质通道，提供更多的结合位点从而达到对Cr（Ⅵ）的快速响应。纳米纤维复合壳聚糖基水凝胶能有效地检测和去除Cr（Ⅵ），对Cr（Ⅵ）的最大吸附量为228.2mg/g，检出限为8.5mg/L，对Cr（Ⅵ）的选择性和灵敏度线性范围为10～80mg/L，以上测试结果可以证明纳米纤维复合壳聚糖基水凝胶能有效地检测和去除Cr（Ⅵ）。

Ln^{3+}是一类稀土元素，由于其在工业、医药和农业等不同科学领域的应用日益增多而受到了广泛的关注。该元素的特性之一是光致发光特性，广泛应用于医学、功能纳米材料、细胞成像和诊断等方面，在其中发挥着重要作用。近几十年来，由于Ln^{3+}在不同领域的广泛使用，其废弃物排入水源，导致环境污染问题日益严重，威胁人类健康。因此，对水源中Ln^{3+}的测定和回收亟待解决。研究重点在新型吸附剂的开发上。考虑到环境污染，使用天然材料作为吸附剂是一个很好的选择，因为这些材料价格低廉、无毒和可生物降解。Moradi及其研究团队[3]采用静电纺丝技术制备了明胶-三磷酸钠纳米纤维水凝胶。由于三磷酸钠与明胶形成离子络合物，合成的纳米纤维的水稳定性提高。合成的不溶性纳米纤维水凝胶可作为一种新型的微萃取剂应用于环境和工业水样中La^{3+}和Tb^{3+}的回收，相对回收率为85%～102%，相对标准偏差小于2.7%。研究结果表明，利用一种无毒、廉价、高效的纳米吸附剂，可以有效地从水溶液中提取和回收La^{3+}和Tb^{3+}。

Wang及其研究团队[4]静电纺海藻酸钠-聚丙烯酰胺（SA/PAM）纳米纤维制备富水和机械弹性的三维海绵状纳米纤维水凝胶。将纳米纤维分散液经冷冻干燥，将层状沉积的SA-PAM纳米纤维重组为具有三维海绵状的水凝胶，然后与均苯四甲酸二酐（PDMA）进行化学交联。测试结果表明，该纳米纤维水凝胶具有优异的弹性、可循环压缩性、高含水率、优异的Ln^{3+}吸附性能、不受压缩变形影响的优异发光性能。在吸附剂、发光图案、水下荧光器件、传感器和生物工程等领域具有广泛的应用前景。

8.3.2 柔性传感器

随着柔性电子技术的繁荣和发展，柔性传感器件引起了人们的广泛关注。这些装置中的传感材料必须能够迅速将外部刺激（例如，温度、应变或压力）转化为可检测的电子信号。柔性传感材料是一种天然的传感器，具有良好的拉伸性能、高韧性和自愈能力，人体皮肤被认为是研制柔性传感材料的理想样品。在物联网时代，开发一种先进的皮肤传感材料用于健康监测和人机界面是十分必要的。由于水凝胶具有大量的水和三维网络结构，因此大多数水凝胶具有良好的生物相容性和可伸缩性，在可穿戴设备、人工智能和软机器人等领域显示出巨大的前景。此外，考虑到在许多应用场景中会出现复杂的表面，软凝胶良好的机械适应性可以使传感器很好地接触不规则的界面，从而传递准确的信号。离子型导电水凝胶是通过加入盐或离子侧基而将离子引入水凝胶中，从而实现高的离子导电性。离子型导电水凝胶不仅具有可拉伸性，而且保证了在变形过程中仍具有稳定的电导响应。因此，离子型导电水凝胶在力学性能和信号传递机理上与人体皮肤具有更多的相似性，在仿生传感应用中具有很大的潜力。Xu及其研究团队[5]成功制备了纤维素纳米纤维增强硼砂-聚乙烯醇纳米复合水凝胶。与纯硼砂-聚乙烯醇水凝胶（3.4kPa，44.3kJ/m^3）相比，纤维素纳米纤维增强硼砂-聚乙烯醇纳米复合水凝胶的强度（47.1KPa）和韧性（213.9kJ/m^3）大大提高，这归功于动态氢键纤维素纳米纤维和聚乙烯醇之间的高效载荷转移。此外，纤维素纳米纤维增强硼砂-聚乙烯醇纳米复合水凝胶之间的动态硼酸酯键对自愈性能有贡献，愈合效率接近60%。其示意图如图8-3所示。

由于纤维素纳米纤维增强硼砂-聚乙烯醇纳米复合水凝胶具有较大的拉伸性、较高的

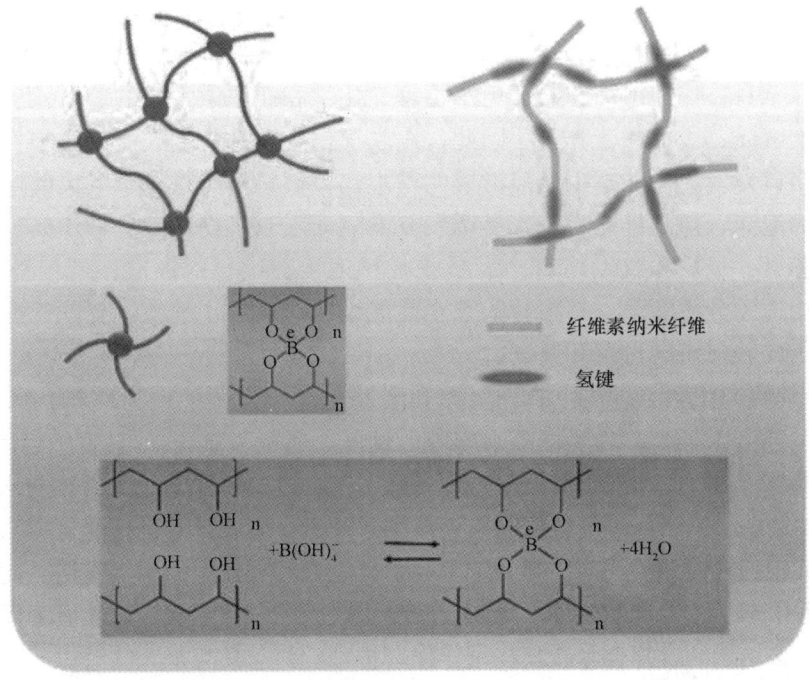

图8-3 纤维素纳米纤维增强硼砂-聚乙烯醇纳米复合水凝胶的内部相互作用力示意图[5]

韧性和良好的离子导电性，因此被用作可拉伸和自愈合的离子导体，组装成可穿戴式应变传感器，在0~100%的应变范围内具有较高的线性灵敏度（约1.86）、快速响应时间（<240ms）和稳定的人体动作感应信号反馈。

Jiao及其研究团队[6]制备了一种由聚苯胺（PANI）、聚丙烯酸（PAA）和2,2,6,6-四甲基哌啶氮氧化物（TEMPO）-氧化纤维素纳米纤维（TOCNFs）组成的新型复合水凝胶。TOCNFs-PANI-PAA复合水凝胶的断裂应变为982%，抗拉强度为74.98kPa，电导率为3.95S/m，具有良好的机械和电导性能。在室温、没有应用任何刺激的条件下，6h内可以自愈合。此外，由于TOCNF-PANI-PAA-0.6水凝胶应变传感器具有高灵敏度（规格因子GF=8.0），因此该传感器能准确、快速地检测大范围运动和微小的局部活动。该复合水凝胶是一种很有前途的材料，可用于健康监测和智能机器人应用中的软耐磨传感器。其示意和传感性能表征如图8-4所示。

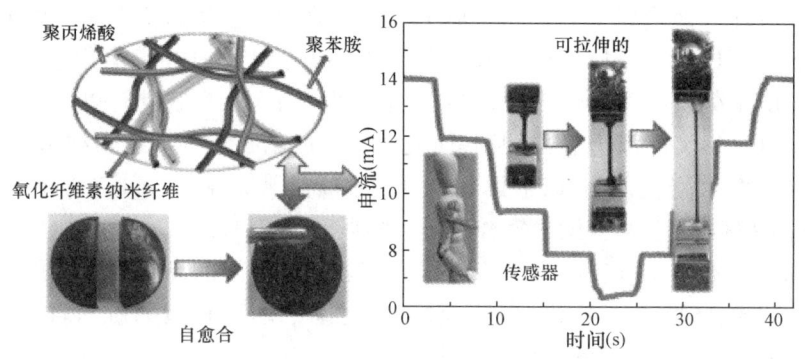

图8-4　TOCNF-PANI-PAA复合水凝胶的自愈合示意图和传感性能表征[6]

8.3.3　伤口修复

皮肤覆盖全身，保护组织和器官免受物理、化学和病原微生物的攻击。皮肤也有助于维持身体的电解质、液体和营养素。因此，皮肤损伤会严重影响人类健康和生命。设计一种既能促进伤口修复，又能减少疤痕形成的理想伤口敷料仍然是一个巨大的挑战。传统的伤口敷料（如泡沫、橡胶、薄膜等）易诱发并发症而限制了伤口的愈合。如可能在换药过程中出血、感染、炎症和继发伤害。水凝胶敷料由于其优异的性能，不仅能促进细胞黏附、增殖、渗透和分化能力，其独特的亲水性能维持伤口的水平衡，有助于愈合，近年来已被探索用于皮肤损伤的再生和修复。

Xuan及其研究团队[7]以羧甲基壳聚糖和醛基功能化海藻酸钠为原料，通过席夫碱反应制备了一种新型水凝胶。为了提高水凝胶的性能，通过氢氧化钠处理的聚甲基丙烯酸甲酯纳米纤维制备了羧甲基功能化的聚甲基丙烯酸甲酯（PMMA）短纳米纤维与水凝胶基质进行复合，成功制备了纳米纤维复合水凝胶。该纳米纤维水凝胶具有良好的自愈合能力，易于注射。体外细胞相容性试验证明培养的细胞和水凝胶之间有良好的相互作用。此外，含有短聚甲基丙烯酸甲酯纳米纤维的多糖水凝胶与多糖水凝胶和对照组相比，能显著促进大鼠创面愈合。因此，该纳米纤维复合水凝胶在用作伤口护理敷料上具有很大的潜力。

伤口细菌感染也是伤口修复的一大难题，开发具有抗菌功能的水凝胶敷料对创口修复具有极大意义。细菌生物膜是一种由胞外聚合物（EPS）结合的细菌聚集体。生物膜中的细菌可以免受抗生素和宿主固有免疫细胞的攻击。细菌生物膜还会引起过度炎症，从而延长炎症细胞因子的释放并激活免疫复合物，导致伤口延迟愈合。抗菌水凝胶可以通过添加抗生素或多肽来消除细菌的生物膜。然而，这些抗菌水凝胶不能完全根除已经形成的生物膜，大大限制了它们在慢性伤口中的应用。此外，抗生素的高毒性对正常组织有很大的副作用。基于此，Qiu 及其研究团队[8]开发了一种具有优良生物相容性和止血性能的抗菌肽（RRRFRADA）改性纳米纤维增强水凝胶，将纳米纤维与水凝胶结合，增强了水凝胶的稳定性和力学强度。羧甲基壳聚糖（CMC）和聚（葡聚糖 -g-4-甲酰基苯甲酸）通过希夫碱交联形成水凝胶，将肽接枝到纳米纤维上，然后均匀分散到可注射水凝胶中，增强水凝胶的力学性能。由此得到的水凝胶具有抗菌和止血性能，肽修饰纳米纤维与水凝胶网络交织，有效地提高了水凝胶的强度。利用这一特点，水凝胶可以在不同的外部力量下，强力恢复水凝胶覆盖物的正常形状。纳米纤维蛋白复合水凝胶不仅具有注射性和自愈性，而且还具有固有的抗菌和止血性能，可以消除细菌生物膜，诱导血细胞和血小板聚集，最终促进慢性创面愈合。肽修饰纳米纤维增强水凝胶具有巨大的潜力，可用于临床治疗慢性创面。其制备和应用示意如图 8-5 所示。

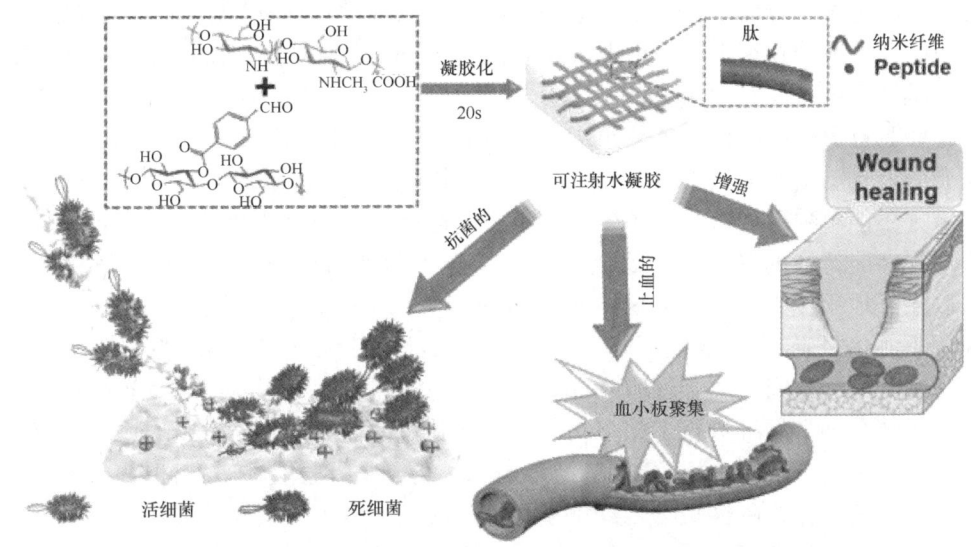

图 8-5　抗菌肽（RRRFRADA）改性纳米纤维增强水凝胶的制备和应用示意图[8]

8.3.4　神经修复

目前，由创伤、烧伤或外科手术引起的周围神经损伤通常会导致运动功能受损，这是一个非常常见的临床问题。虽然周围神经可以自发再生并重建与目标组织的突触联系以恢复神经功能，但周围神经损伤的临床修复仍不尽如人意。随着显微外科设备和技术的发展，周围神经损伤修复的临床效果不断提高，缺损间隙可直接缝合或采用小间隙套管修复。然而，当缺损距离较长时，需要进行神经组织移植或神经导管桥接以弥补缺损并支持轴突再生。自体神经移植是临床修复神经缺损最经典的方法，这种方法在缝合技术上达到了很高的水平。然而，由于吻合口瘢痕和感觉轴突的移动，仍然存在疗效差的问题。这不仅增加了患者的手术部位，而且导致了捐赠部位的功能障碍。同种异体神经移植也可应用，但需联合应用免疫抑制剂，这严重影响了患者的生活质量，成功率低。目前，周围神经损伤的临床修复尚不理想，长期大面积神经缺损和多发性神经损伤的治疗仍存在困难。神经修复材料的发展对周围神经损伤的修复具有重要的临床意义。Yang及其研究团队[9]通过静电纺丝和分子自组装，构建了一种纤维蛋白-功能化自组装肽（AFG-fSAP）互穿纳米纤维水凝胶，用于周围神经再生。该水凝胶具有定向结构、含水量高、力学性质适宜、适合于神经修复的生物降解能力，能够在体外增强原代细胞的定向排列和神经营养因子的分泌，成功地在大鼠体内架起15mm的坐骨神经缝隙。应用AFG-fSAP水凝胶移植的大鼠有髓神经纤维和肌肉的形态和功能恢复良好。AFG-fSAP水凝胶促进的运动功能恢复与自体移植相当。此外，AFG-fSAP水凝胶上调再生相关基因的表达，激活再生神经中的PI3K-Akt和MAPK信号通路。AFG-fSAP水凝胶通过结构构建和生化刺激的整合，为神经修复提供了一种很有前途的方法。

8.3.5 组织工程

在人体组织中，细胞外间质（ECM）通过提供结构、机械和生物支持，围绕着细胞并指导细胞的生长、分化和表型。在面对不可逆组织损伤时，可以利用合成基质进行再生。合成基质的成功在很大程度上取决于它们与ECM的相似性。在各种人工基质中，水凝胶和纤维结构由于具有模拟细胞外基质的潜力及其显著的性质和结构而受到广泛的关注。水凝胶具有类似的机械强度软组织、相似的三维网络结构极高的生物相容性，成为了合成基质的首选。由于天然ECM是凝胶状基质中的一种松散蛋白质组合，因此水凝胶和纳米纤维并不能单独形成适当的仿生学。基于此通过将水凝胶和纳米纤维进行复合即可形成具有增强功能特性的三维复合水凝胶，它结合了两种结构的优点，克服了它们的局限性，可以很好地用作人工基质来影响细胞行为，例如细胞存活、分化和组织整合。Sarah Karimi及其研究团队[10]制备了不同含量的磁性纳米短纤维（M.SNFs）的海藻酸钠水凝胶，用于嗅觉外胚层间充质干细胞（OEMSCs）的包埋。对湿法电纺明胶和超顺磁性氧化铁纳米粒子复合纳米纤维进行了超声切割，并将其包埋在海藻酸钠水凝胶中。水凝胶的储能模量在神经组织范围内。活/死染色结果表明，复合水凝胶能在7d后保存细胞活力。与海藻酸钠水凝胶相比，磁性短纳米纤维复合海藻酸钠水凝胶的增殖速率明显提高。短纳米纤维中存在的超顺磁性氧化铁纳米粒子可以促进骨髓间充质干细胞的类神经分化。其制备过程如图8-6所示。

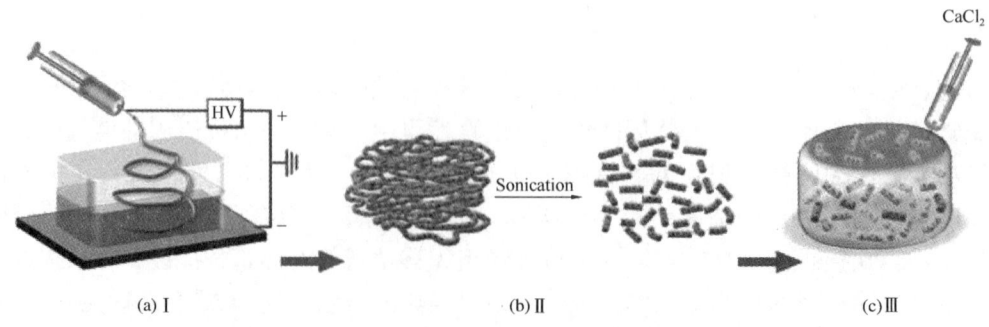

图8-6　磁性纳米短纤维（M.SNFs）海藻酸钠复合水凝胶的制备流程[10]

figured spongy hydrogels with superior adsorption of lanthanide ions and photoluminescence[J]. Chemical Engineering Journal, 2018, 348: 95-108.

[5] XU K W, WANG Y F, ZHANG B, et al. Stretchable and self-healing polyvinyl alcohol/cellulose nanofiber nanocomposite hydrogels for strain sensors with high sensitivity and linearity[J]. Composites Communications, 2021, 24: 100677.

[6] JIAO Y, LU Y, LU K Y, et al. Highly stretchable and self-healing cellulose nanofiber-mediated conductive hydrogel towards strain sensing application[J]. Journal of Colloid And Interface Science, 2021, 597: 171-181.

[7] XUAN H Y, WU S Y, FEI S M, et al. Injectable nanofiber-polysaccharide self-healing hydrogels for wound healing[J]. Materials Science & Engineering C, 2021, 128: 112264.

[8] QIU W W, HAN H, LI M N, et al. Nanofibers reinforced injectable hydrogel with self-healing, antibacterial, and hemostatic properties for chronic wound healing[J]. Journal of Colloid And Interface Science, 2021, 596: 312-323.

[9] YANG S H, ZHU J J, LU C F, et al. Aligned fibrin/functionalized self-assembling peptide interpenetrating nanofiber hydrogel presenting multi-cues promotes peripheral nerve functional recovery[J]. Bioactive Materials, 2022, 8: 529-544.

[10] KARIMI S, BAGHER Z, NAJMODDIN N, et al. Alginate-magnetic short nanofibers 3D composite hydrogel enhances the encapsulated human olfactory mucosa stem cells bioactivity for potential nerve regeneration application[J]. International Journal of Biological Macromolecules, 2021, 167: 796-806.

[11] MAHARJAN B, PARK J, KALIANNAGOUNDER V K, et al. Regenerated cellulose nanofiber reinforced chitosan hydrogel scaffolds for bone tissue engineering [J]. Carbohydrate Polymers, 2021, 251: 117023.

8.4　思政小结

　　纳米纤维具有孔隙率高、比表面积大、长径比大、纤维精细程度均一性高等特点，同时纳米纤维还具有纳米材料的一些特殊性质，如量子尺寸效应和宏观量子隧道效应带来的特殊的电学、磁学、光学性质等。纳米纤维的制备方法众多，包括模板法、静电纺丝法、自组装法、溶胶凝胶法、液相法、熔体吹制法、自组装法、电沉积等，其中静电纺丝法由于具有操作简单、适用范围广、效率高等优点成为了最常用的制备方法。纳米纤维主要应用在分离和过滤、生物及医学治疗、电池材料、聚合物增强、电子和光学设备和酶及催化作用等方面。由传统水凝胶和新型纳米纤维制备的纳米纤维复合水凝胶（NFHGs）和纳米纤维复合气凝胶（NFAGs），由于具有良好的生物相容性和可降解性、高持液能力、极高的柔韧性和增强的机械强度、优异的超亲水性、优异的超轻孔隙率和结构可伸缩性等综合优点，在各个领域有着广泛的应用前景。在传感器、驱动剂、药物输送和干细胞工程等方面，纳米纤维复合水凝胶显示了其他单一水凝胶所没有的优势。纳米纤维复合水凝胶结合了多种复合水凝胶的特性和功能，具有可控功能性的潜力。推动党的二十大精神广泛深入，为广大干部群众所了解和掌握，需要在全面学习上下功夫、在全面把握上下功夫、在全面落实上下功夫。这对于科研工作也具有重要意义，要想做好科研需要全面、系统、深入学习党的二十大精神，才能实现自己的预期目标。

8.5　课后习题

1. 常见的纳米纤维都有哪些？请举至少5个例子。
2. 请简要叙述静电纺丝法的原理及影响因素。
3. 请你设计一种纳米纤维复合水凝胶，简单推测其性能优、缺点，并说明应用方向。

8.6　参考文献

[1] LI R, LIN J, FANG Y, et al. Porous boron nitride nanofibers/PVA hydrogels with improved mechanical property and thermal stability[J]. Ceramics International, 2018, 44(18): 22439-22444.

[2] LUO Q Y, HUANG X H, LUO Y, et al. Fluorescent chitosan-based hydrogel incorporating titanate and cellulose nanofibers modified with carbon dots for adsorption and detection of Cr(VI)[J]. Chemical Engineering Journal, 2021, 407: 127050.

[3] MORADI E, MEHRANI Z, EBRAHIMZADEH H. Gelatin/sodium triphosphate hydrogel electrospun nanofiber mat as a novel nanosorbent for microextraction in packed syringe of La^{3+} and Tb^{3+} ions prior to their determination by ICP-OES[J]. Reactive and Functional Polymers, 2020, 153: 104627.

[4] WANG M, LI X, HUA W K, et al. Superelastic three-dimensional nanofiber-recon-